건축일반 구조학

장화균 권춘안 이시우 김진배 공저

기문당

머리말

새로운 세기를 맞이하여도 영원히 변치 않은 인간의 기본행위인 건축을 이해하고 발전시키기 위해 많은 노력을 해왔다.
정보화, 첨단산업의 발전에 묻혀 뒷걸음쳐지고 있는 건축행위를 차세대에게 전달하고자 하는 노력이 필요할 것으로 생각되어 미력하나마 힘을 보태고자 하였다.
과거 없이 현재나 미래가 존재할 수 없음을 다시 한 번 되새기며 현재까지 이루어 놓은 인간의 건축기술을 잊지 않고 발전시키기 위해, 건축에 종사하고자 하는 학생들에게 도움이 되고자 하는 마음에서 이 책을 구성하였다.

이 책은 일반적인 건축구조학의 내용을 포함하였으며, 건축을 공부하는 동안 알아야 할 많은 용어 중의 일부를 정리하여 독자들의 이해를 쉽게 하고자 노력하였다.

미래를 준비하는 모든 건축인에게 도움이 되기를 바라면서 책의 완성을 도와주신 분들께 감사드립니다.

저자 일동

차 례

제 1 장
총론

1.1 건축(architecture)

건축은 영어로 어원상 'architecture'라고 하며 으뜸, 우두머리의 뜻을 가진 arch-라는 접두어와 기술을 뜻하는 -technique가 합쳐진 합성어로서 '모든 기술의 으뜸'이라는 뜻을 가지고 있다.

지구의 도처에서 발생하는 문화와 깊은 관련성을 가지는 건축활동(architectural activity)은 초기에는 추위 또는 더위, 맹수, 번개, 천둥, 비바람, 식생활 그리고 본능적 욕구를 지속적으로 해결할 수 있는 방법을 찾게 되면서 거처(shelter)로서의 역할에서 시작되었다. 정착생활(settlement)의 규모가 커지고, 역사발전에 따른 인류공동체적 위력이 증가되고, 경험이 축척되고, 경제적인 능력이 신장되며 미를 사랑하고 질서를 추구한다든지, 어떤 문제를 이웃과 함께 타결하고자 하는 등의 노력으로 환경과 질서를 좀 더 높은 차원에서 취급해 나오게 되었다. 즉, 건축기술(architectural technology)과 건축문화(architectural culture)가 발전해 나온 것이다.

따라서 건축가는 우리가 가지는 여건 속에서 최선의 방법에 따라 좋은 환경을 가꾸어 나가는 구체적인 역할을 충실히 수행해야 한다.

1.2 건축물의 조건

건축물에서 주체(main frame) 또는 주체구조라 함은 수장·창호·설비 등을 제외한 주요부를 말하며, 구체라고도 한다.

건축물이 제 역할을 충분히 하여 가치를 높이기 위해서는 다음 조건을 갖추어야 한다.

1. 안전성

건축물이 사람의 생명을 보호하기 위해서는 고정하중(dead load)과 적재하중(live load)에 대한 충분한 강성(rigidity)을 확보해야 하고, 하중은 기초를 통하여 지반에 전달되어야 한다.

이 안전성은 주로 구체구조에 의해 확보되며, 안전에 필요한 역학적 성능이 구비되어야 한다.

2. 거주성

건축물 내부에 쾌적한 환경을 만들어 거주성을 높이기 위해서는 건축물 자체가 자연현상의 작용을 차단하거나 필요에 따라 통과시킬 수 있는 제어성능을 갖추어야 한다. 이와 같은 성능은 주로 일반구조부가 부담해야 하며, 비·이슬·눈·바람·음향·광열·방사능 등은 차단하고 빛·바람·공기 등은 제어해야 한다. 또 색상·형태·감촉 등에서도 충분한 배려를 하여 거주성을 높여야 한다.

3. 경제성

사람이 하는 모든 경제활동에 있어 건축생산 활동만 예외일 수는 없다. 새 건축재료의 생산과 그에 따른 공법의 개발이 맞물려 오늘날의 건축물로 발전되었지만 그 근원이 경제에 있음은 말할 나위도 없다.

건축물은 내용연한이 긴 것이 필요하고, 단기간 내에 지어야 하는 건축물은 내용연한이 짧아도 공기가 짧고 공사비가 싼 것이 필요하다. 그러므로 경제조건에 부합한 구법의 선택은 기능이나 성능의 선택과 같이 매우 중요하다. 건축물이 기능이나 성능 면에서 동일할 때에는 싼 것을 선택하는 것은 너무나 당연한 일이다.

1.3 건축구조의 분류

건축구조물의 분류는 그동안 사용된 재료에 의해서, 형태에 의해서 또는 시공방법, 방재성능에 따라 분류 구분해 왔다. 그러나 오늘날의 건축물은 우선 규모나 용도에 대한 구조적인 해결방법으로 그 구조체의 형태, 가용재료 등이 다양하여 간단히 분류하기가 어렵다. 우선 넓은 공간을 만든다는 점에서는 간사이(span)나 내부면적을 기준으로 분류할 수도 있다.

1. 구성재료에 의한 분류

건축물에 사용된 재료를 중심으로 분류한 것으로 하중을 전달하는 구성재료로써 분류한다.

■ 벽돌구조(brick construction)

하중을 받는 벽, 내력벽을 벽돌을 쌓아 구성하는 구조

■ 블록구조(cement block construction)

블록과 모르타르로 내력벽을 쌓아 구성하는 구조로 조적식 블록조 외에 블록 내부공간에 철근과 모르타르로 보강한 보강 블록조 및 거푸집 블록조 등으로 분류

■ 목구조(wooden construction, timber structure)

목재를 접합 연결하여 건물의 뼈대를 구성하는 구조로 구조재로 사용된 목재의 규격, 크기 및 시공방법에 따라 통나무 주택(log house), 기둥-보구조 주택(post & beam), 경량 목구조주택(light weight-wood flame house) 등으로 분류

■ 철근콘크리트구조(reinforced concrete structure)

형틀(거푸집) 속에 철근을 조립하고 그 사이에 콘크리트를 부어 일체식으로 구성한 구조

■ 철골구조(steel frame construction)

철로 된 부재(형강, 강판)를 짜 맞추어 만든 구조로 부재접합에는 용접, 리벳, 볼트를 사용

■ 철골철근콘크리트구조(steel framed reinforced concrete construction)

내화, 내구, 내진 성능을 위해 철골조와 철근콘크리트조를 함께 사용하는 구조.

2. 구조의 구성양식에 의한 분류

건축물을 구성하는 부재의 구성양식에 따라 조적식, 가구식, 일체식 등으로 분류한다.

- 조적식 구조(masonry structure)

벽돌구조, 블록구조, 석구조 등으로서 단위재료를 시멘트 등의 교착제를 사용하여 쌓아 구조체를 구성하며 내력벽을 통해 하중을 전달

- 가구식 구조(post-and-lintel construction)

목구조, 철골구조가 해당되며 선형의 구조재료를 압축 및 인장부재로 사용하여 조립방식으로 골조를 구성

- 일체식 구조(monolithic structure)

철근콘크리트구조, 철골철근콘크리트구조가 해당되며 전체 구조체를 구성하는 구조부재들을 일체로 구성

- 특수구조(special structure)

입체골조(space frame), 셸(shell)구조, 절판구조, 현수구조, 막구조 등

3. 구조의 형식에 의한 분류

건축물을 구성하는 부재의 연결 및 형상에 따라 분류한다.

- 라멘(rahmen)구조

기둥과 보, 바닥으로 구성되며 기둥과 보가 강성(剛性)으로 접합되어 연속적으로 이루어진 골조를 말하며, 일반적으로 철근콘크리트구조와 철골구조 등이 해당된다.

그림 1-1
라멘의 정의

■ 벽식(wall)구조

벽체와 바닥의 면재의 조합으로 구성되며 내력벽을 갖는 조적구조뿐만 아니라 일반적인 아파트 등의 구조방식으로 사용

■ 트러스(truss)구조

여러 개의 직선 부재들을 삼각형의 형태로 배열하여 절점이 힌지로 되어 있는 형식으로 체육관 등 큰 공간의 천장구조방식으로 사용

그림 1-2
평면트러스

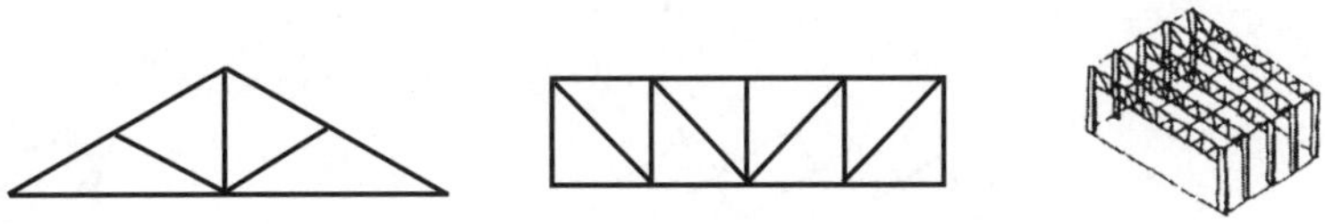

■ 아치(arch)구조

상부의 수직하중을 각 굄돌로 연속하여 전달함으로써 보[梁]와 같은 수평부재 없이 상부하중을 지지하는 방식으로 압축력에 강한 벽돌, 돌의 특성을 살린 조적식 구조에 적합하다.

그림 1-3
아치구조

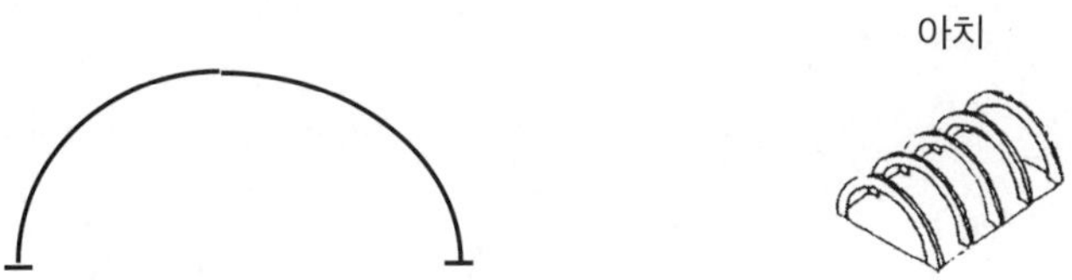

■ 무량판(플랫슬래브, plat slab)구조

보가 없이 기둥과 슬래브로 구성되어 바닥판의 수평하중을 부담하고 직접 기둥으로 전달하는 구조이다.

그림 1-4
아치구조

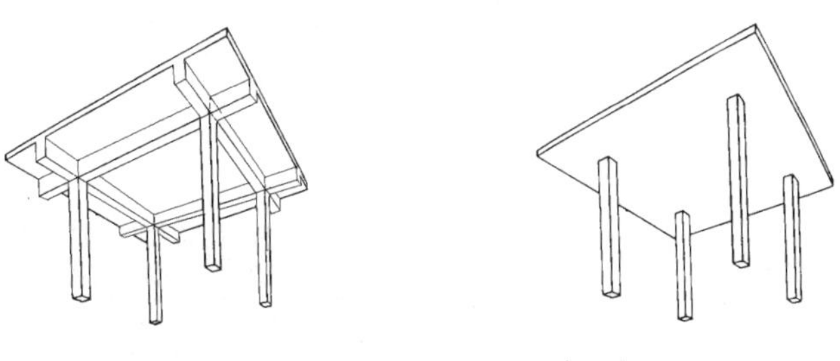

(a) 일반 라멘구조(기둥-보-슬래브)　　(b) 무량판구조(기둥-슬래브)

■ 입체구조

모든 부재가 동일면 내에 있지 않도록 구성된 구조로 절판구조, 셸구조, 입체트러스구조 등이 있다.

■ 절판(folded plate)구조

판을 주름지게 하여 하중에 대한 저항을 증가시키는 구조형식으로 주로 지붕구조에 사용한다.

그림 1-5
절판구조

■ 셸(shell)구조

얇은 곡면판을 이용하여 곡면내 응력으로 하중에 저항하는 구조로 체육관, 공장, 격납고 등 대공간을 처리하는 방식이다.

그림 1-6
셸구조

■ 입체트러스(스페이스 프레임, space frame)구조

트러스구조를 기본으로 하여 하나의 절점에 부재가 3차원적으로 연결한 것으로 대공간의 평면, 곡면 및 돔 등을 구성하는 데 이용한다.

그림 1-7
입체트러스

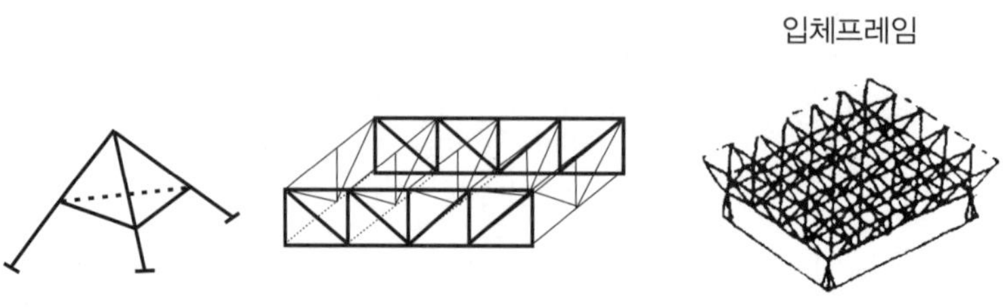

■ 현수(suspension)구조

하중을 받는 바닥판을 주탑에 연결된 케이블에 매달아 인장응력에 의하여 구조물을 형성하는 구조로 대스팬이 가능하여 교량 등에 이용한다.

■ 텐트(tent)구조

현수구조와 같은 원리로 막 형태의 부재로 공간을 덮는 구조형식이다.

■ 공기막(pneumatic)구조

공기 폐쇄방법에 따라 단일막 또는 이중막으로 분류되며 단일막의 경우 내외부 공간의 압력 차이, 이중막인 경우 막의 내부와 외부의 압력 차이로 막을 부풀게 하여 공간을 구성하는 구조로 피막에 따라 막형식, 매트형식, 파이프형식으로 나뉘며 대형 건축물의 지붕을 구성하는 데 사용한다.

4. 구조의 시공방식에 의한 분류

건축물의 생산방법에 따라 구조방식을 분류한다.

■ 습식구조(wet construction)

조적식 구조, 철근콘크리트구조처럼 구조체 제작에 물을 사용하는 구조방식으로 단위작업에 한계치가 있고, 경화에 일정기간이 필요함을 특징으로 한다.

■ 건식구조(dry construction)

목구조, 철골구조처럼 규격화된 부재를 조립시공하는 것으로 습식구조의 단점인 공기 지연이 없다.

■ 조립구조(prefabricated structure)

공장에서 부재를 제작, 가공하고 현장에서는 조립, 설치하는 구조방식으로 대량생산에 따른 시공비 절감과 균일한 품질 확보, 공기절감이 가능하다.

벽돌구조·조적구조·벽식 구조·습식구조

철근콘크리트구조·일체식 구조·라멘구조·습식구조

철골구조·가구식 구조·라멘구조·건식구조

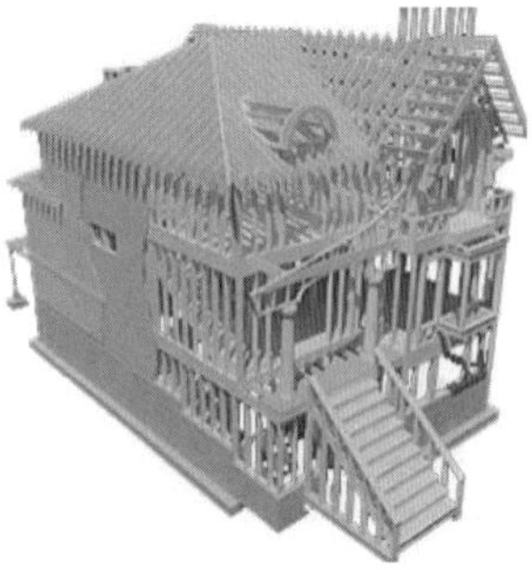

목구조·가구식 구조·건식구조

셸(shell)구조

스페이스 프레임 구조

막구조
(Suspension Membrane)

절곡구조

현수식 구조

이외에도 방재상의 분류로 내화구조, 내진구조, 내풍구조, 방공구조, 방충구조 등이 있다. 이 중 내진구조는 지진에 대한 처리형태에 따라 지진의 지진력보다 구조내력을 크게 하여 저항토록 하는 내진과 지진력을 구조물에 약하게 전달되도록 하는 면진구조, 구조물의 내부 또는 외부에 구조물의 진동에 대응한 제어력을 가하여 진동을 저감시키는 제진구조 등이 있다.

1.4 구조물의 주요 구성

건축법 및 건축물의 구조기준 등에 관한 규칙 등에서의 규정에 의하면 건축물의 공간을 구성하는 주요부분으로 기초, 벽, 기둥, 바닥, 보 지붕 및 주 계단을 주요 구조부라 정하고 있으며, 그 외 지붕, 천장, 수장부 등이 있다.

1. 기초(foundation, footing)

건축물에서 각층의 하중을 지반에 전달하여 지반반력에 의해 안전하게 지지하도록 설치된 지정을 포함한 하부 구조체이다.

2. 기둥(column)

상부로부터 전달되는 축압축 하중을 주로 지지하는 데 쓰이는 부재로 지붕부터 하부층의 바닥판(슬래브) 및 벽체등의 하중을 받아 하부로 전달하는 수직재

3. 벽체(wall)

두께에 직각으로 측정한 수평치수가 그 두께의 3배를 넘는 수직부재로 수직으로 공간을 차단시킨 구조재로서 건축물의 외부에 설치된 벽을 외벽, 내측을 설치된 내벽, 칸막이벽으로 설치된 것을 장막벽, 상부 하중을 받아 견딜 수 있도록 설치된 벽은 내력벽 등으로 구분한다.

4. 바닥(floor, slab)

건축물의 수평바닥부분으로 사람의 활동이나 물건을 적재하는 공간을 이루고, 여기에 실린 적재하중을 받아 기둥 또는 내력벽으로 전달하는 부분이다.

5. 지붕(roof)

건물의 최상부를 덮어 외부로부터 차단하는 구조체로서 경사진 것과 수평으로 된 평지붕의 형태가 있으며 방수, 단열, 내구성이 요구된다.

6. 천장(ceiling)

지붕 또는 상부층의 하부구조로 열 차단, 음향처리 및 미적 성능이 요구된다.

7. 계단(stairs)

상부바닥과 하부바닥을 연결시키는 통로이다.

8. 수장(fixture)

벽면, 바닥, 천장에 단열, 방음 등의 차단과 장식을 목적으로 본 구조체에 붙여대는 것이다.

9. 창호(door & window)

사람과 물건의 출입, 채광, 통풍의 목적으로 벽체, 지붕, 천장 등에 개구부를 설치한 것이다.

10. 마무리(finishing)

건축물의 마감일로서 본구조체를 덮어 씌워 건물의 내구성을 증대시키고 장식을 목적으로 시행하는 것이다.

제 2 장
기초구조

2

2.1 개 요

기초는 건축물 상부의 하중, 즉 고정하중, 적재하중 이외에 풍압력과 지진력 등의 외력을 받아 지반에 전달하는 목적으로 설치하는 건물의 하부 구조부분을 말하며, 기초구조는 아래 그림과 같다.

그림 2-1
기초구조

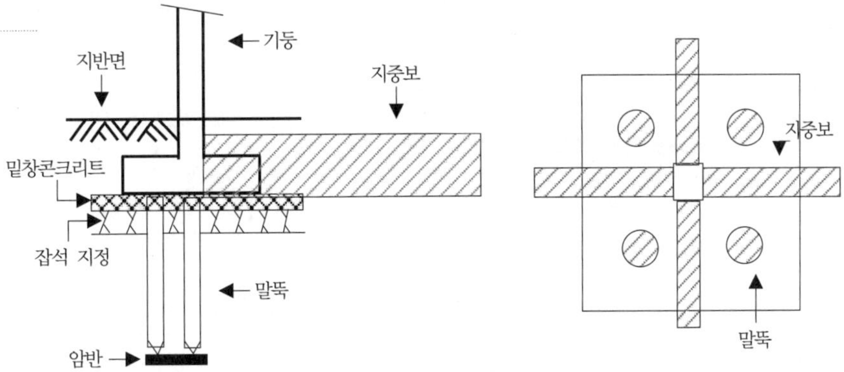

2.2 기초의 분류

1. 지정형식상 분류

기초를 보강하거나 연약한 지반의 내력을 보강하기 위해 지반다지기, 잡석다짐, 말뚝 또는 피어기초를 설치하는 것을 지정이라 한다. 지정형식에 따라 기초의 종류는 다음과 같다.

■ 직접기초(spread foundation)

굳은 지반에 직접 기초를 두는 것으로, 기둥 밑에 사각형의 독립기초를 설치하거나 건물 전체에 일체식의 슬래브를 설치하여 모든 기둥 또는 벽의 힘을 받게 한 온통기초(mat foundation, floating foundation)가 있다.

■ 말뚝기초(pile foundation)

나무, 철, 콘크리트 등으로 만든 말뚝을 기초판의 하부에 박아서 연약한 지반을 보강하고 말뚝을 통해서 상부의 하중을 지반으로 전달하는 방식의 기초형식이다. 말뚝이 굳은 지반에 지지되어 있는 경우를 지지 말뚝(bearing pile)이라 하며, 연약한 지반에 주로 마찰력으로 힘을 전달하는 말뚝을 마찰 말뚝(friction pile)이라 한다.

■ 피어기초(pier foundation)

상부의 하중을 피어를 통하여 힘을 받게 한 기초이며, 피어가 암반에 도달하지 않았을 때에는 힘을 더 받게 하기 위하여 피어 하부를 삼각형 모양으로 저면을 확대시킨다.

■ 잠함기초(caisson foundation)

철제 및 콘크리트로 만든 상자형태의 기초부분을 지상에서 만들어 소정의 기초 깊이까지 파내려 가며 가라앉혀 기초를 축조하는 형식이다.

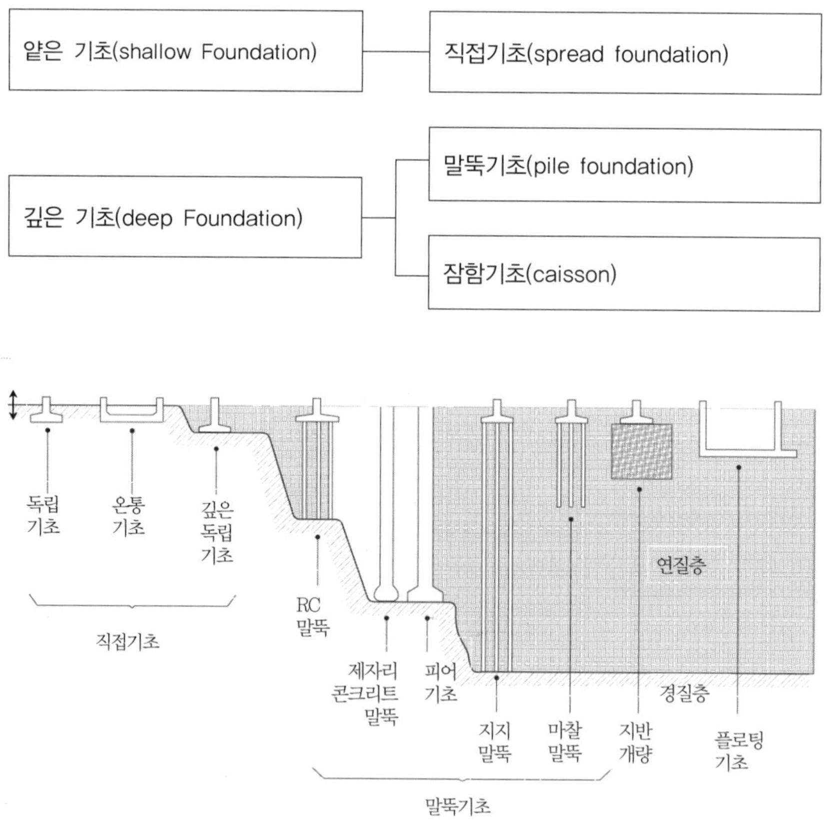

그림 2-2
기초의 종류

2. 기초판 형식에 의한 분류

■ 독립푸팅기초(islated or independent footing)

독립된 기둥 1개의 부담하중을 1개의 기초판으로 부담시킨 기초형식

기둥 하나의 하중을 하나의 기초판으로 받는 경우에 적용된다.

■ 복합푸팅기초(combined footing)

2개 이상 여러 개의 기둥의 하중을 1개의 기초판으로 지지하는 기초

그림 2-3
복합기초

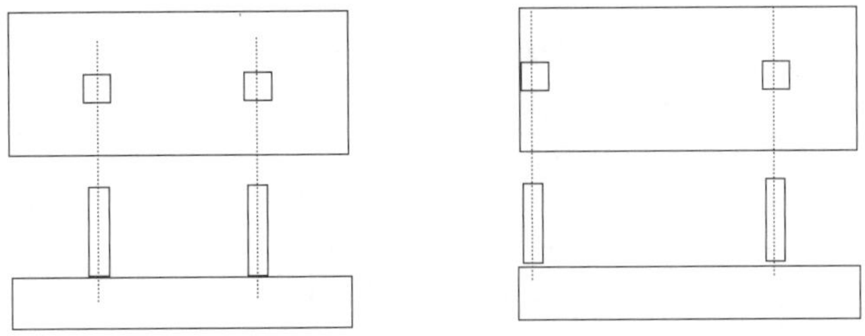

■ 연속기초(continuous footing)

하부구조인 기초가 연속해서 형성해 기초가 일체가 되게 하여 상부구조인 기둥하중을 부담시킨 기초형식으로 줄기초라고 하며, 또 연속된 벽체의 기초를 연속기초라고 한다.

그림 2-4
연속기초

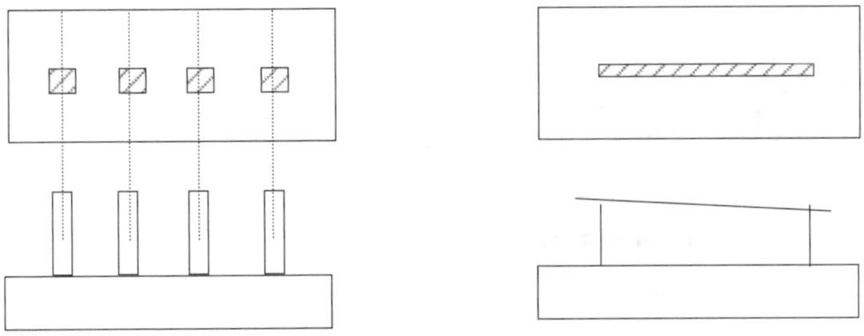

■ 온통기초(raft or mat foundation)

건물 하부의 지하실 바닥 전체를 1개의 일체식 기초로 축조하여 상부구조인 기둥의 하중을 지지하도록 하는 기초형식이며, 전면기초라고도 한다. 독립기초, 줄기초로는 기초판 넓이가 부족할 경우, 연약한 지반일 때 사용한다. 또한 독립기초, 줄기초보다 작업이 단순하여 공사기간을 단축할 필

요가 있거나 재료비의 추가보다 인건비 감소가 많을 때도 온통기초를 사용한다. 고층건물이나 초고층 건물의 경우 많은 지지력이 요구되어 기초가 커져 대부분 온통기초가 사용된다.

그림 2-5
온통기초

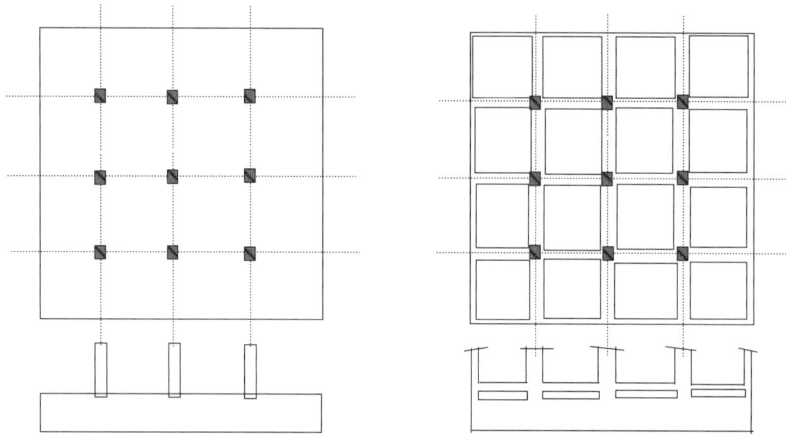

이외에 기초를 일체화 하여 부동침하를 최소한 감소시키기 위해 지하실의 기초부분에 설치된 기둥과 기둥 사이를 철근콘크리트보의 역할을 할 수 있는 콘크리트벽체, 즉 거더 월(girder wall)로 상호 연결하여 상자형태로 만든 거더 월 방식 기초와 기둥과 기둥 사이를 격자형 트러스(비렌딜 트러스) 모양의 비렌딜 트러스 기초(vierendeel truss foundation)가 있다.

2.3 대지조사

1. 대지측량

시청, 구청, 군청, 측량협회, 지적공사 등에 의뢰하여 대지경계 명시측량을 신청하여 대지 경계선이 확정되면 평판측량 또는 고저측량 등을 하여 지형의 등고선을 1m 간격으로 표시하고, 높이의 기준이 될 기준점을 설정해야 하며 동시에 전면도로, 인접한 건축물 방향 등도 표시한다.

2.4 지반조사

지질의 형태, 지반의 구성 또는 지하수 위치, 높이 등 대상지역의 지반 정보를 얻는 수단으로 안전하고 경제적인 기초구조물의 형식을 선정하는 데 필요한 자료를 얻기 위하여 지반조사(현장답사, 시험굴토, 물리탐사, 사운딩, 시추조사, 원위치시험 등)를 실시한다(시추조사=NX법, BX법).

① 각 지층의 구성, 토질, 각 층의 깊이, 지내력(표준관입시험, 재하시험)
② 지하수, 용수량, 상수면 위치
③ 동결선, 기타

2.4.1 지반조사의 순서 및 조사방법

1. 사전조사

지반에 관한 예비지식으로서 현지답사를 하여 지반의 적부를 판별한다.

2. 예비조사

대지 내 지반구성에 따른 건물의 배치계획을 정하고 본 조사계획을 세운다.

3. 본 조사

지반조사의 주체를 이루고 있는 것으로 지반의 구성, 지하수의 위치를 파악하여 기초구조의 설계와 시공에 필요한 모든 자료를 얻는다.

■ 조사방법

① 시험파기

깊이 2~3m 정도 구덩이를 파서 지층의 형태, 깊이, 토질, 용수량, 상수면 등을 조사하는 방법으로, 지반이 직접 관찰되고 토질시험에 이용될 불교란시료를 얻을 수 있다.

② 보링(boring)

지반을 조사하기 위하여 지중에 구멍을 뚫고 물로 흙을 씻어 지상으로 끌어올려 시료를 채취하여 흙의 종류, 지반의 구성, 지하수위를 측정하고 토질시험용 시료를 채취한다.

보링은 철관(casing), 쇠막대(rod), 코어 튜브(core tube), 각종 날(bit)로 구성된다.

- 수세식 보링(wash boring, wet sample boring)
  지중에 내·외관을 설치하고 내관 끝에 물을 내뿜게 하여 외관 밑의 토사를 씻어내어 천공하는 방법으로 외관지름 75~80cm 정도, 내관지름은 25~60cm 정도 쓰이며, 30m 정도까지의 연약 층에 적당하다.

그림 2-6
자주식 로터리 보링장치

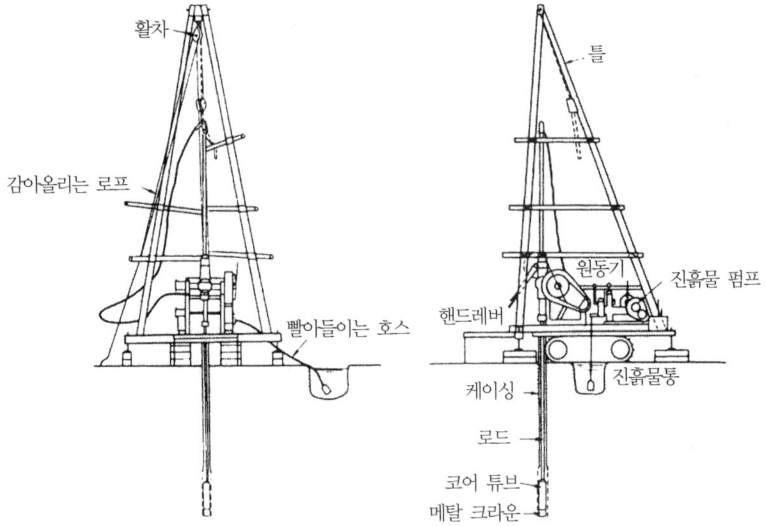

- 충격식 보링(percussion boring)
  지중에 철관(casing)을 설치, 착공구를 단 보링대를 관 속에서 상하로 회전시켜 충격과 회전력에 의해 토사를 뚫은 다음 토사채취 용구를 달아 넣어 관 속의 토사를 끌어올린다. 철관은 지름 10cm이며 비교적 굳은 지층에 가능한 방법이다.
- 회전식 보링(rotary boring)
  속이 빈 강철의 절단기를 회전하여 구멍을 뚫고 지층을 그대로 원통모양으로 채취한다. 토사를 분쇄하지 않고 연속적으로 채취할 수 있으므로 가장 편리한 방법이다.

③ 물리적 지하 탐사법

- 탄성파식 지하 탐사

  낙하추나 화약의 폭발 등으로 인공 진동을 일으켜 지하구조를 판단하는 방법이다.

- 전기저항식 지하탐사

  지중에 전류를 통하여 각처의 전위를 측정하고 거리와 전기저항의 관계 등으로 지반의 성질, 암반, 지하수의 깊이 등을 판별하는 방법이다.

- 방사능 검층법

  코발트 등의 방사성 물질을 지중에 통과시켜 그 정도에 따라 지층의 밀도, 지반의 함수량을 분석하는 방법이다.

④ 표준관입 시험(standard penetration test)

보링을 할 때 표준관입 시험용 2등분된 외경 51mm, 내경 35mm, 길이 810cm의 중공인 스플릿 스푼 샘플러(split spoon sampler)를 쇠막대 선단에 끼워 대고 쇠막대(boring rod) 상단을 무게 63.5kg(±0.5kg)의 추를 760(±10)mm인 높이에서 자유낙하시켜 그 타격으로 관입시킨다. 측정은 샘플러를 지중으로 300mm 때려 박는 데 소요된 타격횟수(N값)를 구하여 추정하는 방법이다.

그림 2-7
표준관입시험

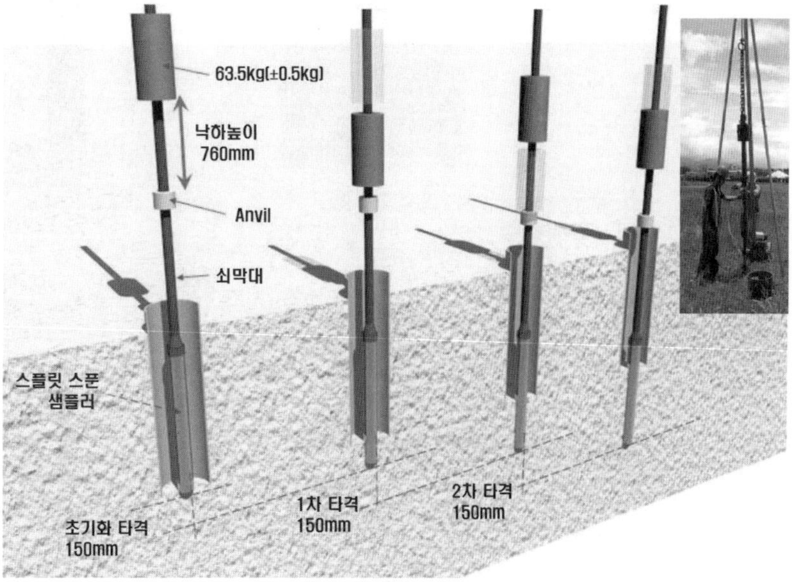

⑤ 토질시험

보링 및 시험 파기에 의해서 채취된 시료를 이용하여 토질시험을 한다.

- 시료(sample)

  습윤시료(wet sample), 건조시료(dry sample), 불교란시료(undisturbed sample) 등이 있다.

시험의 종류

1) 흙의 액상한계, 소성한계, 수축한계
2) 흙의 압축과 압밀시험
3) 흙의 전단시험
4) 비중, 입도분포
5) 화학적 반응 시험 : 유기물질, 유황, 산 함유량의 측정
6) 지내력시험

일축압축시험기

전단시험기

액성한계시험기

소성한계시험기

표 2-1 토질주상도

조 사 명	빌딩 신축공사 지반 지질조사	시추공법	B-1
발 주 처		표 고	-
조 사 위 치	서울특별시 구 동	시추심도	24.0M
조 사 형 식	회전 수세식	공내수위	5.8M
조사 연월일	20 년 월 일	조 사 자	

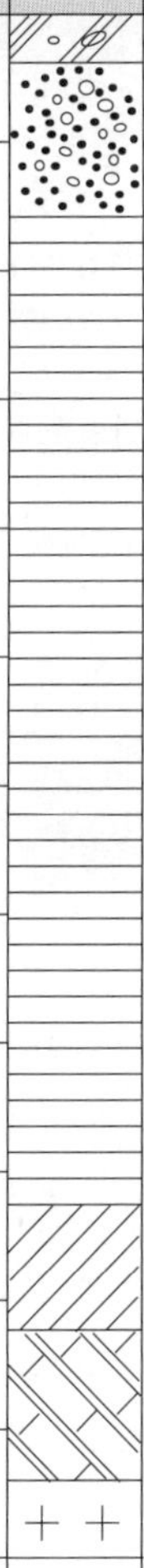

심도 (M)	주상도	표준관입시험 심도 (M)	표준관입시험 N치 (회/cm)	투수계수 (cm/sec)	RQD/코어 회수율(%)
0.0					
0.6					
		1.5	6/30		
3.2		3.0	8/30		
		4.5	9/30		
		6.0	12/30	1.8×10^{-2} (6~8m)	
		7.5	13/30		
		9.0	6/30		
		10.5	7/30		
		12.0	50/13		
		13.5	50/11		
		15.0	50/6	9.1×10^{-2} (14~16m)	
		16.5	50/5		
		18.0	50/10		
18.5					
		19.5	44/30		
20.3					
		21.0	50/12		
		22.5	50/6		
22.8					
24.0					0/7

관찰기록

콘크리트
심도 : 0.0~0.6M
콘크리트와 자갈이 존재한다.
회색

매립층
심도 : 0.6~3.2M
실트와 세립질 모래가 혼재되어 있음(5M)
회갈색, 습하고 느슨함

퇴적층
심도 : 3.2~12.0M
세립질 모래가 존재함(SP)
갈색, 축축하며 느슨함
심도 : 12.0~18.5M
세립, 중립질 모래 및 호박돌이 혼재된 자갈층(GP)
갈색, 축축하며 느슨함

잔류토층
심도 : 18.5~20.3M
기반암인 화강암이 풍화작용을 받아 형성된 잔류토로서 실트, 세립질 모래가 혼재됨(SM)
황갈색, 매우 조밀함

풍화암층
심도 : 20.3~22.8M
기반암인 화강암이 풍화작용을 받아 형성된 풍화암층으로 세립, 조립질 입자로 분해된다.
담갈색, 매우 조밀함

연암층
심도 : 22.8~24.0M
기반암인 화강암의 연암으로 절리가 매우 발달되어 있다.

굴진 종료 : 24.0M

*표준관입시험 : 자갈층 시료 NONE(심도 : 12.0M, 13.5M, 15.0M, 16.5M, 18.0M)

⑥ 지내력 시험(test for bearing power of soil)

- 지반의 허용 지내력

  지반의 허용 지내력은 암반이 자갈, 모래, 진흙의 순이다. 기초 크기를 결정하는 데 참고가 되는 각 지층의 허용 지내력은 다음 표에 의하여 정한다.

표 2-2
지반의 허용지내력

지 반		장기응력에 대한 허용지내력(t/m²)	단기응력에 대한 허용지내력(t/m²)
경암반	화강암·섬록암·편마암·안산암 등의 화성암 및 굳은 역암 등의 암반	400	각각 장기응력(연속적으로 작용하는 힘에 위한 변형률)에 대한 허용지내력 값의 1.5배로 한다.
연암반	판암·편암 등의 수성암의 암반	200	
	혈암·토단반 등의 암반	100	
자 갈		30	
자갈과 모래와의 혼합물		20	
모래 섞인 점토 또는 롬토		15	
모래 또는 점토		10	

주) 건축물의 구조기준 등에 관한 규칙(제18조별표8, 개정2021.8.27.)

- 재하시험(loading test)
  - 평판 재하시험

    재하판은 두께 25mm 이상, 직경 또는 한 면의 길이가 300~750mm인 3개의 사각철판을 사용한다. 하중증가는 100kN/m²가 넘지 않거나 또는 시험구역의 예상 지지력의 1/5이 넘지 않는 하중으로 나누고 누계로 동일 하중을 침하가 정지할 때까지 흙에 가한다. 침하정지는 예상 최대하중을 초과하여 침하량이 15분간 0.01mm 또는 2시간에 0.1mm보다 작으면 침하정지로 간주한다.

그림 2-8
평판 재하시험(반력법)

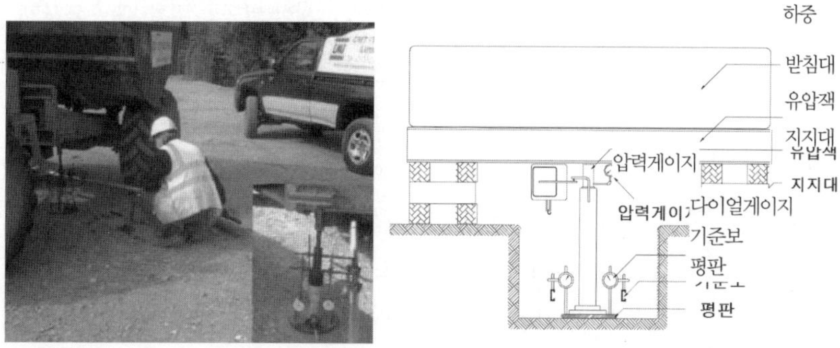

그림 2-9
재하판 크기의 영향

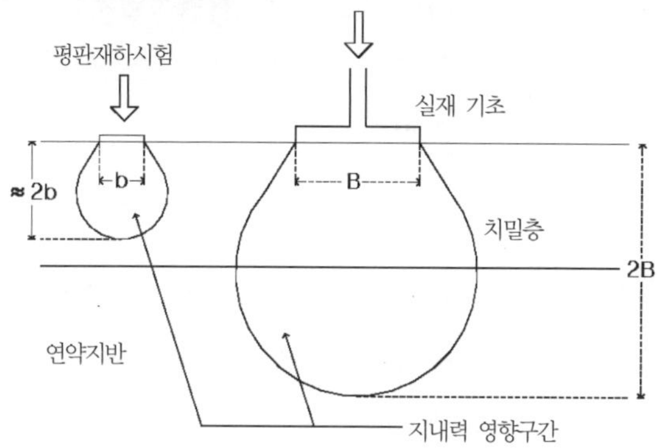

⑦ 말뚝시험

말뚝의 지지력은 말뚝 끝의 저항력과 말뚝 표면의 마찰력에서 정역학적으로 구하는 방법과 말뚝을 박을 때의 측정치에 의해 동역학적 계산으로 구하는 방법, 재하시험으로 구하는 방법 등이 있다. 가장 정확한 시험은 재하시험이나 시간, 경비를 고려한 경제적인 시험방법은 말뚝박기시험으로 가장 널리 쓰인다.

- 말뚝박기시험(pile driving test)

  말뚝기초가 계획된 경우 말뚝박기시험을 통해 말뚝의 지지력과 길이를 결정한다. 시험하는 말뚝박기는 실 시공되는 말뚝과 같은 조건으로 하여 적어도 3개 이상을 실시한다. 시험 말뚝에 있어서 떨공이의 중량과 그 낙하고 및 매회 관입량을 측정하여 그 결과로 허용 지지력을 산정한다. 말뚝의 타격에는 떨공이(drop hammer), 단동공기공이(single action pneumatic hammer), 복동공기공이(complex action pneumatic hammer)가 있고, 말뚝공이의 중량은 말뚝 무게의 2~3배 범위로 한다.

시험 말뚝을 박을 때 주의사항

1) 시험 말뚝은 실제 말뚝과 같은 조건으로 할 것
2) 시험 말뚝은 3본 이상으로 할 것
(기초면적 1,500m²까지 2개 3,000m²까지는 3개의 시험 말뚝을 설치한다.)
3) 시험 말뚝은 항상 수직으로 박을 것
4) 연속적으로 휴식시간을 두지 말고 박을 것
5) 최종 관입량은 5회 또는 10회 타격한 평균값으로 한다.
6) 소정의 침하량에 도달하면 무리하게 박지 말 것
7) 타격횟수 5회의 총관입량이 6mm 이하인 경우 거부현상으로 본다.

- 말뚝재하시험(pile load test)

말뚝의 기능과 재질에 관계없이 말뚝의 지지력을 정확하게 알아 낼 수 있는 방법이 재하시험이다. 재하시험은 말뚝머리 위에 중량물을 재하하는 것으로, 중량은 지반의 극한지지력 또는 예상되는 설계하중의 2~3배로 하여 5단계로 나누어 재하를 한다. 첫 단계 재하를 하고 1시간이 지나고 또 침하의 진행이 30분간 0.1mm 이하임을 확인하게 되면 다음 단계 재하를 한다. 침하량의 측정은 3개 이상 설치한 다이얼 게이지로 하며 판정은 이들의 평균치로 한다. 말뚝의 지지력 판정은 총 침하량이 15mm일 때의 전 하중을 단기허용지지력으로 하고, 이것의 1/2을 장기허용지지력으로 한다.
말뚝은 박힌 지층의 종류에 따라 응집력이 다르므로 박은 뒤 적어도 7일 이상 지난 뒤에 재하시험을 하는 것이 바람직하다.

그림 2-10
반력 말뚝과 실하중 병용방식

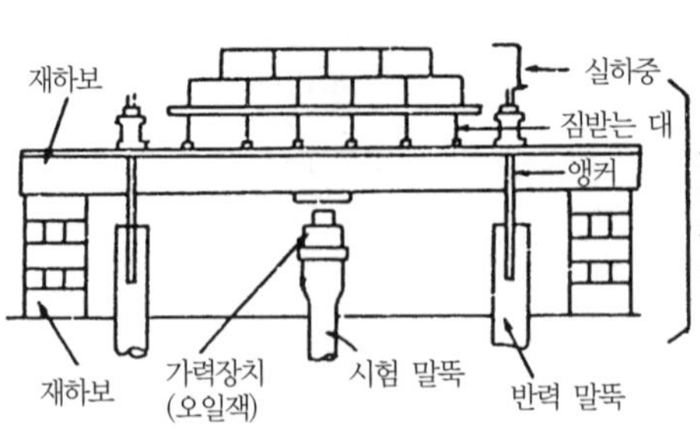

2.5 지반 개량(soil improving)

2.5.1 연약지반

연약지반이란 구조물의 안정성과 침하가 일어나기 쉬운 지반을 말한다.

일반적으로 흙은 토립자와 공기와 물로 구성되는데 토립자의 간격이 넓고 공기 또는 물이 많은 경우로 보통 토질시험 결과 함수비가 높고, 일축압축강도가 작은 점토, 실트 및 유기질토, 느슨하게 쌓인 사질토 등으로 구성된 지반으로 사질토의 경우 표준관입시험 결과 N값이 10 이하이며, 점성토의 경우 N값이 4 이하 또는 콘 관입시험의 콘 지수는 8 이하인 경우를 말한다.

연약지반은 상부에 건축물의 무게를 견딜 수 있는 충분한 지내력을 가지지 못하기 때문에 지반의 유동 및 액상화, 건축물의 부분적인 침하나 함몰 등의 문제가 발생된다.

이러한 연약지반의 공학적 성질을 개선하여 기초지반의 지지력 증대, 지반의 변형 억제, 지반 침하의 방지, 수압 및 투수성의 감소 또는 제거 등을 위하여 지질 개선, 강화하는 작업을 지반 개량이라 한다.

지반 개량의 방법은 다짐, 탈수, 고결, 치환 등의 방법이 있으며 어느 공법이나 토립자 사이의 공기와 물을 제거하여 지반조직을 치밀하게 하는 것을 목적으로 하고 있다.

2.5.1 다짐공법

다짐공법은 동적인 방법으로 느슨한 지반을 다져 밀실하게 하는 것으로 진동이나 충격, 물다짐 등의 방법으로 연약한 사질토를 다지거나 연약지반 속에 모래를 강제로 압입하여 지반의 지내력을 향상시키는 방법이 있다. 다짐공법에는 진동다짐공법, 다짐모래 말뚝, 동다짐공법, 폭파다짐공법 등이 있다.

1. 다짐모래 말뚝(sand compaction pile)

충격 또는 진동하중을 이용하여 지반 내에 모래를 압입하여 모래 말뚝 기둥을 조성하는 동시에 주변의 지반을 다져서 개량하는 공법이다. 종류로는 Vibro-composer 공법, Hammer-Ring-Compaction 등의 공법이 있으며 표준 직경으로 800~2,000mm 모래 기둥을 형성한다.

2. 진동다짐공법(vibro-floatation method)

vibro-float라 불리는 수평방향으로 진동하는 장비를 사용해 물의 분사와 함께 진동을 일으켜 지반에 구덩이를 파고 모래나 자갈의 충전재를 채워 공급하면서 다짐을 실시한다.

3. 동다짐공법(dynamic compaction method)

크레인에 달리 무거운 추(8~40t)를 자유낙하시켜 지표면에 충격을 줌으로써 발생되는 충격에너지에 의해 지반다짐효과와 강도를 증진시키는 공법으로 동압밀공법(dynamic consolidation method)이라고도 한다.

4. 폭파다짐공법

폭약을 이용하여 느슨한 사질토 지반에 인공 지진을 일으켜 지진동에 의하여 지반을 다지는 공법으로, 광범위한 연약사질층 지역을 대규모로 다지고자 할 경우에 경제적인 방법이나 주변지반에 대한 영향이 커 지진동에 의한 피해가 예상되는 지역에서는 적용이 불가능하다.

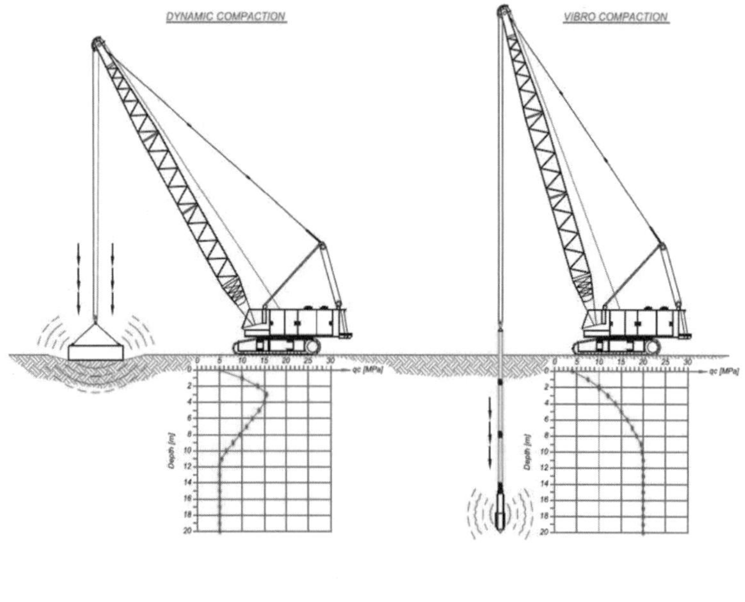

2.5.2 배수 · 탈수 · 압밀공법

지반에 많은 물이 존재할 경우 지반의 역학적 성질이 약해져 연약지반이 된다. 이러한 물을 제거하기 위한 수처리 방법으로 배수, 탈수, 압밀의 방법이 각각 또는 병용되어 사용된다.

1. 성토

지반 위에 흙을 쌓아 무게를 증가시켜 재하에 의해서 탈수하는 방법으로 드레인 공법과 병용하여 압밀효과를 증대시킨다.

2. 샌드 드레인 공법(모래 기둥배수공법, sand drain method)

연약점토질 지반을 개량할 목적으로 지반을 굴토하기 전에 일정한 간격으로 구덩이를 파고 모래를 채운 모래 기둥을 통해 지층의 수분을 제거하는 방법이다.

3. 페이퍼 드레인 공법(paper drain method)

점토질 지반에 사용되며 투수성이 양호한 폭 100mm, 두께 3~3.5mm의 합성수지로 된 탈수지를 1m 간격으로 땅속에 매설하고 한 끝은 땅위에 노출시켜 탈수지를 타고 지하수가 증발하여 지반이 압밀되도록 하는 방법이다.

4. 팩 드레인 공법(pack drain method)

샌드 드레인 공법과 유사하며 모래를 모래 기둥에 직접 채우는 것 대신 직경 1.5cm 내외의 망사에 투수성이 강한 직경 120mm인 합성수지로 된 포대에 모래를 넣어 모래 기둥을 설치하여 수분을 제거하는 방법이다.

5. 딥웰 공법(deep well method): 중력배수법

직경 30~100cm 정도의 구멍을 기초 바닥까지 굴착하여 우물관을 설치한 후 수중 펌프로 배수하는 공법이다.

6. 웰포인트 공법(well-point method): 강제배수법

사질지반의 경우 웰포인트라는 흡수관을 시공지역의 주위에 여러 개 타설하여 지하수위를 저하시키는 공법이다.

7. 대기압 공법(연약지반 개량 공법): 진공압밀공법

비닐시트 등을 흙 위에 덮어 주위를 완전히 밀봉시킨 후 내부의 공기를 진공펌프를 이용하여 빼내어 가압에 의해 지반을 개량하는 방법이다.

8. 생석회 말뚝 공법(chemico-pile method)

모래 기둥에 들어가는 모래를 생석회로 대체하여 시공한 것으로 생석회가 수분을 흡수하면서 발열반응과 함께 체적이 2배로 팽창하는 흡수, 건조 및 팽창작용을 이용하는 방법이다.

그림 2-11
샌드드레인의 시공순서
(탈수공법 압밀배수)

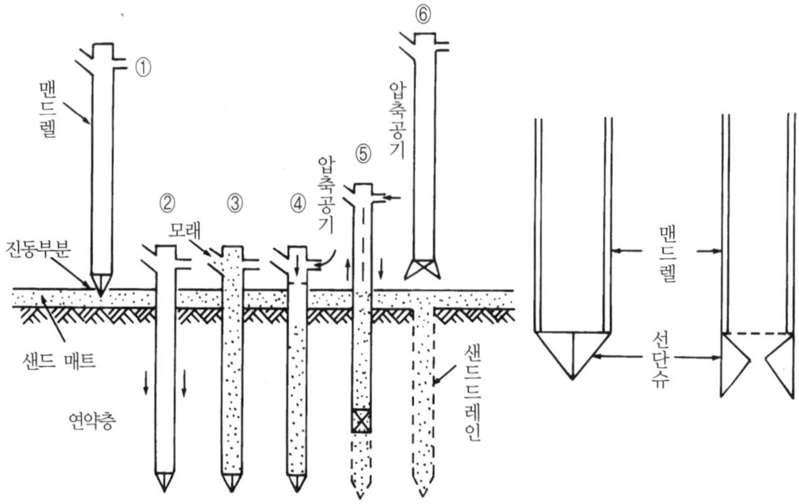

그림 2-12
페이퍼드레인 공법
(탈수공법 압밀배수)

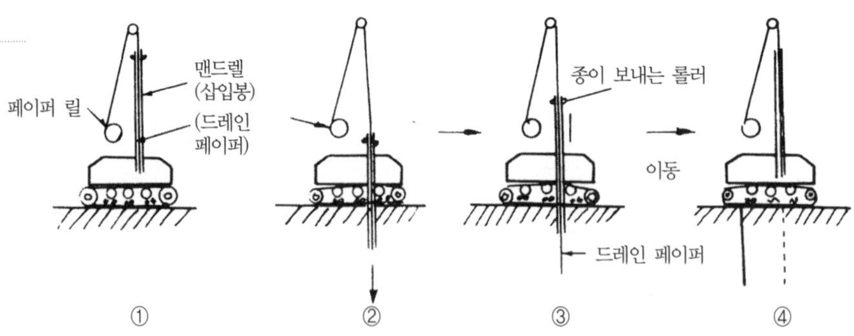

그림 2-13
웰 포인트 공법
(강제배수법)

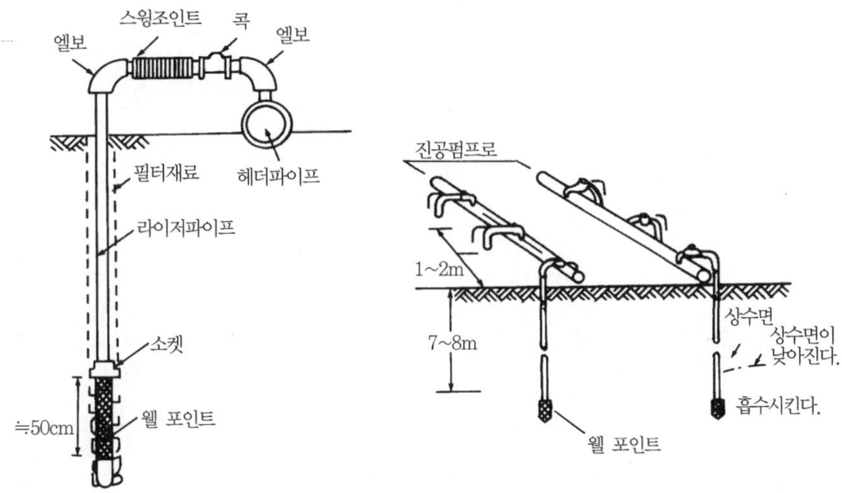

그림 2-14
대기압 공법

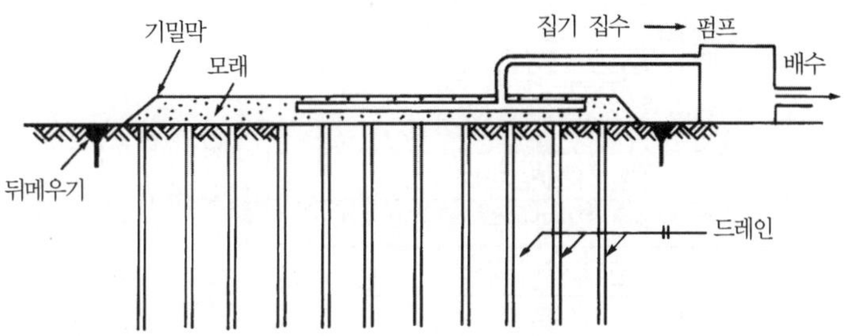

2.5.3 고결공법

1. 주입공법

지반에 시멘트 또는 벤토나이트 현탁액, 규산나트륨 등의 고결제를 파이프를 통해 지중에 주입하여 지반을 개량하는 방법이다.

2. 동결공법

냉동액을 파이프를 통해 지중에 가압 주입하여 일정한 기간 동안 지반을 동결시켜 지반을 개량하는 방법이다.

2.5.4 치환공법

부실한 지반의 흙을 양호한 흙으로 전체 바꾸어 지반을 개량하는 방법으로 동치환, 폭파치환 및 압출치환방법 등이 있다.

표 2-3 개량목적과 적용 지반에 의한 대책 공법

<table>
<tr><th>개량 원리</th><th colspan="2">공법의 명칭</th><th>개량 목적</th><th>적용 지반</th></tr>
<tr><td rowspan="2">보 강</td><td colspan="2">복토공법</td><td>· 도로의 노상
· 노반의 안정처리</td><td rowspan="2">점성토, 유기질토</td></tr>
<tr><td colspan="2">표층피복공법
(시트, 매트, 필터)</td><td>· 국부파괴
· 국부침하 방지</td></tr>
<tr><td>경 량 화</td><td colspan="2">경량자재(EPS)</td><td rowspan="6">· 지반의 지지력 향상
· 지반의 전단변형 억제
· 지반의 침하 억제
· 활동 파괴의 방지
· 시공기계의 트래커 빌리티 확보</td><td rowspan="6">점성토, 유기질토</td></tr>
<tr><td>하중균형</td><td colspan="2">압성토공법</td></tr>
<tr><td rowspan="4">하중분산</td><td colspan="2">침상공법</td></tr>
<tr><td colspan="2">Sheet 공법, Net 공법</td></tr>
<tr><td colspan="2">Sand Mat 공법</td></tr>
<tr><td colspan="2">표층혼합처리공법</td></tr>
<tr><td rowspan="12">압밀배수</td><td colspan="2">선행압밀(Preloading) 공법</td><td rowspan="7">· 잔류침하의 감소
· 지반의 강도 증가</td><td rowspan="5">점성토, 유기질토</td></tr>
<tr><td rowspan="4">연직
배수
공법</td><td>샌드 드레인 공법</td></tr>
<tr><td>페이퍼 드레인 공법</td></tr>
<tr><td>팩 드레인 공법</td></tr>
<tr><td>플라스틱보드 드레인 공법</td></tr>
<tr><td rowspan="2">지하수위
저하공법</td><td>웰 포인트 공법</td><td rowspan="2">사질토</td></tr>
<tr><td>딥 웰 공법</td></tr>
<tr><td colspan="2">진공압밀공법(대기압공법)</td><td rowspan="3">· 압밀촉진
· 잔류침하 감소
· 지반의 강도 증가</td><td rowspan="3">점성토, 유기질토</td></tr>
<tr><td colspan="2">생석회말뚝공법</td></tr>
<tr><td colspan="2">전기침투공법
반투막공법</td></tr>
<tr><td colspan="2">쇄석말뚝공법</td><td>· 액상화 방지</td><td>사질토</td></tr>
<tr><td colspan="2">표층배수공법</td><td>· 표층지반강도 증가</td><td>점성토, 유기질토</td></tr>
<tr><td rowspan="6">다 짐</td><td colspan="2">모래 다짐 말뚝 공법</td><td rowspan="3">· 액상화 방지
· 침하저감
· 지반의 강도 증가</td><td rowspan="2">점성토, 사질토,
유기질토</td></tr>
<tr><td colspan="2">로드 콤팩션 파일 공법</td></tr>
<tr><td colspan="2">바이브로플로테이션 공법</td><td>사질토 지반</td></tr>
<tr><td colspan="2">중추낙하다짐공법</td><td rowspan="3">· 침하 감소
· 액상화 방지</td><td rowspan="3">사질토 지반</td></tr>
<tr><td colspan="2">폭파공법, 전기충격공법</td></tr>
<tr><td colspan="2">동압밀공법</td></tr>
<tr><td rowspan="5">고 결
열 처 리</td><td colspan="2">표층혼합처리공법</td><td>· 도로의 노상
· 노반의 안정처리</td><td rowspan="5">점성토, 사질토,
유기질토</td></tr>
<tr><td colspan="2">심층혼합처리공법</td><td rowspan="4">· 활동파괴 방지
· 침하저지 감소
· 전단변형 방지
· Heaving 방지</td></tr>
<tr><td colspan="2">약액주입공법</td></tr>
<tr><td colspan="2">소결공법</td></tr>
<tr><td colspan="2">동결공법</td></tr>
</table>

2.6 기초파기

기초를 만들기 위하여 지반을 파내는 작업을 기초파기 또는 터파기라고 한다. 설계도에 의해 기초의 폭과 깊이를 각 규준틀에서 측정하여 소정의 위치까지 파낸다.

2.6.1 기초 터파기

1. 터 고르기(grading)

기초파기 전에 대지내의 기존 시설물의 이전 및 기초 공사에 장애가 되는 요소는 모두 제거, 정리한다.

2. 기준점(B.M, bench mark)

건물 배치도에 의해 건물의 위치와 고저에 대한 수평과 수직의 측정 기준이 되는 것으로 대지 부근의 물체에 표시한다.

3. 수평 규준틀

지층에 규준 말뚝을 설치하고 수평으로 20~100mm 정도의 수평펠대를 댄 것으로 각 부의 거리와 기초의 중심선, 기초폭, 벽체의 중심선 등을 알 수 있도록 표시한 수평들이다. 규준 말뚝은 충격과 이동, 침하를 쉽게 발견할 수 있도록 오니 또는 엇빗자르기 형태로 설치한다.

그림 2-15
규준틀 설치

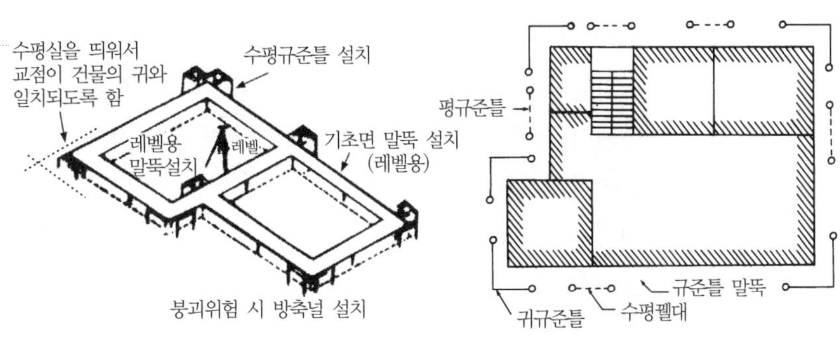

2.6.2 터파기 공법

건축물의 기초구조를 형성하기 위하여 땅을 파는 일을 터파기 또는 기초파기라 한다.

터파기는 굴토하는 평면형태에 따라서

① 구덩이 파기(pit excavation) : 독립기초, 복합기초

② 줄기초 파기(trench excavation) : 연속기초(줄기초)

③ 온통 파기(mat excavation) : 온통기초

대형 구조물의 경우 대부분 온통 파기가 사용되는데 주위 건축물의 여부, 현장 크기, 지질의 상태 등 현장여건에 따라 다양한 방법이 사용되고 있다.

1. 오픈 컷 공법(open cut method)

지반이 단단하고 기초 굴토 예정지가 넓을 경우에 별도 흙막이를 설치하지 않고 흙의 안식각(angle of repose)에 따른 경사를 두면서 휴식각 이내로 안전하게 기초를 파내는 공법으로, 비교적 규모가 작고 간단한 공사일 경우 사용된다.

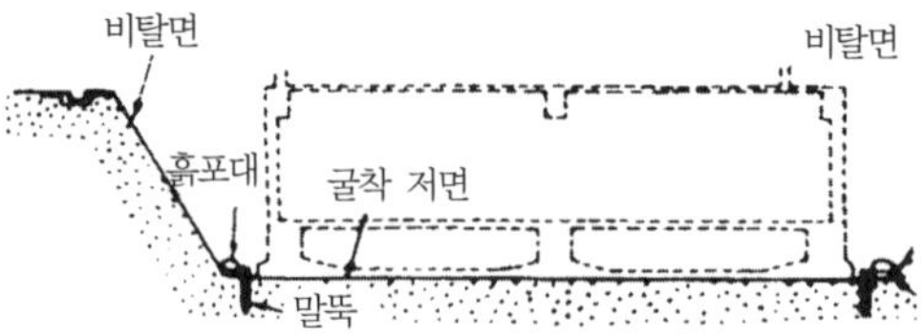

그림 2-16
오픈 컷 공법

2. 버팀대공법(strut method)

자립공법이라고 하며, 굴착 시 장비 사용 제약이 많고 공기가 길어지는 단점이 있으나, 인접건물이 가까이 있는 대지와 연약지반에서 어스앵커 공법이 곤란할 경우에 쓰이는 방법으로 목재 또는 철재를 이용하여 사전에 흙이 무너지는 것을 방지하기 위하여 수평, 수직 방향의 지주와 받침대를 띳장으로 연결하여 토압에 의한 흙의 붕괴를 방지하면서 기초파기를 하는 공법이다. 버팀대 설치방법에 따라 자립공법, 수평 버팀대공법, 아치형 버팀대공법 등이 있다.

그림 2-17
수평 버팀대공법

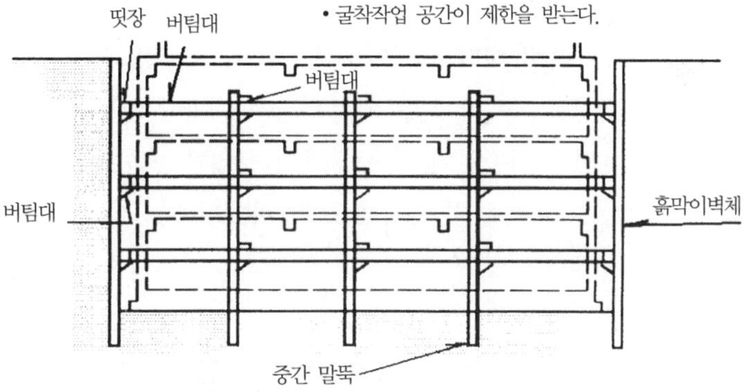

3. 어스 앵커 공법(earth anchor method)

H형강이나 시트 파일(sheet pile)을 지중에 설치하고 버팀대 대신에 앵커와 pc강선을 사용하여 수평방향을 지지시키고 계속하여 흙을 파내려가는 방법으로, 사용된 흙막이벽의 종류에 따라 H형강 말뚝, 시트 파일, 콘크리트 등으로 분류된다. 소규모인 경우에 어스 앵커 대신에 앵커 블록과 타이 로드(tie-rod)를 쓰는 경우도 있다.

그림 2-18
어스 앵커 공법

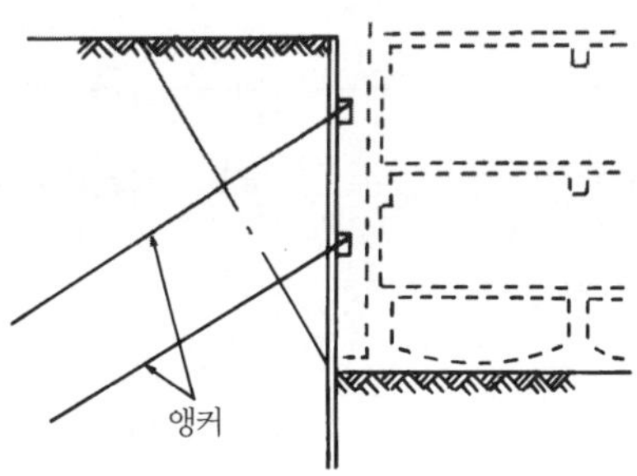

4. 아일랜드 공법(island method)

굴착 공사장 주위에 파일로 흙막이벽을 설치한 후 중앙부를 먼저 굴토하고 기초와 지하 구조체를 설치한다. 이 구조체로부터 흙막이벽 역할을 하게 하고 외주부를 굴착 구조체를 시공하는 방법이다. 굴착면적이 넓고 깊이가 비교적 얇은 경우에 효과적이다.

그림 2-19
아일랜드 공법

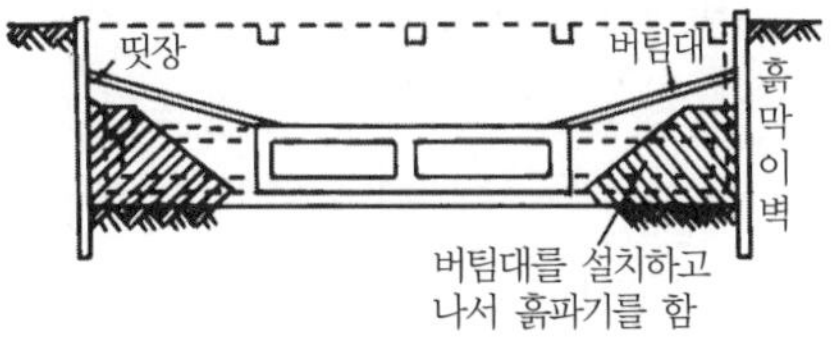

5. 트렌치 컷 공법(trench cut method)

흙이 대단히 연약하여 전체를 일시에 굴착할 수 없고 굴착 깊이가 얕을 경우, 중앙부분을 남겨두고 흙막이벽 측부터 흙 파내기 후 외주 구조체를 먼저 시공하여 이 구조체가 토압을 받도록 하고, 나머지 중앙부분을 나중 흙 파기를 하는 공법으로, 확실히 안전성이 있으나 가설공사가 많고 공기가 길어진다.

그림 2-20
트렌치 컷 공법

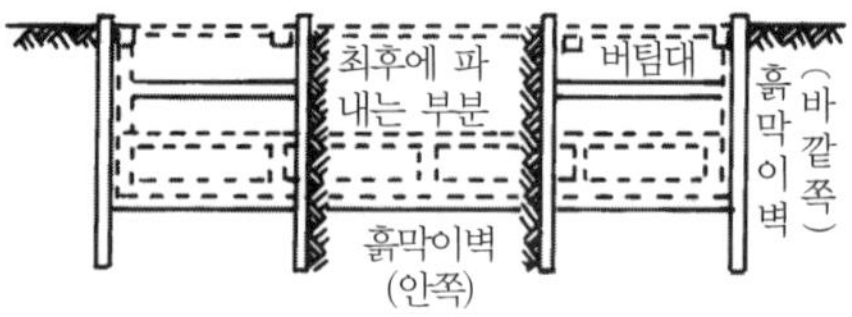

6. 하향공법

1층을 먼저 시공한 후 1층을 수평 버팀대로 이용하여 지하층으로 내려가면서 지하층을 시공하는 공법이다.

그림 2-21
하향공법

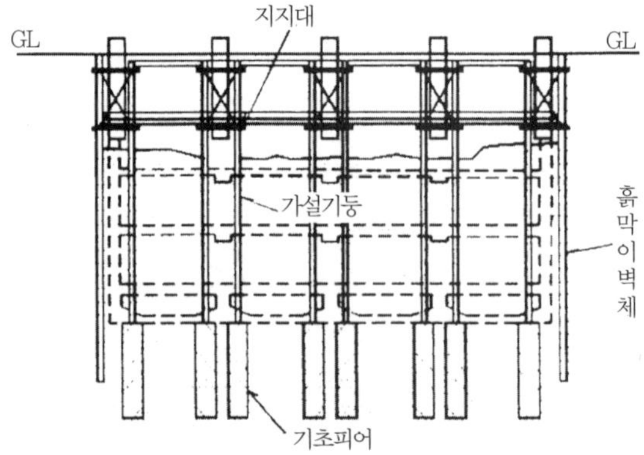

7. 잠함공법(caisson method)

지상에서 구조물을 제작한 후 내부에서 흙파기를 하면서 구조체를 침하시켜 소정의 깊이에 정착시키는 방법으로, 대지 경계선에서 후퇴하지 않고 대지를 최대한으로 활용할 수 있고 소음, 진동이 적은 공법이다. 지하수가 많은 곳에서는 외벽이 먼저 시공이 되어 물처리도 간단하고 안전한 공법이다. 공사중 침하량이나 경사각의 측정 및 조정이 어렵고 정확한 시공을 요하며 공사비가 비싸다.

2.6.3 흙막이

1. 널 말뚝 흙막이공법

■ 나무널 말뚝

나무널 말뚝(wooden sheet pile)은 두께 5~8cm, 너비 15~25cm의 소나무 또는 낙엽송 생나무를 쓰며, 긴 것은 미송을 쓰는 수도 있다. 나무널 말뚝 옆면은 오늬·반턱·제혀 물림으로 하여 지하수와 흙이 흘러드는 것을 막는다. 널 말뚝 끝부분은 경사로 빗깎아서 철물(쇠신)로 보강하고, 말뚝 머리는 쇠가락지(pile collar)를 끼우거나 8번 철선을 감아서 박을 때 쪼개지는 것을 막는다.

나무널 막뚝은 줄 바르게 수직으로 가지런히 박되 널 틈이 생기지 않도록 밀착시켜야 하며, 끝은 터파기 밑의 땅속 깊이 박아 넣어야 한다. 띳장과 버팀대는 터파기의 진행에 따라 필요한 간격으로 댄다. 나무널 말뚝을 이용한 터파기의 깊이는 4m 정도가 적합하다.

나무널을 뉘어서 쓸 때에는 H형강, 철제 널 말뚝, 레일(rail) 등 어미 말뚝을 1~2m 간격으로 박고 터파기의 진행에 따라 흙막이널을 한 장씩 끼워 넣으면서 뒷면에 흙을 충분하게 채워 넣는다. 이 방법을 가로 흙막이 공법이라 한다.

이 공법은 공사비가 비교적 싸고 시공능률이 높아 많이 이용하지만 수밀성이 부족하므로 지하수위가 얕을 때에는 먼저 파낼 면보다 수위를 낮추어야 한다.

그림 2-22
나무널 말뚝

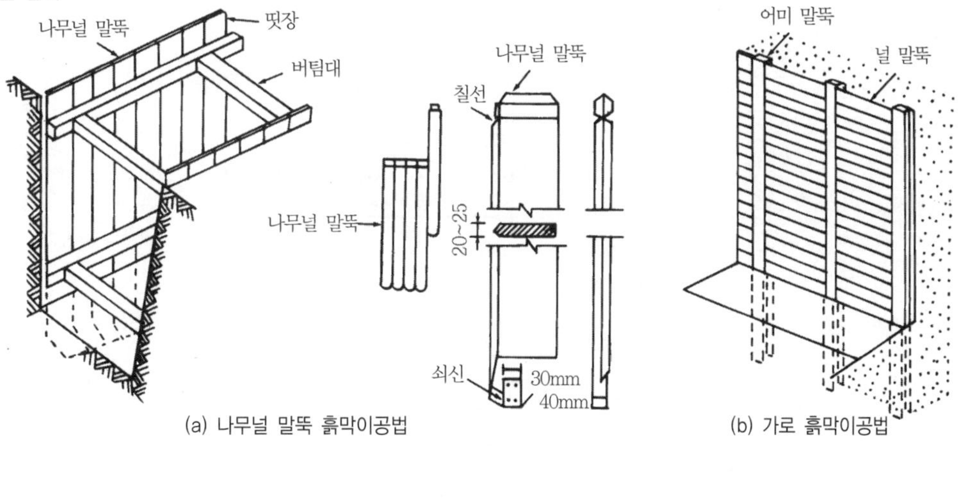

(a) 나무널 말뚝 흙막이공법 (b) 가로 흙막이공법

■ 철제 널 말뚝

터파기가 깊어 토압·수압이 클 것으로 예상될 때 또는 강력한 흙막이의 내력이 요구되는 도심지의 흙막이 공사에는 철제 널 말뚝(steel sheet pile)이 이용된다. 이 말뚝은 특수형태로서 토압에 대한 저항력이 클 뿐 아니라 수밀성이 크고 굳은 지반에도 쓸 수 있고, 박고 빼는 작업이 용이하고 반복사용이 가능한 장점이 있다.

철제 널 말뚝의 종류는 래커 워너(lack wanna)식, 라르센(larsen)식, 테르 루즈(terres rouges)식 등이다. 철제 널 말뚝의 접합에는 복합식과 단합식이 있다. 라르센식, 테루 루즈식 등 복합식은 2개씩 짝지어 동시에 박아 옆 흔들림을 막는다.

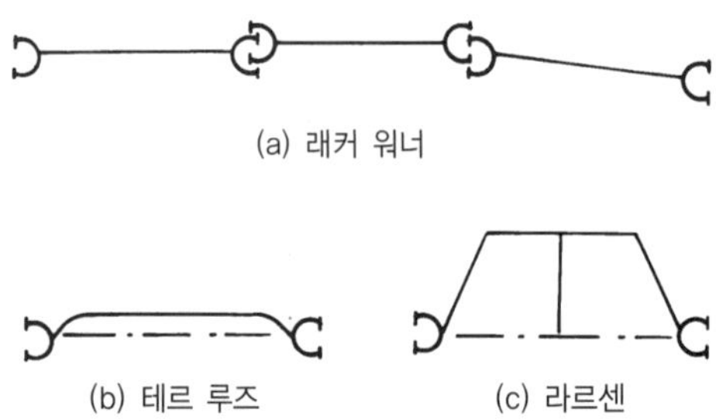

그림 2-23
철제 널 말뚝

■ 말뚝을 이용한 주열공법

각종 말뚝을 지중에 주열형태로 연속적으로 설치하여 수평, 수직 흙막이벽으로 이용하는 방법으로, 현장에서 콘크리트 말뚝을 설치하여 흙막이를 구축하는 제자리 콘크리트에 의한 주열공법과 공장에서 가공 제작된 기성 제품인 PC콘크리트 파일을 연속적으로 지중에 설치하여 흙막이를 만든 PC콘크리트 말뚝에 의한 주열공법이 있다.

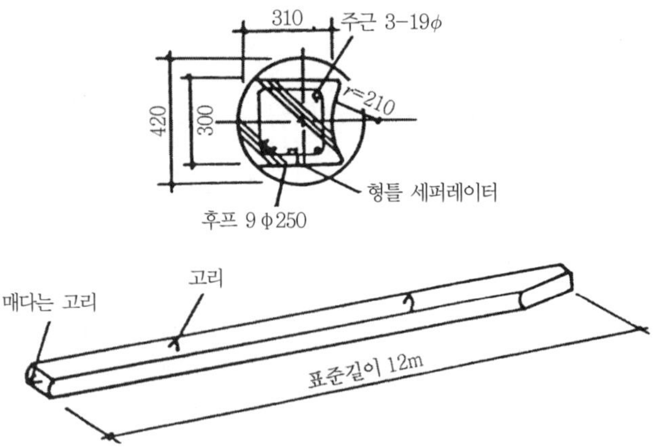

그림 2-24
PC콘크리트 말뚝 주열공법

그림 2-25
주열공법 시공순서

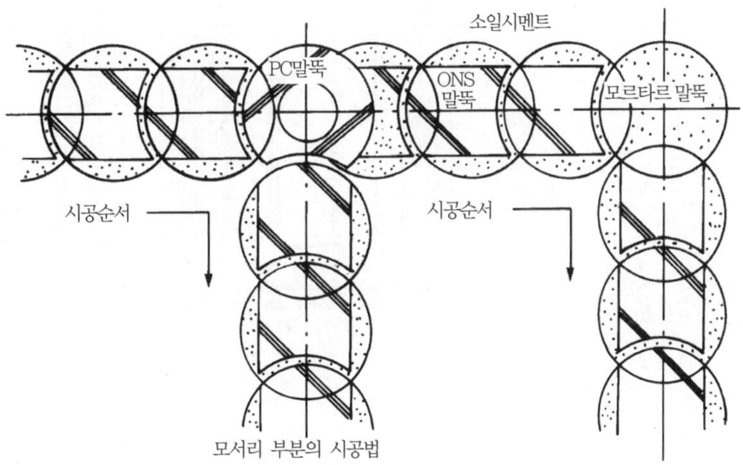

■ 연속 흙막이공법

① 이코스(I.C.O.S 공법, I.C.O. slurry wall)

안정액(벤토나이트액)을 사용하여 굴삭 벽면이 붕괴되지 않도록 지반을 안정시킨 후 기초 흙파기를 하고, 현장콘크리트 또는 PS콘크리트벽 관을 이용하여 흙막이벽을 설치하는 방법이다.

그림 2-26
베노토 주열공법

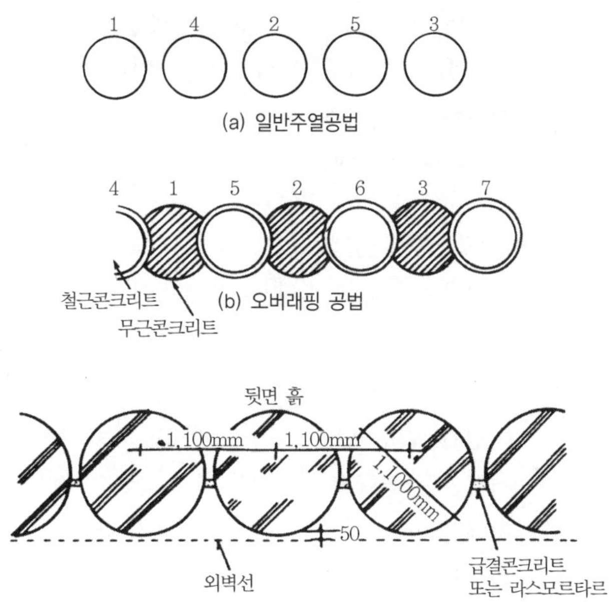

그림 2-27

연속 흙막이벽의 시공 순서

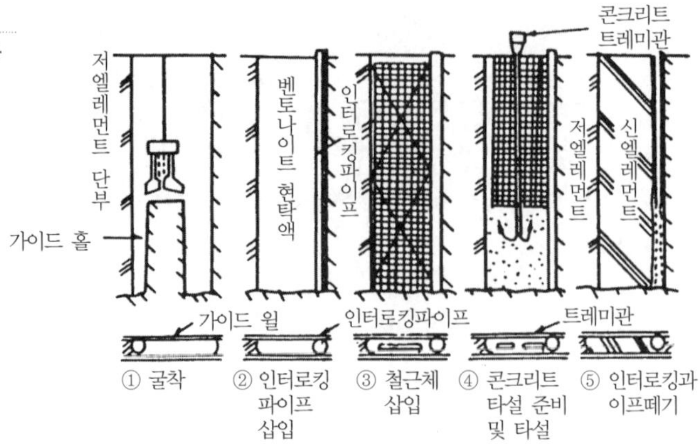

그림 2-28

연속 흙막이벽 굴착용 특수 클램셸

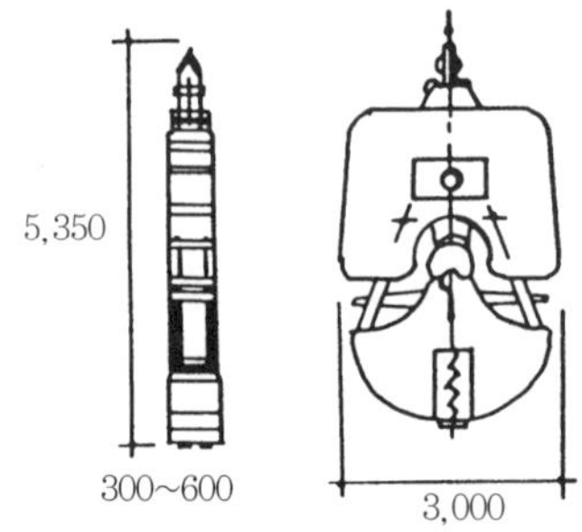

2. 어스 앵커 공법 및 타이 로드 공법

흙막이벽 뒷면 지반 속에 구멍을 뚫고 강선을 넣어 정착시켜서 흙막이벽을 당기게 한 공법이다. 이 공법은 사질층이나 진흙층에서 터파기 면적이 넓거나 깊이가 얕을 때, 또 높낮이의 차가 심하거나 버팀대 공법이 부적합하고 비경제적일 때 쓰인다.

- 어스 앵커 공법(earth anchor method)

흙막이벽 뒷면 지반 속에 보링기계로 구멍을 뚫고 PC강선 또는 PC봉강을 집어넣고 모르타르를 그라우팅하여 앵커와 주변지반과의 마찰력으로 흙막이를 지지하는 것을 어스 앵커 공법이라 한다.

앵커 지지지반은 앵커를 지지할 수 있는 사질층이어야 하고, 앵커의 경사각은 수평에서 10~45° 범위에서 결정한다. PC강선은 프리스트레스를 가해 지압판 또는 고정철물로 고정시킨다. 여러 개의 앵커가 설치되는 지반에서는 앵커 상호간의 영향을 조절하기 위해 좌·우, 상·하에 1.5~2m 정도의 간격으로 설치한다.

그림 2-29
어스 앵커 공법

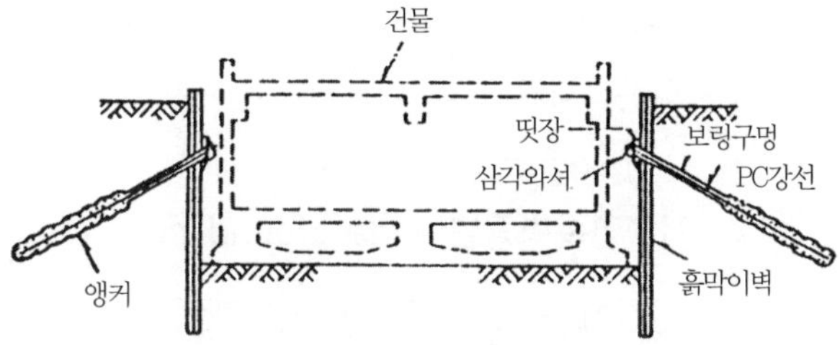

■ 타이 로드 공법(tie rod method)

띳장에 전달되는 측압을 정착부에 전달하는 인장재를 타이 로드라 한다. 타이 로드는 지지능력과 대지조건에 따라 지압판·경사 말뚝·철제 널말뚝 등 앵커에 정착시키지만 지압판은 되메운 흙이 아닌 원 땅에 설치해야 한다.

타이 로드는 지하상수면 위에 설치해야 하지만 상수면 아래에 설치할 경우에는 방청처리를 해야 하고, 또 턴 버클(turn buckle)을 부착하여 시공할 때 타이 로드 길이를 조정할 수 있게 한다. 타이 로드로 지지할 수 있는 터파기 깊이의 한도는 6m 이내로 한다.

3. 탑다운 공법(top-down method)

철제 널 말뚝을 시공할 건축물 주위에 박은 다음 지하층 기둥을 세울 자리 밑에 제자리콘크리트 말뚝을 만들고, 그 위에 지하층의 철골기둥을 세우고 보를 수평으로 대어 골조를 조립한다. 골조 위에 1층 바닥을 만들어 흙막이의 버팀대 역할과 작업장으로 이용한다.

그림 2-30
탑다운 공법

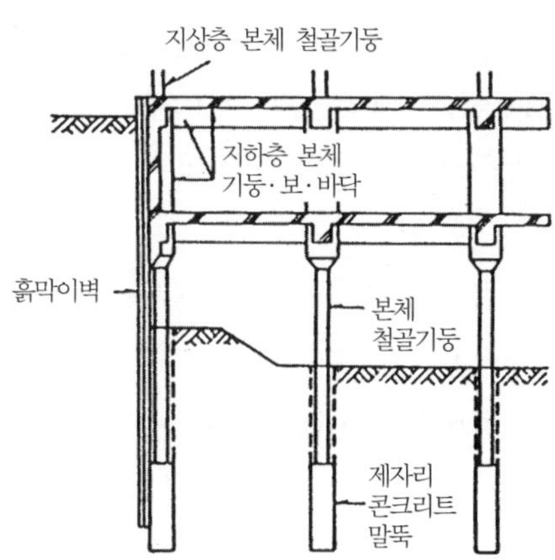

기둥을 기준으로 하여 아래로 파내려 가면서 한 개 층씩 시공하여 지하

층을 완성하는 공법인데 하향식 공법 또는 역구축공법이라고도 한다. 제자리콘크리트 말뚝 대신 피어(pier)기초로 기둥을 지지하는 경우도 있다.

4. 지하연속벽공법(underground continuous wall method)

지중에 연속적으로 말뚝을 만들거나 기성콘크리트 말뚝을 연속적으로 묻어 흙막이벽이 되게 한 것을 지하연속벽이라 하며 다음과 같은 공법이 쓰인다.

▪ 소일콘크리트 말뚝 공법(soil concrete pile method)

어스 오거(earth auger)로 구멍을 파고 오거를 뽑으면서 오거 중심관 끝에서 콘크리트를 뿜어내어 구멍 속 및 주위의 자연토와 혼합하여 소일 콘크리트화 한 말뚝을 말하는데 MIP(Mixed In Place pile)공법이라고도 하며, 이 말뚝이 연속된 것을 소일콘크리트 말뚝 연속벽이라 한다. 말뚝 속에는 조립철근이나 H형강·강관을 삽입하여 보강한다. 콘크리트 대신 시멘트 페이스트 또는 모르타르를 주입한 것은 소일시멘트 말뚝이라 한다.

▪ CIP공법(Cast In Place pile method)

말뚝 구멍을 파고 그 속에 철근을 조립하여 넣고 자갈을 채운 다음 모르타르를 주입하여 말뚝을 만드는 방법이다.

▪ PIP공법(Packed In Place pile method)

어스 오거로 구멍을 파고 모르타르를 주입하여 구멍을 채우고 철근이나 형강을 넣어 보강한 말뚝을 말한다. 말뚝은 틈새에서 흘러드는 흙과 물을 막는 역할을 하며 말뚝 사이를 막거나 말뚝을 겹치는 방법을 쓴다. 말뚝 사이를 막는 방법은 말뚝 사이를 지름보다 다소 크게 하여 일정한 간격으로 말뚝을 만들고 말뚝 사이에 지수막 말뚝을 만들어 먼저 만든 말뚝과 연결시키는 방법이다.

말뚝 겹침은 말뚝지름보다 다소 좁은 간격으로 무근콘크리트 말뚝을 먼저 조성하고, 완전히 굳기 전에 그 사이에 철근콘크리트 말뚝을 조성하여 옆면이 겹쳐지게 하는 방법으로 오버 래핑(over lapping) 공법이라 한다.

그림 2-31
PIP공법

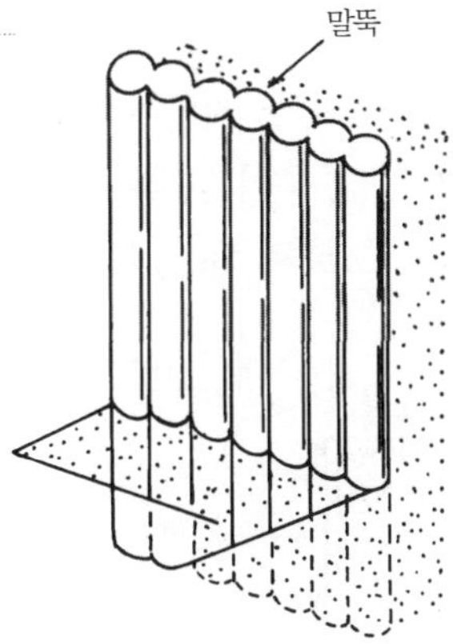

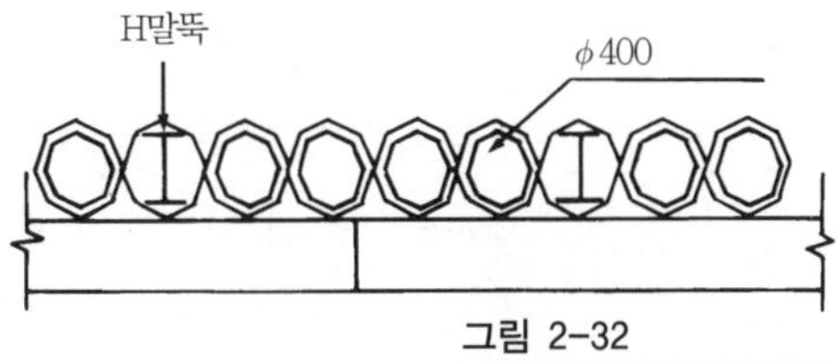

그림 2-32
흙막이벽체

■ 프리캐스트콘크리트 말뚝 공법(precast concrete pile method)

지반에 구멍을 뚫고 소일시멘트를 채운 다음 기성콘크리트 말뚝 또는 PC콘크리트 말뚝을 연속적으로 묻는 방법이며, 구멍 속에 그대로 묻는 것은 말뚝 접속부에 낸 반원 홈에 모르타르를 투입하여 지하수와 토사의 유입을 막는다.

그림 2-33
PC콘크리트 말뚝 공법

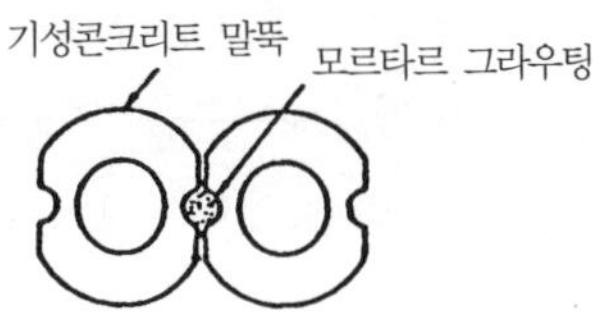

2.6.4 흙막이벽의 안전대책

흙막이벽에는 토압과 수압을 합친 측압이 작용하므로 이에 대한 안전성을 확보해야 한다. 측압의 분포상태는 토질과 지하수위에 따라 다르지만, 터파기가 깊을수록 커진다. 그러므로 터파기의 진행에 따라 흙막이는 더욱 튼튼하게 보강을 하여 무너지는 일이 없도록 항상 안전상 필요한 계측과 점검을 해야 한다. 흙막이벽의 안전은 띳장·버팀대·받침기둥 등이 토압에 대한 충분한 내력을 가진 재료를 써서 흙막이공사를 하고, 지하수에 대한 대책을 철저히 해야 한다.

1. 히빙(heaving)현상

터파기의 하부 지반이 무르고(점토지반) 지면과 터파기면의 고저차가 크면 주변 흙의 토압으로 흙막이벽 뒷면 흙이 흙막이벽 밑을 돌아 안으로 미끄러져 들어와 터파기면이 부풀어 오르게 하는 현상을 히빙이라 한다.

그림 2-34
히빙현상

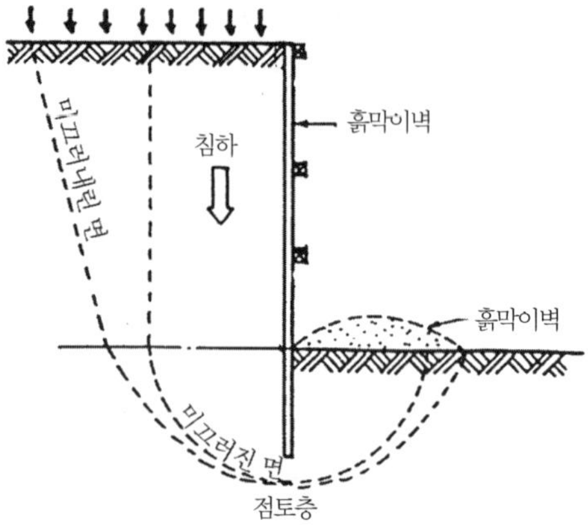

2. 보일링(boiling)현상

모래지반에 흙막이를 하고 터파기를 하면, 흙막이벽 안팎의 수위차로 지하수가 흙막이 부근의 모래와 함께 터파기면에 물 끓는 것처럼 솟아오르는 현상을 보일링이라 한다.

그림 2-35
보일링 및 파이핑 현상

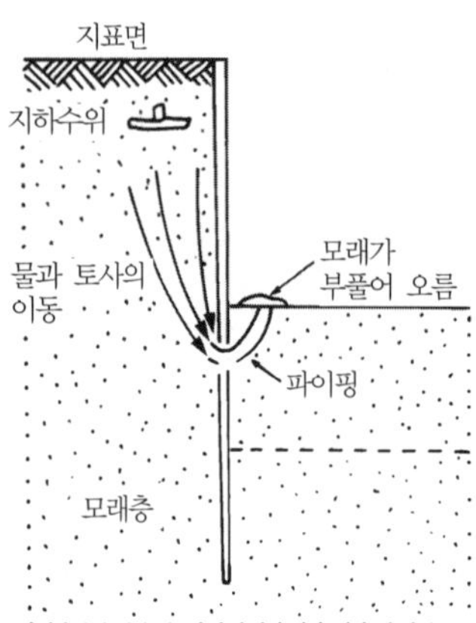

흙막이벽의 시공 불량으로 인한 토사의 유출(파이핑)

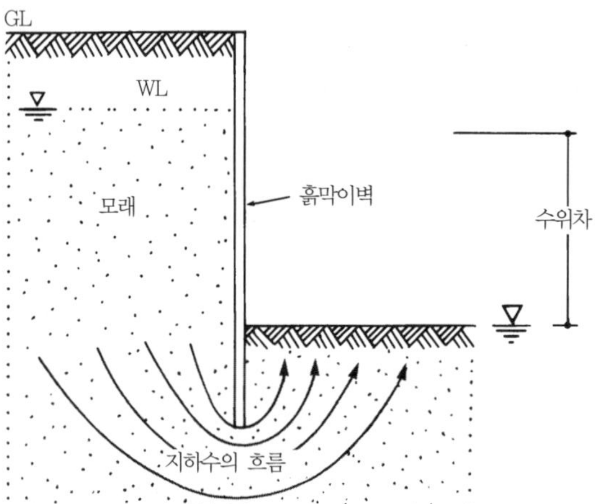

보일링의 설명도

3. 파이핑(piping)현상

부실한 흙막이의 이음새 또는 구멍을 통해 흙탕물을 뿜어내는 경우도 있는데, 이것을 파이핑현상이라 한다.

2.7 지 정

지정이란 기초 자체나 지반을 보강하는 받침부분을 말한다. 즉, 기초판을 지지하기 위하여 잡석다짐 또는 말뚝 등을 설치하는 부분을 말한다.

2.7.1 보통 지정

1. 잡석 지정

120~200mm 정도의 화강암 및 안산암을 깔고 틈막이 자갈을 채워 넣고 다진다.

그림 2-36
잡석 지정 기초

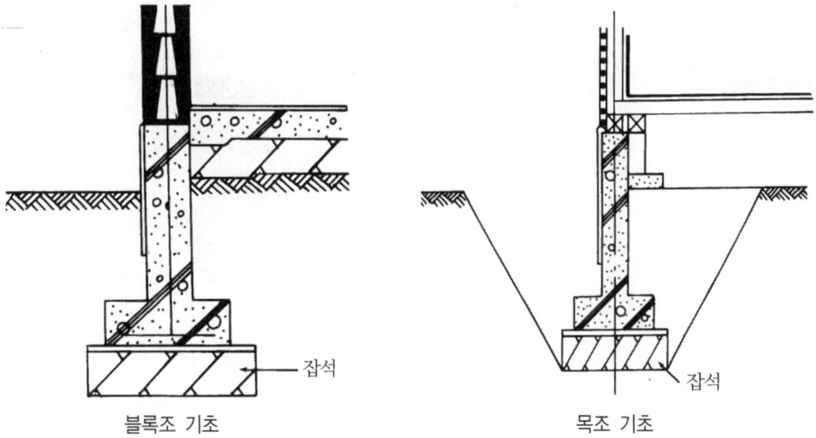

2. 모래 지정

지반 위에 직접 기초를 설치할 경우 기초 굴토 후 바닥고르기 및 다짐용으로 모래를 깔고 다진다.

3. 자갈 지정

잡석 대신 자갈을 6~12cm 두께로 깔고 평평하게 다진 기초

4. 잡석콘크리트 지정

잡석과 콘크리트를 배합하며 만든 지정

5. 밑창콘크리트 지정

기초 밑부분의 먹메김 등을 하기 위해 두께 5~6cm 정도의 밑창콘크리트를 다져 넣는 것으로, 콘크리트 배합은 1 : 3 : 6 정도이다.

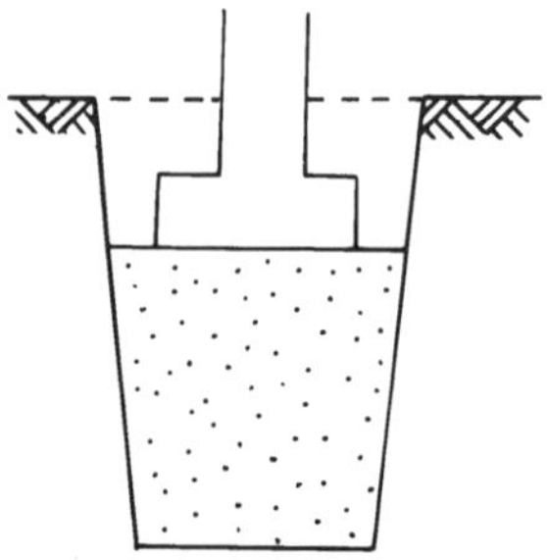

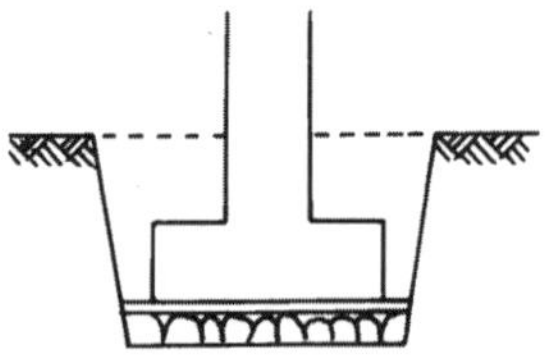

그림 2-37
모래 지정(왼쪽)

그림 2-38
자갈 지정(오른쪽)

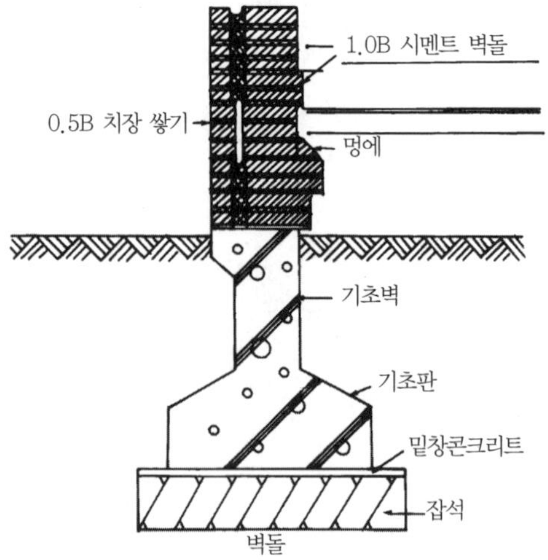

그림 2-39
잡석 지정 기초

2.7.2 피어 지정

1. 우물통식 지정

연약한 지층이 깊고, 상부구조가 고층이고, 중량이 크면 말뚝 지정으로서는 지지력을 증가시킬 수 없는 경우에 우물 파는 방법으로 우물통을 구축하면서 하부를 굴토하여 우물통을 침하시켜 지정을 구축하는 방법으로, 단순굴착(simplex excavation)공법과 수직 흙막이판에 의한 공법, 텔레스코핑 스틸 실린더 공법(telescoping steel cylinders) 등이 있다.

2. 잠함기초 지정

■ 개방잠함(open caisson)

① 우물통 침하공법

우물통식 지정으로 목재, 철재, 콘크리트로 만든 원통을 소정 위치에 세우고, 내부를 파내려 가면서 굳은 지층에 도달시킨 후 확대굴착해서 여기에 기초를 구축하는 것으로, 용수량이 적을 시는 30~40m까지 굴토가 가능하다.

② 지하실 침하법

건축물의 지하층 전체를 미리 지상에 만들어 이를 잠함으로 하고 소정의 깊이까지 침하시키는 방법이다.

그림 2-40
지하실 침하공법

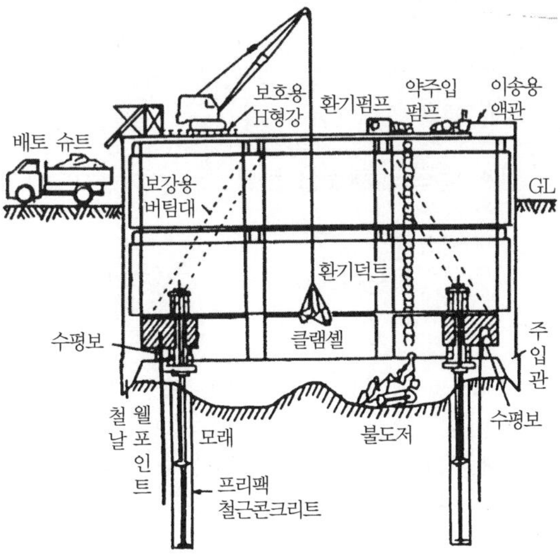

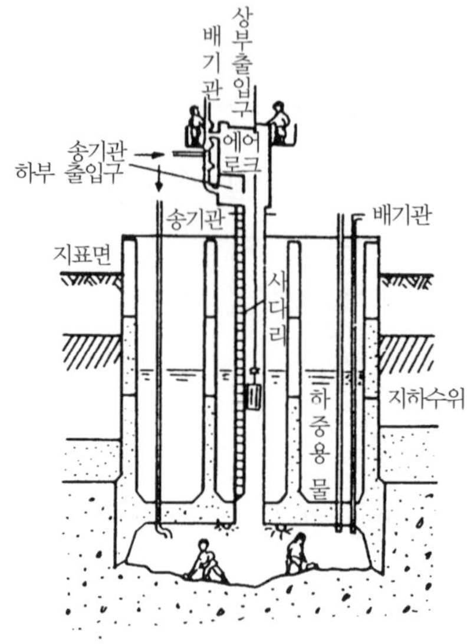

그림 2-41
뉴매틱 케이슨

③ 공기잠함(pneumatic caisson)

지하에 용수량이 많은 기초파기를 할 때, 상부에 뚜껑이 있는 밀폐된 개구부를 지상에 만들고 압축공기를 보내어 수압을 누르고 하부를 굴토하면서 지하로 파내려 가는 방법으로, 잠함 내의 기압이 3kg/cm^2 이상이면 작업이 곤란하므로 수심 30m 이상으로 도달되는 시공은 하지 않는다.

2.8 말 뚝

1. 분류

■ 말뚝의 재료상 분류

① 나무 말뚝

② 철근콘크리트 및 PC콘크리트 말뚝

③ 강 말뚝

④ 레진콘크리트(resin concrete) 말뚝

■ 지지방식에 따른 분류

① 지지 말뚝

② 마찰 말뚝

■ 말뚝 개수에 의한 분류

① 단독 말뚝

② 무리 말뚝

2. 말뚝의 배치

배치형태에는 정렬식과 마름모식 배치방법이 있다.

이때 말뚝중심 간의 간격은 다음과 같다.

① 나무 말뚝 : 끝마구리 지름의 2.5배 이상, 60mm 이상

② PC말뚝 : 끝마구리 지름의 2.5배 이상, 750mm 이상

③ 강재 말뚝 : 끝마구리 지름 또는 폭의 2.5배, 900mm 이상

④ 제자리콘크리트 말뚝 : 지름의 2.5배 이상, 900mm 이상

⑤ 철근콘크리트 말뚝 : 지름의 2.5배 이상, 1,200mm 이상

3. 말뚝의 특성 및 공법

■ 나무 말뚝(wooden pile)

육송 또는 낙엽송으로 지름은 보통 15~20cm, 길이는 6~10m 정도, 휨 정도는 길이의 1/50 이하의 것을 사용하며, 지하상수면 이하로 박아야 썩지 않는다.

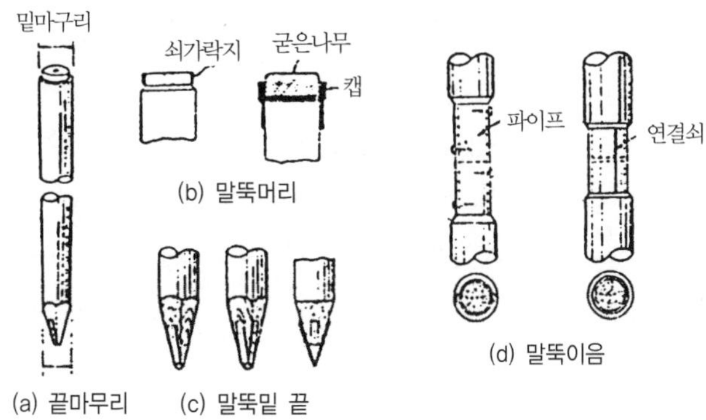

그림 2-42
나무 말뚝 바심질

■ 철근콘크리트 말뚝

① 기성콘크리트 말뚝(precast concrete pile)

단면 형식은 4각형·6각형이며, 외경은 20~50cm, 길이는 지름의 45배 이하, 최대 15m 정도, 말뚝 설치방법에는 타격공법, 제트(jet)공법, 굴착공법(drilling), 진동공법, 압입공법 등이 있다.

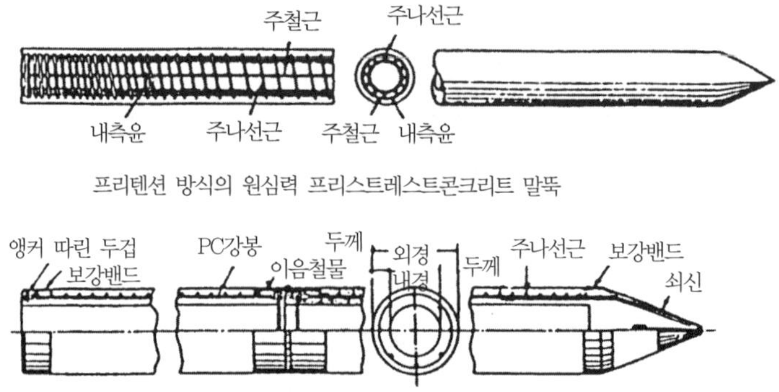

그림 2-43
기성콘크리트 말뚝

② 제자리콘크리트 말뚝(cast-in-place concrete pile)

큰 규모의 건축물에 쓰이며 굳은 지층이 지하 깊이 있고, 긴 말뚝을 설치하기 어려울 때 현장에서 직접 말뚝을 설치하는 방법으로 최대 깊이 30m 정도까지 가능하다. 긴 철관을 지반까지 설치하고 그 속에 콘크리트를 타설한 후 철관을 빼내면서 콘크리트 말뚝을 형성시키며 말뚝 하단에 구근(球根)을 만들어 내력을 증대시킨다.

말뚝의 종류에는 어스 드릴 말뚝공법(earth drill method), 리버스 서큘레이션 말뚝공법(reverse circulation drill method), 베노토 말뚝공법(benoto pile method) 등이 있으며, 특수 말뚝으로 프리팩트 콘크리트 말뚝(prepacked concrete pile), PIP말뚝(Packed Inplace Pile), 소일콘크리트 말뚝(soil concrete pile) 등이 있고, 재래식 공법으로는 페데스탈 파일(pedestal pile), 심플렉스 파일(simplex pile), 레이몬드 파일(raymond pile), 합성 말뚝(composit pile) 등이 있다.

③ 레진(resin)콘크리트 말뚝

합성수지인 플라스틱과 자갈, 모래 등의 골재와 혼합 경화시켜 만든 말뚝으로서 내산성·내알칼리성이므로 화학공장, 온천지, 지하수 지대 및 해수 등 침식의 우려가 있는 곳에 주로 사용된다.

■ 철제 말뚝

① H자 형강 말뚝

일반적으로 단면 크기 300mm 정도의 H자 형강으로 지중에 설치하여 말뚝으로 이용한다.

② 강관 말뚝

원형 강관으로 보통 지름 150~400mm, 길이 6m 정도의 강관을 휘어서 박고 내부에 콘크리트를 채워 완성하기도 한다.

그림 2-44
강관 말뚝

그림 2-45
말뚝 끝 모양과 보강방법

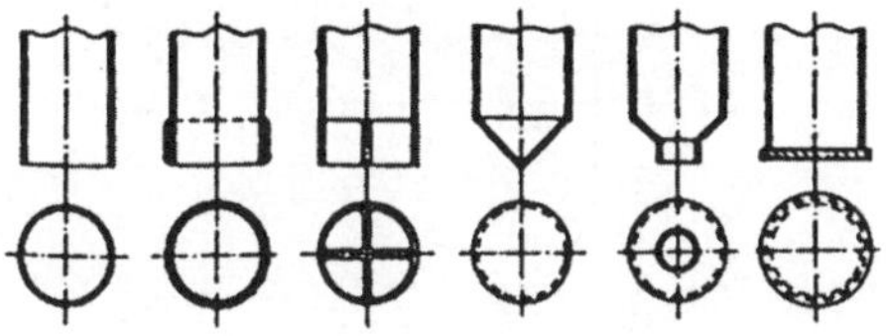

③ 전철관 말뚝

강관을 이용하여 지지면을 확대시키기 위하여 강관 하부에 4~6개의 플랜지를 붙인 것으로 모래 등의 연약층에 사용된다. 타격방법은 수사식(water jet)으로 지중에 침하시키거나 말뚝을 회전시켜 나사작용을 하여 설치할 수 있다.

④ 나선 말뚝

말뚝 하단부에 나선을 붙여 회전시켜 설치한 방법으로, 외경은 450~1,800mm 정도이다. 철제 말뚝은 깊은 연약층에 지지 말뚝으로, 특히 중량 건물에 적합하다.

4. 말뚝의 배치

말뚝의 배치는 기초형식과 말뚝 개수에 따라 정렬식과 마름모식으로 한다. 말뚝을 박을 때에는 말뚝의 종류와 지반상태에 따라 말뚝의 간격을 정하지만, 말뚝의 최소 간격은 말뚝머리 지름의 2.5배 이상으로 하되, 나무 말뚝은 600mm 이상, 기성콘크리트 말뚝은 750mm 이상, 그리고 강재 말뚝 및 제자리콘크리트 말뚝은 900mm 이상으로 한다. 또 가장자리 말뚝의 중심에서 기초판 끝까지는 지름의 1.25배로 한다. 말뚝의 수는 독립기초에서 4개 이상, 최소 3개를 배치해야 한다.

그림 2-46
말뚝의 배치

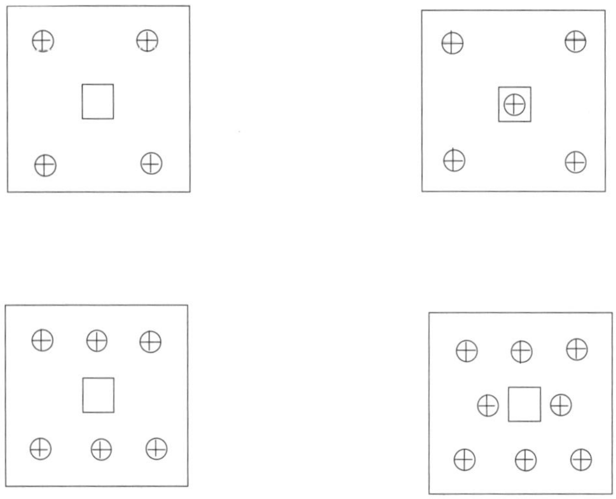

5. 말뚝의 설치공법

▪ 타격공법

나무 말뚝은 1ton 정도의 쇠공이(ram monkey)를 낙하시켜 말뚝을 쳐 박는 떨공이(drop hammer)방법을 쓰며 정확한 타격을 위해 심대를 쓴다.

대구경의 말뚝은 디젤 해머(disel hammer)·뉴매틱 해머(pneumatic hammer)·스팀 해머(steam hammer) 등을 이용한 박기로 하는데 능률은 떨공이의 4~5배 정도이다.

▪ 압입공법

말뚝머리에 유압 또는 수압장치를 하여 20ton 정도의 압력을 가하여 밀어 넣는 공법이다. 다른 공법으로는 말뚝머리에 걸친 와이어로프의 양끝을 윈치로 동시에 감아 강제로 지중에 밀어 넣는 방법이 있다.

■ 진동공법

말뚝머리에 진동기를 설치하여 말뚝 무게와 진동기의 무게로 상·하방향의 진동을 이용하여 지반 속에 말뚝을 밀어 넣는 방법으로 머리 파손이 없고 소음도 적다.

지반에 강제로 밀어 넣어 땅을 밀어내므로 배토 말뚝이라고도 한다.

■ 제트공법

말뚝에 장치한 송수관에 고압펌프를 부착하여 송수관 끝의 분사구(nozzle)에서 7~14kg/cm^2 정도의 압력과 30m/sec의 속도로 물을 뿜어 흙을 씻어내어 말뚝이 자중으로 땅속에 들어가게 하는 것을 제트공법이라 하며 모래지반에 주로 쓰인다.

이 공법에 쓰이는 콘크리트 말뚝은 끝이 개방된 것과 폐쇄된 것이 있다.

그림 2-47
제트공법(메운 말뚝)

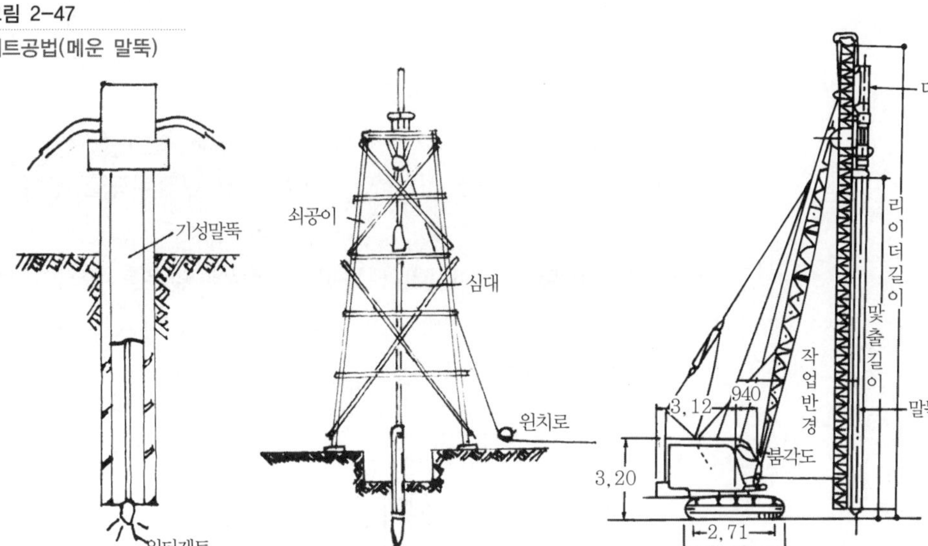

■ 굴착공법

① 프리보링공법

지중에 어스 오거(earth auger) 또는 어스 드릴(earth drill)로 구멍을 파고 기성콘크리트 말뚝을 꽂아 넣은 것을 프리보링(pre-boring)공법 또는 선행보링공법이라 하고, 구멍에 시멘트 밀크를 주입하여 흙과 섞어 소일시멘트를 만든 후에 기성콘크리트 말뚝을 꽂아 넣어서 말뚝 하부와 지반을 결합시켜 고정한 것을 말단고정 프리보링공법이라 한다.

그림 2-48
프리보링공법

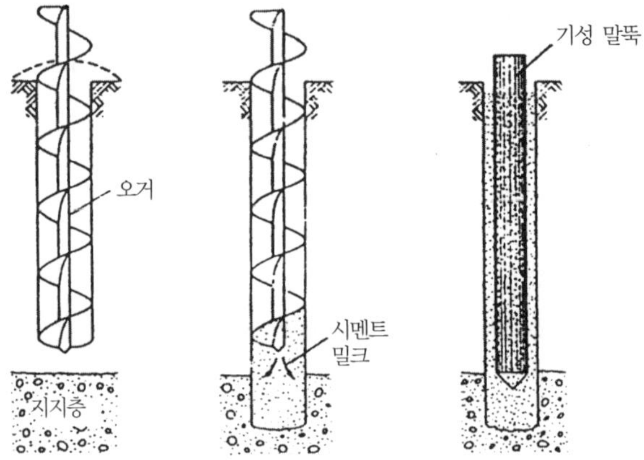

② 중앙굴착공법

개방형 중공 기성콘크리트 말뚝 속에 어스 오거를 넣어 지반을 파면서 정해진 자리에 말뚝을 설치하고, 말뚝 끝에 콘크리트를 넣어 고정시키는 공법이다.

구멍을 파고 말뚝을 설치하거나 파면서 동시에 말뚝을 침하시키는 것을 굴착공법이라 한다. 또 이들 말뚝은 메운 말뚝이라고도 하며, 땅을 밀어내지 않으므로 비배토 말뚝이라고도 한다.

그림 2-49
중앙굴착공법

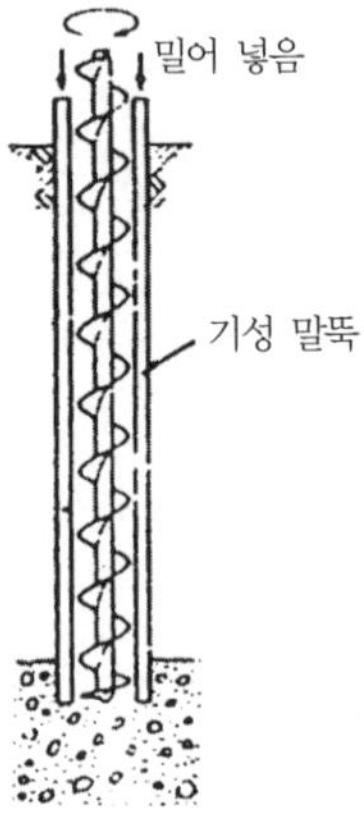

2.9 제자리콘크리트 말뚝(cast-in-place concrete pile)

공사현장에서 지반에 구멍을 뚫고 그 속에 조립철근을 배근한 다음 콘크리트를 부어 넣어 시공한 것을 제자리콘크리트 말뚝이라 하며 여러 공법이 있다. 이 말뚝은 지지층의 변화에 따라 길이를 조정할 수 있고 또 말뚝의 내력도 크게 할 수 있는 특성이 있다.

1. 재래식 말뚝

콘크리트를 붓고 케이싱(casing)을 뽑아내는 것과 땅 속에 남겨두는 것이 있는데, 말뚝에는 많은 종류가 있지만 공법의 특성에 따라 다음 공법들이 있다.

■ 컴프레솔 파일 공법(compressol pile method)

추를 크레인에 달아 높이 끌어올렸다가 낙하시키는 작업을 반복하여 필요한 깊이까지 구멍을 파고 속에 콘크리트를 붓고 다져서 만든 말뚝으로서, 콘크리트 속에 잡석을 투입하기도 한다. 추의 무게는 1~2.5ton이며 구멍 뚫기용, 콘크리트를 다지는 용도, 그리고 말뚝 마무리용이 있다.

그림 2-50
컴프레솔 파일

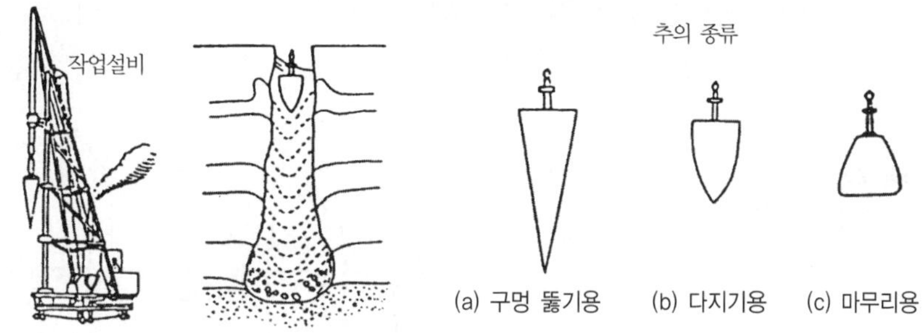

■ 레이몬드 파일 공법(raymond pile method)

얇은 강판으로 끝이 가는 원뿔형 캡슐(capsule)을 만들어 외부에 철선을 나선형으로 감는다. 캡슐 속에 꼭 맞는 코어(core)를 넣어 땅 속에 박은 다음 코어를 빼내고 콘크리트를 채워 말뚝을 만든다. 캡슐은 필요에 따라 2~3단까지 이을 수 있고 또 지하수가 적을 때에는 뽑아내고 콘크리트를 부어넣는다.

그림 2-51
레이몬드 파일 공정

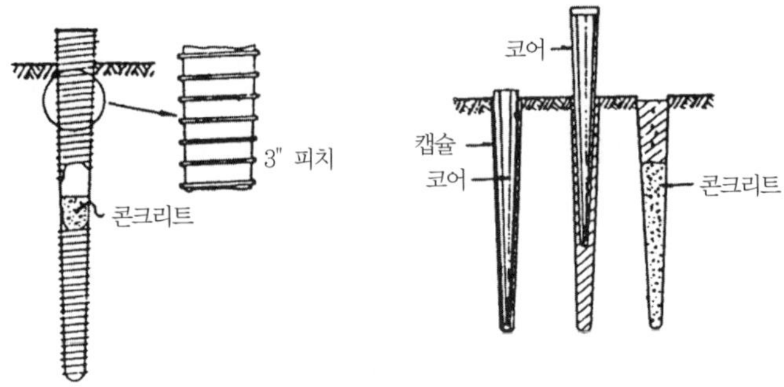

■ 페데스탈 파일 공법(pedestal pile method)

외관 속에 내관을 넣은 이중 관을 박아 넣고 내관을 뺀 뒤 콘크리트를 붓고 다시 내관을 집어넣어 반복운동으로 다져 마개와 콘크리트를 밖으로 밀어내어 말뚝 끝에 구근(球根)을 만든다. 말뚝이 길면 내·외관 사이에 조립철근을 내려 보강하고, 외관을 천천히 끌어올리면서 콘크리트 붓기와 다지기를 반복시켜 말뚝을 완성한다. 말뚝의 외관은 뽑는 것이 원칙이지만 지하수의 흐름이 심할 경우에는 남겨두는 경우도 있다. 또 지하수의 영향을 받지 않을 경우에는 마개를 쓰지 않고 내관을 외관보다 길게 뽑아서 박는다.

구근의 지름은 800mm 가량이고, 말뚝 몸체의 지름은 450mm쯤 되며, 길이는 30~40m이다. 또 한 개의 지지력은 40~50ton 정도이다.

그림 2-52
페데스탈 파일 공정

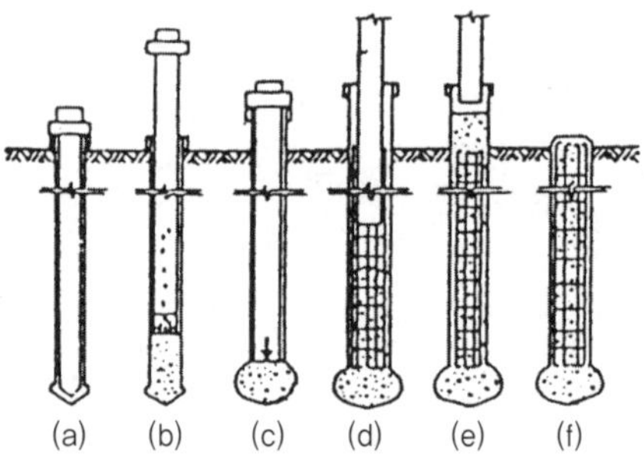

2. 개량식 말뚝

■ 어스 드릴 파일 공법(earth drill pile method)

굴착용 버킷(bucket)으로 땅을 적당한 깊이까지 파고, 케이싱 튜브(casing tube)를 밀어 넣어 표토가 허물어지는 것을 막는다. 땅을 파는 작업을 계속하면서 지하수에 의해 구멍 옆벽이 허물어질 우려가 있을 때에는 벤토나이트액을 주입한다. 정해진 깊이에 도달하면 버킷을 갈아 끼우고 구멍 밑의 슬라임(slime)을 거두어내고, 조립철근을 내린 다음 트레미관(tremie pipe)을 통해 콘크리트를 부어 말뚝을 완성한다.

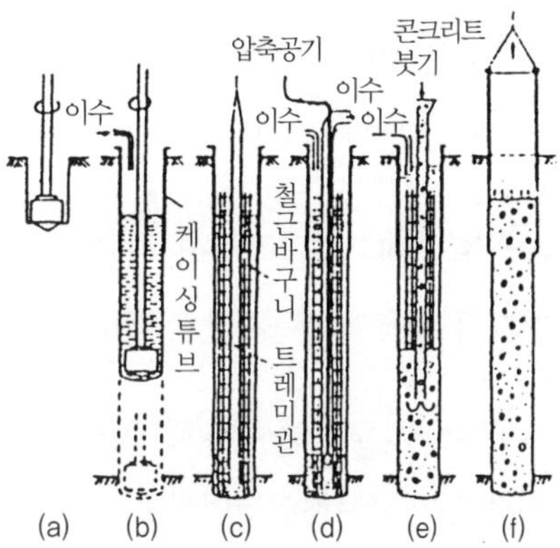

그림 2-53
어스 드릴 파일 공정

■ 베노토 파일 공법(benoto pile method)

끝에 날이 달린 말뚝 크기의 케이싱 튜브를 압입시켜 지중에 밀어 넣으면서 흙을 해머 그래브로 파낸다. 구멍 밑에 보일링 현상이 생길 우려가 있으면 케이싱 튜브 속에 물을 채워 수압을 높인다. 흙파기가 끝나면 구멍 밑의 슬라임을 거두어내고 조립철근을 내린 다음 트레미관을 통해 콘크리

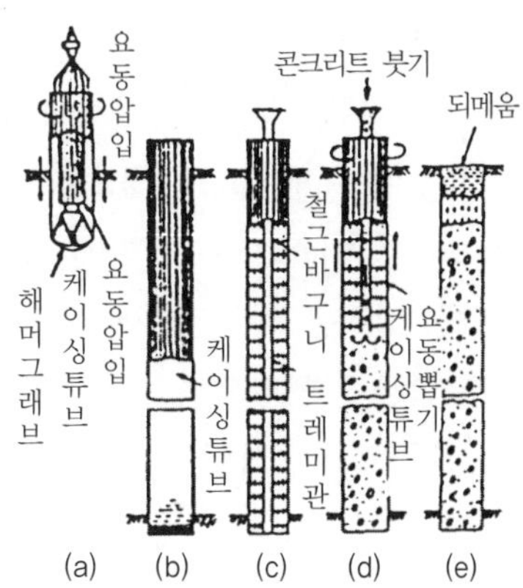

그림 2-54
베노토 파일 공정

트를 부어넣으면서 케이싱 튜브를 요동시켜 뽑아낸다. 이 말뚝의 지름은 300~1,200mm 범위이지만 2,000mm까지 확대할 수 있고, 길이는 50m 가량이지만 80m까지 만들 수 있다.

■ 프리팩트 콘크리트 파일 공법(pre-packed concrete pile method)

어스 오거로 구멍을 뚫고 속에 철근 또는 형강을 배근한 다음 모르타르 주입관을 내린다. 이들 주위 공간에 자갈을 채우고 주입관으로 모르타르를 주입한다. 주입관 끝은 항상 주입한 모르타르 속에 두어 관내에 물이 들어오는 것을 막는다. 이 공법을 CIP(Cast In Place)공법이라고도 한다.

■ PIP파일 공법(Packed In Place pile method)

지름 30~60cm의 어스 오거로 정해진 깊이까지 굴착하고 오거의 중공 샤프트 끝에서 프리팩트 모르타르를 주입하면서 오거를 뽑아내어 모르타르말뚝을 만드는 공법이다. 필요에 따라 철근 또는 형강을 넣어 보강한다. 제자리 말뚝 또는 지하연속벽으로 쓰인다.

■ 리버스 서큘레이션 말뚝 공법(reverse circulation pile method)

리버스 서큘레이션이라는 기계로 지름이 큰 구멍을 파서 철근콘크리트 말뚝을 조성하는 공법이다. 먼저 구멍을 파내고 표층 케이싱 튜브를 밀어 넣고 물을 채운다. 굴착은 드릴 로드(drill rod) 끝에 붙은 드릴 비트를 로터리 테이블로 연속적으로 회전시켜 판다. 판 흙은 로드 속을 흐르는 순환수와 함께 지상의 침전통에 배출되어 토사와 이수로 분리되고 이수는 다시 순환수로 이용된다. 순환수를 펌프로 빨아올리는 것을 펌프 석션(pump suction)식이라 하고, 압축공기를 이용하는 것을 에어 리프트(air rift)식이라 한다.

순환수는 맑은 물 또는 벤토나이트 이수를 쓴다.

굴착 깊이는 30~40m 정도에서 500m까지 가능하다. 철근콘크리트 말뚝의 조성은 어스 드릴 공법에 따른다.

개량식 말뚝은 지지지반에 보일링으로 생긴 상향수압이 높거나 땅 속을 흐르는 복류수가 있으면 시공하기 어렵다. 또 시공에 있어 공통적인 유의점은 구멍 속의 슬라임을 말끔히 거두어내야 하고, 지지층에 박힌 말뚝 깊이는 말뚝지름 이상 또한 1m 이상 되어야 한다.

그림 2-55
리버스 서큘레이션 공법

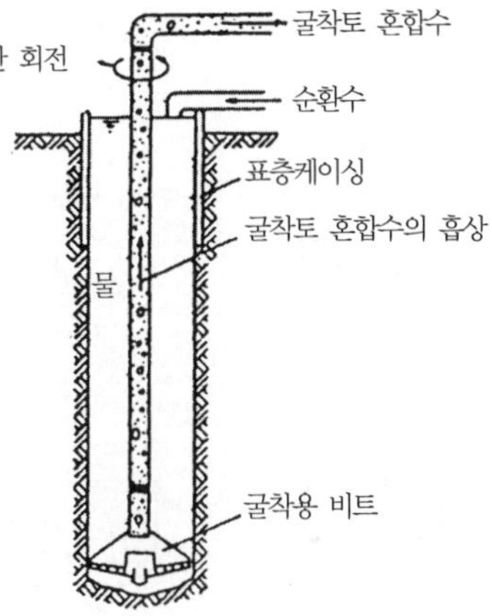

2.10 기초구조의 결정

2.10.1 건물의 형태

건물의 형태는 단순한 도형의 형식이 좋다. 복잡한 형태일수록 기초 구조의 모양도 복잡하다. 철근콘크리트구조, 철골철근콘크리트구조는 강성이 크며 부동침하에 의한 균열이 발생되기 쉽다.

1. 연약지반의 기초

■ 부동침하 원인

① 지반이 연약한 경우
② 연약층의 두께가 상이한 경우
③ 건물이 이질 지층에 걸려 있을 경우
④ 건물이 낭떠러지에 접근되어 있을 경우
⑤ 부주의한 일부 증축을 하였을 경우
⑥ 지하수위가 변경되었을 경우
⑦ 지하에 매설물이나 구멍이 있을 경우
⑧ 지반이 메운 땅일 경우
⑨ 이질 지정을 하였을 경우
⑩ 일부 지정을 하였을 경우
⑪ 각 독립기초 판의 지내력의 여유의 차가 큰 경우

그림 2-56

부동침하의 원인

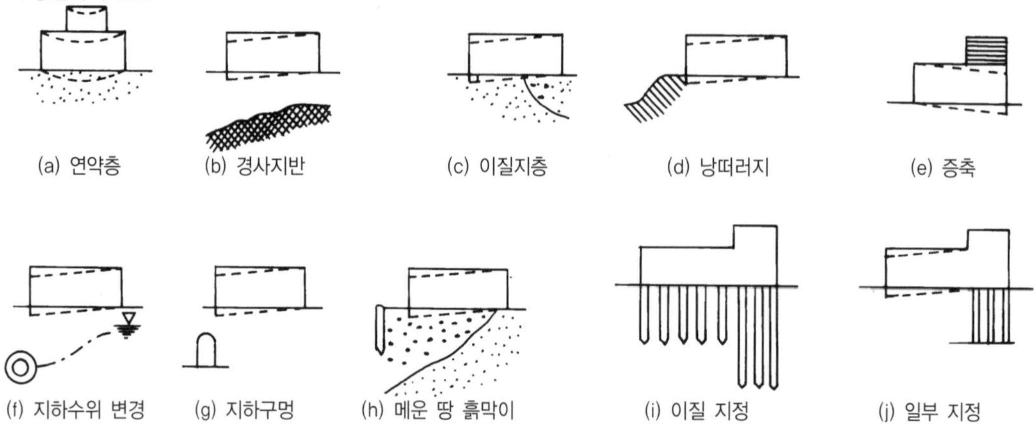

2. 연약한 지반에 대한 대책

▪ 구조물 상부에 대한 조치사항

① 건축물의 경량화

② 건축물 수평길이를 너무 길게 하지 않을 것

③ 건축물의 강성(rigidity)을 높일 것

④ 건축물의 인동거리를 충분히 띄울 것

▪ 구조물 하부에 대한 조치사항

① 경질지반에 기초판을 위치시킬 것

② 말뚝 사용 시 지지 말뚝을 사용할 것

③ 지하실을 설치할 것

④ 동일 건물에 이질 기초의 사용을 하지 않을 것

용 어 정 리

대지 및 지반조사

흙의 성질

(1) 압밀과 다짐

압밀(consolidation)	다짐(compaction)
점토지반에서 하중을 가해 흙속의 간극수를 제거하는 것을 말한다(하중을 받는 점토지반에서 물과 공기가 빠져나가 흙입자 간 간격이 좁아지는 것).	사질지반에서 외력에 의해 공기가 빠져나가면서 압축되는 현상(간격이 좁아지는 현상, 밀도가 증가되는 현상) ※ 지지력 증가, 강도 증가.

특징 비교	특징 비교
① 점토에서 발생 ② 흙 중의 간극수를 배제하는 것 ③ 장기압밀 침하 ④ 침하량이 비교적 큼 ⑤ 소성 변형 발생	① 사질지반에서 발생 ② 흙 중의 공극을 제거하는 것 ③ 단기적, 침하 발생 ④ 흙의 역학적, 물리적 성질 개선 ⑤ 탄성적 변형 발생

(2) 흙의 압밀침하(consolidation settlement)현상

① 압밀에 의한 침하현상을 말하며, 점토지반은 투수성이 작아서 압밀시간이 장기간 계속된다.

② 침하의 종류

탄성침하 (elastic settlement)	재하와 동시에 일어나며, 하중을 제거하면 원상회복된다. 사질지반은 압밀침하가 없으므로 탄성침하량을 전침하량으로 본다.
압밀침하	점성토에서 탄성침하 후 장기간 일어나는 침하현상으로 1차 압밀침하라 하며, 하중을 제거하면 침하상태로 남는다.
2차 압밀침하 (creep consolidation settlement)	압밀침하 완료 후 계속되는 침하현상으로 구조물 크랙 발생의 원인이 된다. 크리프 압밀침하라고도 한다.

(3) 예민비(Sensitivity Ratio)(ST) $= \dfrac{\text{자연시료의 강도(천연시료의 강도)}}{\text{이긴시료의 강도(흐트러진 시료의 강도)}}$

① 진흙의 자연시료는 어느 정도 강도는 있으나 그 함수율을 변화시키지 않고, 이기면 약하게 되는 성질이 있고 그 정도를 나타내는 것이 예민비다.

② 흙의 일축압축시험은(KSF 2314) 흙의 압축강도와 예민비를 결정하는 시험이다(압축강도의 감소비가 예민비다).

③ 예민비가 4 이상은 예민비가 크다고 한다(점토 : 4~10 정도, 모래 ≒ 1).

④ 예민비 값이 클수록 공학적 성질이 약하다.

(4) 간극수압(공극수압)

① 흙속에 포함된 물에 의한 상향수압을 말한다. 간극수압은 지반의 강도를 저하시키며 물이 깊을수록 커진다.

② 흙의 유효응력은 전체응력에서 간극수압을 뺀 값을 말한다.

③ 간극수압은 well point 공법, 샌드 드레인 등과 관계가 깊으며, 피에조미터(piezometer)에 의해 측정할 수 있다. 토압은 토압계(earth pressure meter)로 측정한다.

$$\sigma\ (\text{유효응력}) = \sigma\ (\text{전응력}) - u\ (\text{간극수압})$$

(5) 액상화(liquefaction)

① 사질토층에서 지진, 진동 등에 의해서 간극수압의 상승으로 유효응력이 감소하여 전단저항을 상실하여 액체와 같이 급격히 변형을 일으키는 현상이다.

② 흙이 유효응력(σ)을 상실할 때 발생하며 부동침하, 지반이동, 작은 건축물의 부상(浮上) 등이 발생된다.

(6) 샌드 벌킹(sand bulking)현상

① 모래에 물이 흡수되어 체적이 팽창되는 현상이다.

② 물의 표면장력 때문에 발생하여 함수율 6~12%(10% 정도)에서 체적팽창이 최대로 되고, 중량이 최소로 되며 체적변화는 모래의 함수율과 입자의 크기에 따라 좌우된다.

보링(boring)

지반을 천공하여 각층의 흙을 관찰하고 흙의 주상도 작성, 토질시험, 지하수위 측정 등 필요에 의해서 행한다.

사운딩(sounding)

Rod 선단에 설치한 저항체를 땅속에 삽입하여서 관입, 회전, 인발 등의 저항으로 토층의 성상을 탐사하는 방법으로서 원위치시험이라고 한다.

가설공사

능률적으로 본 공사를 완료하기 위하여 설치하는 시설 및 설비, 수단의 총칭이며, 본 공사 완료 후에 해체, 정리한다.

휴식각 (angle of repose)

(1) 성토 또는 절토 시 자연상태로 생기는 경사면이 수평면과 이루는 각을 말하며 정지각, 흙의 휴식각이라고도 한다.
(2) 흙막이벽에 있어서 응집력이 적은 흙층이 경사면이 될 때 그 층이 안정되는 최대의 물매를 말한다.
(3) 휴식각은 흙의 종류 및 흙의 함수비에 따라 크게 변하는 것으로 정확, 일정한 값으로 표시할 수는 없다.
(4) 보통흙 : 30°
모래, 자갈 : 30°
양질토 : 35°

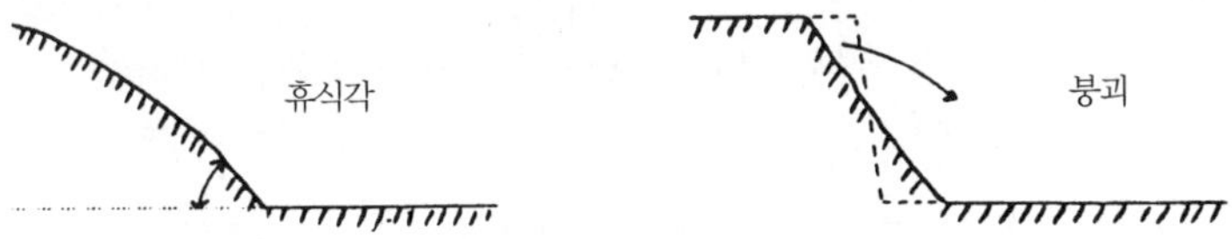

간극비(void ratio)

(1) 흙을 역학적으로 취급하는 경우 흙은 무수한 토립자가 겹쳐 쌓여 있고 그 입자와 입자 사이의 빈 공간은 물, 공기 등으로 가득 차 있다. 이 간극의 체적과 토립자의 체적과의 비를 간극비라고 하고 간극과 흙의 전 체적과의 비를 간극률이라 한다.

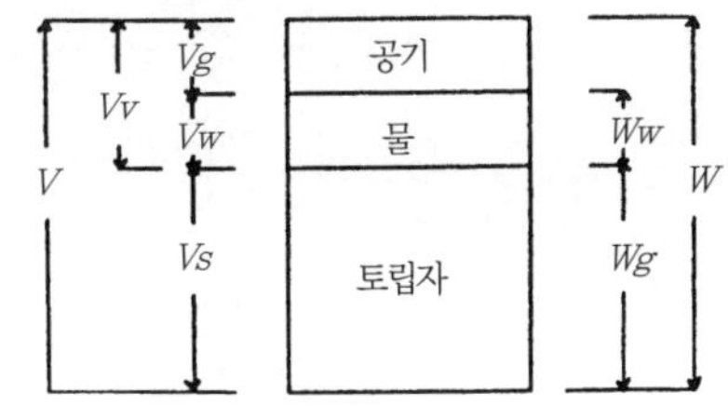

부력(buoyancy)

수중에 물체가 있을 때 물체 표면은 정수압을 받지만 정수압은 깊이에 따라서 다르기 때문에 물체 위쪽의 표면 아래쪽으로 미는 압력의 총합보다 물체 아래쪽 면을 위쪽으로 미는 압력총합이 커진다. 이 때문에 수중의 물체는 연직상향의 힘을 받게 되고 이것을 부력이라 한다. 부력의 크기는 물체가 밀어젖힌 체적만큼의 물의 무게와 비등하다.

액성한계 (liquid limit)

(1) 점착력이 있는 흙에서 함수비 변화에 따라 흙의 공학적 성질이 크게 변화되는데, 함수비 상태에 따라 흙이 외력에 대한 전단 저항력이 0이 되는 상태의 최소 함수비
(2) 흙이 소성상태로부터 액상으로 옮겨지는 한계의 함수비

삼축 압축시험

압축실 안에 물을 넣어 그 물에 압력을 가한 상태로 한 다음 시험체에 상하방향의 압력을 가하여 강도를 측정한다. 보통 압축시험이라면 상하방향의 압력만 가하여 측방은 압력이 가해지지 않은 자유면이다. 그러나 실제로 건물 밑의 응력을 고려해 보면 주위 지반의 영향을 받고 있는 것은 확실하다. 주위에서 압력을 가하는 것은 자연상태에 가까운 조건에서 시험하고 있는 것이 되어 보통 행해지는 전단시험, 압축시험의 결점을 개량하고 간극압이나 체적변화의 측정도 할 수 있다. 시험결과는 측압을 바꿈으로 인하여 몇 개의 다른 모멘트의 원을 묘사함으로써 구한다.

압밀 (consolidation)

(1) 자연상태로 있는 흙은 보통 간격을 가지고 이 간격 중에 물, 공기를 함유하고 있으므로 흙이 하중을 받으면 간격 중의 물과 공기가 쫓겨나게 되어 흙의 체적이 감소되고 밀도가 증대되는 현상을 말한다.

함 수 비

(1) 습윤 도중에 함유한 물의 중량과 그 토립자의 절대건조상태의 중량과의 비를 함수비라 한다.

(2) 함수비 : $W = \frac{W_W}{Ws} \times 100 \quad \frac{\text{물의중량}}{\text{토립자의중량}}$

(3) 흙인 경우 함수비는 대단히 중요한 것으로 함수비에 의하여 흙의 상태나 강도는 전적으로 다르다. 시험은 110℃에 견디는 건조로와 시료중량의 1/1000 정도의 함량을 갖는 저울이 주된 기구이다. 또 최적 함수비는 흙을 조여 굳히는 데 있어서 제일 중요한 값이다.

토 공 사

건축공사 중 토공사의 종류

(1) 절토(cutting) : 터 깎기
(2) 성토(heaping up) : 터 돋우기
(3) 정지(grading) : 터 고르기
(4) 굴토(excavation) : 기초파기
(5) 매토(back filling) : 되메우기
(6) 달고(tamping) : 다짐
(7) 기타 : 잔토처리, 흙막이, 석축, 배수로 공사 등

흙막이에 작용하는 토압

(1) 띳장은 휨 모멘트(moment)를 받는 부재로서 버팀대와 버팀대 사이의 1/4 지점에서 이어 댄다.
(2) 주동토압(active earth pressure)
옹벽 또는 흙막이벽체가 뒤채움 쪽에서 앞면에 작용할 때 가해지는 토압으로 토압의 최소 값을 취한다. 연직응력이 최대(면을 따라 흙이 가라앉는다).
(3) 수동토압(passive earth pressure)
옹벽 또는 흙막이벽체가 뒤채움 쪽으로 후퇴할 때 가해지는 토압으로 토압의 최대 값을 취한다. 수평응력이 최대(흙이 면을 따라 부풀어 오른다).

널말뚝의 산정

널말뚝을 산정할 때 토압과 히빙(heaving), 보일링(boiling) 파괴 등을 고려해야 한다.

히빙 파괴 (heaving failure)	하부지반이 연약한 경우 흙파기 저면선(底面線)에 대하여 흙막이 바깥에 있는 흙의 중량과 지표적 재하중을 이기지 못한 연약흙이 붕괴되어서 흙막이 바깥 흙이 안으로 밀려 들어와 불룩하게 되는 현상.
보일링, 분사현상 (boiling of sand, quick sand)	흙막이 저면의 특수성이 좋은 사질지반에서 수위차가 심하거나, 상승하는 피압수로 인해 모래입자가 부력을 받아 떠올라 저면 모래 지반의 지지력이 급격히 없어지는 현상이다.
파이핑(piping)현상	보일링 현상으로 흙이 유속에 씻겨나가면 물의 통로(유로)가 짧아져서 동수경사가 커지므로 물이 흐르는 방향으로 통로가 만들어진다. 이와 같이 지반 내에 물의 통로가 생기면서 흙이 세굴되어 가는 과정을 파이핑이라고 하며, 흙막이벽의 부실공사로 뚫린 구멍이 원인이 되고, 때로는 보일링 현상으로도 나타나며 흙이 세굴되어 지지력이 없어진다.
히빙현상과 quick sand현상의 방지법	• 강성이 높은 흙막이벽을 양질의 지반 내에 깊숙이 박는다. (밑넣기를 깊게 한다) • 지반개량공법으로 보강 • 토질 치환 • 지반내 말뚝박기 • 흙파기 시 아일랜드공법 채택 • 흙막이 재시공

흙파기 형식의 종류

오픈 컷 (open cut)	지반이 양호하고 여유 있을 때 사용하며, 경사면 오픈 컷, 흙막이 오픈 컷 방식이 있다(자립공법, 단지어파기, 버팀대공법, 타이로드 앵커 공법 등).
아일랜드 컷 (island cut)	중앙부 먼저 굴착하여 기초 축조 후, 버팀대를 받치고 주변부를 굴착하여 주변부 기초 축조 완성한다. 경사버팀대 변형 우려.
트렌치 컷 (trench cut)	아일랜드와 역순으로 공사한다. 이중널 말뚝을 시공하므로 공기가 길다. 주변부를 파고 기초 구축, 중앙부 굴착 후 기초 축조 완성.

icos pile 공법 (주열식 지하연속벽)

하나의 제자리콘크리트 말뚝을 주열식으로 나열하여 지하연속벽으로 구성한 것으로 어미말뚝식 흙막이의 대용공법이다. 이태리 ICOS사에서 개발된 공법으로 벤토나이트를 이용한 공법의 원조이다.

장 점	단 점
• 차수벽, 흙막이벽으로 사용 가능 • 협소한 장소의 시공이 가능 • 진동 소음이 적고 장비투입 용이 • 배면 토사의 수평변위가 적음	• 장비 고가(임대비 고가) • 이음부위의 취약성 • 슬라임 발생 우려 • 암반 천공이 불가능함

지하연속벽공법

(1) CIP(Cast In Place pile)공법

로터리 보링기로 지반 굴착 후 공 내에 조립된 철근 및 자갈(굵은골재)을 채우고 모르타르를 주입하여 현지조성 파일(pile)을 시공하는 방법이다.

공벽 보호로 안정액(이수)을 사용하며, CIP는 prepacked pile의 일종이다.

(2) PIP(Packed In Place pile)공법

스크루 오거(screw auger)를 지중에 회전·삽입 후 오거 중심관 선단을 통해 모르타르나 콘크리트를 주입하여 현지 조성 파일을 시공하는 공법이다.

(3) 격막벽공법(slurry wall 공법 = diaphram wall 공법)

bentonite slurry의 안정액을 사용하여 지반 굴착, 철근망 삽입 후 콘크리트를 타설하여 지중에 철근콘크리트 연속벽체를 형성하는 공법이다.

① 안정액(bentonite)과 desending

안정액 사용목적·기능	desanding의 효과와 방법
• 굴착 면의 붕괴 방지(물을 함유하면 6~8배 체적 팽창) • 굴착토량 지상 방출 기능 • 굴착부의 마찰저항 감소 • 물 유입 방지, 지수효과 • 안정액 속에 슬라임 부유물 배제 효과가 있다.	• 모래 흡입에 따른 슬라임 발생 제거. • 콘크리트 치환능력 저하 방지 • 안정액 재사용 방법(tremie 병용의 suction pump/방식, air lift방식, sand pump방식, jet 수방식) 등을 사용한다. 모래 함유율 3% 이내 desanding한다.

② 슬라임(slime) : 현탁액 입자나 현탁액에 혼입된 흙 부스러기가 결합하여 덩어리진 점착성 찌꺼기가 굴착공 내에 가라앉은 퇴적물을 말한다. 이것은 콘크리트 부착력을 저해하므로 제거해야 한다.

soil cement wall (S.C.W) 공법

MIP(Mixed In Pile)공법이라고도 한다. 주위의 자연토질을 시멘트 밀크로 혼합(soil concrete화)하여 철근을 압입 시공하는 공법이다.
시공방법에는 연속축조방식, 엘레먼트방식, 선행방식 등이 있다.

top down 공법 (역구축공법)

지하연속법(slurry wall, diaphram wall)에 의해 지하 외부 옹벽과 기둥을 선시공한 후 1층 슬래브(slab)를 시공하여, 이를 방축널로 이용 지하를 굴착하고 동시에 상부공사를 진행하는 것으로 도심지나 공사여건이 열악한 부분에서 오픈 컷, 스트럿(strut)공법, 어스앵커 공법 등의 적용이 어려운 곳에서 사용하는 공법이다.

사질지반용 탈수 (배수) 공법의 특징

공법의 종류	내 용
집수정(sump pit)법	깊은 집수통 설치 후 지하수가 고이면 원심펌프·수중펌프로 배수가 간단하며 경제적이다. 자갈·모래층에 적용하며 2~4m 깊이에 설치한다.
깊은 우물(deep well, siemens well) 공법	투수계수가 큰 사질지반에 사용한다. 터 파기 내부에 7m 이상의 sand filter가 있는 우물을 파고 스트레이너를 부착한 파이프를 삽입하여 수중펌프로 양수하는 공법이다.
웰 포인트 (well point) 공법	지름 50~70mm의 관을 1~2m 간격으로 박고 수평 흡상관에 연결하여 배수한다. 1단 설치 시 수위는 5~7m 정도를 낮출 수 있다. 깊은 지하수는 다단식으로 설치 배수한다. 사질지반에서만 사용하며, 주변대지의 압밀침하가 우려된다.
진공식 지멘스 웰 (siemens well) 공법	웰 포인트 공법과 지멘스 웰을 병용하여 진공펌프로 강제 배수하는 공법이다.

피압수

지형과 지반의 상태에 따라 지하수가 정수압보다 높은 압력을 가질 때 펌프 사용 없이 물이 솟아나는 샘물

샌드드레인 버큠 (sand drain vaccum) 공법

지반에 모래 말뚝을 시공하고 성토하여 하중을 가하는 대신 대기압을 이용하여 연약점토의 탈수를 통해 압밀을 촉진시키는 방식이다. 배수속도가 2배 이상 빠르며 전단파괴현상이 없다.

벤토나이트 (bentonite)용액

이수, 현탁액, 팽창진흙이라고도 하며, 주성분은 점토, 광물질, 몬모릴로나이트(montmorillonite)이다. 슬러리 월이나 제자리콘크리트 파일 등에서 굴착된 공벽 붕괴를 방지하고 지하수의 침투를 방지할 목적으로 사용한다.

기초의 분류 (슬래브 형식에 의한 분류)

독립기초(independent footing)	단일기둥을 기초판이 받친다.
복합기초(combination footing)	2개 이상 기둥을 한 기초판에 지지
연속기초(줄기초 : strip footing)	연속된 기초판이 벽, 기둥을 지지
온통기초(mat foundation)	건물 하부 전체를 기초판으로 한 것

리버스 서큘레이션 (reverse circulation drill) 공법

지하수위보다 2m 이상 물을 채워 정수압($2t/m^2$)으로 공벽을 유지한다. 굴착 후 철근 조립 후 트레미관으로 pier 형성. 물은 재순환 사용, casing이 없다.

베노토(benoto) 공법 = all casing 공법

해머그래브로 굴착, 시공 확실, 어느 지반에도 적용이 가능하며 경사 말뚝시공도 가능하다.

제자리콘크리트 말뚝 시공 시 공벽의 토사 붕괴방지법

(1) 보호외관(casing)을 사용한다.
(2) 벤토나이트액 또는 이수를 사용한다.
(3) 정수압(압력을 가진 물)을 이용하여 보호한다.

베노토 공법의 정의

헤머그래브라는 굴착기를 이용하여 구멍을 굴착하고, 그 공 내에 철근과 콘크리트를 타설하여 강성이 큰 콘크리트 말뚝 또는 피어기초를 축조하는 공법이다. 프랑스 benoto사에서 개발하였으며 공벽 보호를 위해 casing tube를 사용하므로 all casing 공법이라고도 한다.

우물기초 (well foundation)

우물을 파는 식으로 파는 기초이다. pier 기초의 일종이다. 심초공법, 심관공법 등이 있다(인력파기는 chicago, gow 공법이 있다).

잠함기초 (caisson foundation)

지하구조체를 지상에서 구축, 침하시키는 공법으로 본체를 강체로 간주할 수 있는 큰 수직·수평지지력이 얻어지는 기초형식을 케이슨(caisson) 기초라고 한다.

개방잠함 (open caisson)	압축공기를 사용하지 않고 구조물침하, 침하를 돕기 위해 끝날을 사용(water jet 방식 병용), 소정 깊이 침하 후 중앙부 기초 축조, 구조물 완성
용기잠함 (pneumatic caisson)	압축공기로 지하수 유입 막고 고기압 내에서 굴착작업 실시 • 용수 유출량이 많은 지반에 사용한다. 40m 이상 불가(10~35m), 35m 이상 10m 이하이면 우물통 기초가 된다. • 지반 지지력 측정 가능, 공사비 고가, 케이슨병 우려. • 소음진동이 크고 전문기술자 필요(10m 이하 : 오픈케이슨 유리)

box caisson	밑이 폐단면의 박스형으로 되어있고 육상작업장에서 해상에 건수시켜 모래, 자갈, 콘크리트를 채워 침하시키는 공법으로 공사비가 싸고, 케이슨 구축이 불가능한 해안 구조물 구축에 사용

jsp (jumbo special pile) 공법

연약지반 개량공법으로 초고압(200kg/cm^2)의 제트를 이용하여 연약지반의 내력을 증가시키는 지반 고결재(시멘트 주입재)의 주입공법이다.
double rod 선단에 jetting nozzle을 장착하여 시멘트 주입재를 분사하면서 회전하게 하여 지반을 강화한다.

프랭키 파일 (franky pile)

(1) 제자리콘크리트 말뚝의 하나이다.
(2) 외관을 지중에 박아 관목에 콘크리트를 넣고 추로 다져 구근을 만들어 외관을 조금씩 빼내는 현장제 콘크리트 말뚝이다.
(3) 말뚝박기 기초공사에 쓰인다.

파워 셔블 (power shovel)

(1) 이동 기중기의 긴 붐(300m) 대신 짧고 강력한 디퍼암을 대고 그 끝에 디퍼를 댄 것이다.
(2) 기중기를 써서 강줄에 디퍼가 흙을 떠내는 작용을 한다.
(3) 떠내기 능력은 30~79회/h
(4) 디퍼의 회전, 전체 기계의 이동 등은 용이하다.
(5) 건설공사의 흙파기용 굴착기계.
(6) 레일과 무한궤도에 의하여 자유로이 이동되는 것이 있다.
(7) 동력에는 증기, 전기, 가솔린, 디젤기관에 의한 것이 사용된다.

케이싱(casing)

(1) 보일링 공사에 쓰이는 강관의 일종으로 안지름은 15cm에서 50cm까지 있다.
(2) 석유, 천연가스 등으로 우물이 더러워지는 것을 방지하기 위하여 삽입하는 금속관이다.
(3) 깊은 우물에 장치하는 것으로 여러 가지의 기계적 강도를 요한다.
(4) 재료의 성질, 규격에도 엄격한 규정이 필요하다.

그라우팅(grouting)

시멘트와 물 및 혼화제 또는 혼화재, 모래 등을 섞어서 만들어진 액을 그라우트라 하며 그라우트를 주입하는 작업을 그라우팅이라 한다. 그라우트는 플레파크트 콘크리트의 제조, 댐콘크리트의 수축 이음매에 주입, 암반의 갈라진 틈에 주입 및 각종 기초에 주입, 프리스트레스콘크리트의 포스트텐션 방식의 긴장완료 후의 PC강선과 시드의 공극에 대한 주입 등에 쓰인다. 그라우트를 반죽하기 위한 전용믹서를 그라우트 믹서라 하고 그라우팅에 사용하는 펌프를 그라우트 펌프라 한다. 그 동력으로서 수동, 전동 및 압축공기가 쓰인다.

소일시멘트 (soil cement)

(1) 천연지반의 안정처리공법의 하나로서 지반의 강도와 그 밖의 성질을 개선하기 위해 흙에 혼합하는 시멘트이다.

(2) 보통 롤러 등을 굴려서 압착, 응고시킨다.

(3) 도로 건설 때 노반 개량에 주로 사용한다.

마찰말뚝 (friction pile)

(1) 말뚝의 지지력은 주로 말뚝 둘레의 마찰저항에 의하는 것으로 전장 마찰 말뚝과 하부 마찰 말뚝의 2종이 있다.

(2) 말뚝박기에 있어서 말뚝의 기능상 분류의 하나이다.

(3) 마찰력 증대를 목적으로 말뚝 표면에 마디 또는 띠를 붙이기도 한다.

(4) 말뚝주면의 마찰저항이 선단저항보다 비교적 큰 경우의 말뚝이다.

(5) 나무, 콘크리트 또는 강재 등으로 만든 말뚝은 기초기반에 박아 내려서 말뚝 끝이 단단한 지반까지 달하지 않을 때는 말뚝의 주변부에 생기는 마찰력에 의하여 하중이 지지된다. 이와 같은 말뚝을 마찰 말뚝이라 한다.

(6) 마찰 말뚝은 연약한 지층이 깊이 계속되고 말뚝을 굳은 지층에 지지시킬 수가 없을 때에 쓰인다. 즉, 지층의 마찰력으로 말뚝이 지지되는 것이다. 말뚝 하나의 마찰력에는 한도가 있으므로 길이는 비교적 적게 하고 수량을 많이 한다. 그러나 지질에 따라서는 여러 개 박은 일단의 말뚝, 즉 무리 말뚝의 지지력은 단일 말뚝의 지지력보다 감소되는 것이 보통이다.

컴포저(compozer) 공법

(1) 개요

sand pile 공법으로 지반안정공법의 일종이다.

(2) 시공방법

① 내외 관을 지상에 설치, 외관부의 하단에 호퍼(hopper)를 통해 모래, 자갈을 넣고 진동기 air jet 또는 water jet로 다짐.

② 내관을 낙추로 하여 하단의 모래, 자갈을 넣고 진동기 air jet 또는 water jet로 다짐.

③ 내관을 낙추로 하여 하단의 모래, 자갈을 두드려 외관을 지중에 박는다.

④ 소정의 위치에 관입 후 외관을 고정시키고 내관의 타격으로 모래주머니의 모래를 압축시킨다. 투입된 모래를 진동에 의해 다지면 모래는 주위지반에 압입된다.

⑤ 내관의 상부에서 다시 모래를 보급하여 내관으로 모래를 다지면서 외관을 빼낸다.

⑥ 이상의 조작을 반복하여 compozer pile을 완성한다.

(3) 종류

① 12m(50hp)타입과 20m(100hp)타입이 있다.

② 파이프 내경은 40cm 표준, 압입모래는 m당 약 0.4/m^3 소요된다.

동결공법 (freezing method)

지중의 물을 동결시켜 용수를 그치게 한 후 굴착하는 공법이다. 굴착하기에 앞서 지상 속에 동결관을 설치하고 냉각액을 순환시켜서 동결시킨다. 지하수위가 높은 연약지반이나 하천 밑을 팔 때에 사용된다.

옹벽(retaining wall)

(1) 성토나 절토 등의 흙을 지지하는 구조물로서 토압 및 그 흙 위에 실은 하중, 지진력, 지반의 지지력 및 옹벽의 자중 등을 조건으로 하여 부재 및 옹벽 전체의 전도나 미끄럼에 대한 안정성을 구하여 설계한다.

(2) 옹벽의 종류에는 콘크리트의 중력식, 철근콘크리트의 외팔보식, 보조벽이나 지지벽 등의 부벽식 외에 돌쌓기나 강널 말뚝, 목책 등이 있다.

제3장
벽돌구조

3

3.1 개 론

3.1.1 개 요

기초를 만들고, 그 위에 벽돌을 쌓아 하중을 지지할 목적의 벽체를 만들고 지붕과 바닥을 목조·철근콘크리트조 혹은 철골조로 한 구조물을 벽돌구조(brick construction)라 한다. 벽돌은 질감이 다양하므로 주위환경에 잘 조화되고 방한·방서적인 장점이 있다. 또 구조적으로 압축력에 강하고 내화·내구적이며 시공이 비교적 간단하다. 그러나 벽체가 두껍고 습기가 차기 쉽고 지진 등 수평력에 약하므로 고층건물에는 적합하지 않다.

3.1.2 재 료

1. 벽돌(brick)

벽돌은 시멘트와 모래를 혼합하여 만든 콘크리트벽돌(KS F 4004)과 진흙을 빚어 구운 점토벽돌(KS L 4201)이 있다.

콘크리트벽돌은 시멘트와 골재를 배합하여 가압·성형한 후 양생한 벽돌로서 모양에 따라 기본벽돌, 이형벽돌로 구분하며 내·외벽의 조적재로 널리 쓰인다.

점토벽돌은 품질에 따라 미장벽돌과 유약벽돌로 구분한다. 미장벽돌은 점토 등을 주원료로 하여 소성한 벽돌로서 속이 빈 벽돌은 하중 지지면의 유효단면적이 전체 단면적의 50% 이상이 되도록 제작한 벽돌이고, 유약벽돌은 외부에 노출되는 표면에 유약 또는 구와 유사한 원료로 용융된 상태로 소성한 벽돌이다. 이 밖에 경량의 목적으로 구멍을 낸 유공벽돌과 특수용도에 쓰는 이형벽돌 등이 있는데 치장벽돌로 쓰인다.

■ 벽돌의 크기

벽돌의 모양에는 다음 그림과 같은 종류가 있으며, 보통벽돌의 치수는 다음 표와 같다.

(단위 : mm)

표 3-1
벽돌의 치수

구 분	길 이	두께	높이
표 준 형	190	90	57

■ 벽돌 마름질

벽돌을 쌓을 때 주로 온장벽돌을 쓰지만 토막벽돌을 같이 쓴다. 벽돌을 깨뜨려서 토막을 내는 일을 벽돌마름질(cutting)이라 한다.

토막벽돌의 종류는 아래 그림과 같다.

그림 3-1
토막벽돌의 종류

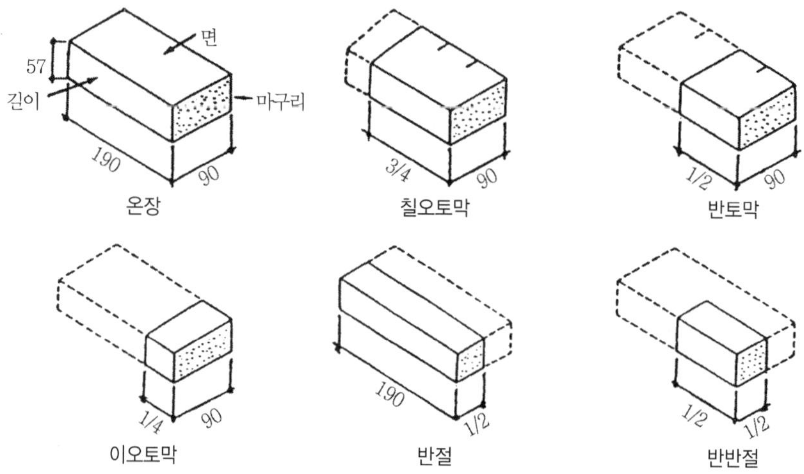

표 3-2
벽돌 벽체의 두께(일반형)

형태	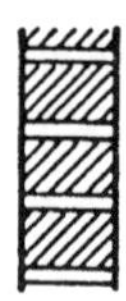	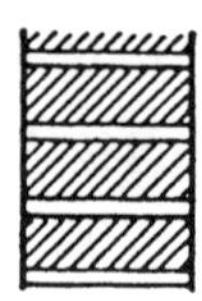		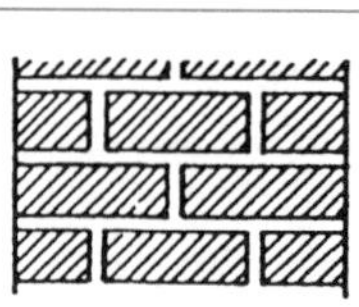
쌓기 종류	0.5B(반장)	1.0B(한장)	1.5B(한장반)	2.0B(두장)
벽체 두께	9cm	19cm	19+1+9=29cm	19+1+19=39cm

3.2 벽돌의 품질 및 종류

콘크리트벽돌은 품질에 따라 A종, B종(이상 경량골재 사용), C종 1급, C종 2급 벽돌(이상 보통골재 사용)로 구분한다. 점토벽돌은 흡수율과 압축강도에 따라 1종, 2종, 3종으로 구분한다.

벽돌은 강도가 크고 흡수율이 적으며 모양이 바르고 갈라짐 등의 결함이 없어야 한다.

■ 이형벽돌

건물의 출입구, 창 등 특수위치나 모양에 사용할 목적으로 다른 형상으로 제작한 벽돌

■ 경량벽돌

경랑, 단열, 방음 등의 목적으로 중공벽돌과 경량벽돌로 제작한 벽돌로 구멍이 있는 공동벽돌과 원료 중에 연탄재나 톱밥 등을 30~50% 정도 혼합 성형하여 소성한 다공질 벽돌이 있다.

■ 포도용 벽돌

도로 및 바닥의 포장용으로 사용하는 벽돌로 흡수율이 적고 내마모성 및 압축강도가 크다.

■ 오지벽돌

벽돌 표면에 오짓물을 입혀 성형한 치장벽돌

■ 내화벽돌

고온 600~2,000℃에 견디도록 만든 벽돌로 보일러 및 굴뚝의 내부보호용으로 쓰인다.

■ 광재벽돌(slag brick)

광재(slag)에 10~20%의 석회를 혼합하고 물반죽한 후 대기 중에 2~3개월 경화시킨 것이다.

■ 애시벽돌(ash brick)

석탄재와 시멘트로 성형 가공하여 만든 벽돌

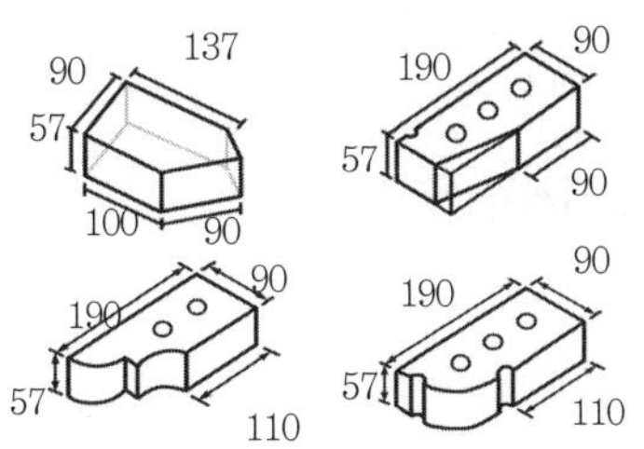

이형벽돌

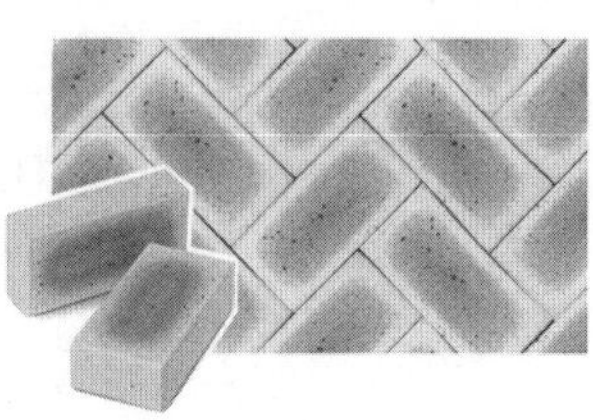

포도용 벽돌

■ 신더벽돌(cinder brick)

석탄재강과 시멘트로 만든 벽돌

■ 날벽돌(adobe)

굽지 않은 날흙의 벽돌

3.3 모르타르(mortar)

벽돌 벽체의 강성을 좌우하는 것은 벽돌 강도와 접착제인 모르타르의 강도가 매우 중요하여 모르타르의 강도는 벽돌 강도의 1.3~1.5배 이상이어야 한다. 또한 모르타르로 형성한 줄눈은 벽돌 건축물의 내·외장적인 미적 요소로도 큰 몫을 담당한다고 할 수 있다.

이러한 모르타르의 재료로써 시멘트는 보통포틀랜드시멘트를 사용하고, 모래는 입도 1.2~2.5mm의 강모래를 사용한다.

시멘트와 모래의 배합은 용적비로 1 : 3~1 : 5 정도로 하고, 특수한 부분에서는 1 : 1~1 : 2로 하는 경우도 있고, 시멘트모르타르에 혼화제(admixture)를 섞어 쓰기도 한다. 응결(setting)은 물로 반죽한 후 1시간부터 10시간까지 진행된다.

표 3-3
모르타르의 종류

종 류	용 도	배 합 비 율
일반쌓기용 모르타르	내력벽, 장막벽	1 : 3
특수쌓기용 모르타르	아치 등 특수쌓기	1 : 1~1 : 2
치장쌓기용 모르타르	치장쌓기	1 : 1 : 3 (시멘트 : 석회 : 모래)

3.4 줄눈(masonry joint)

벽돌 상호 간을 접착시키는 모르타르를 줄눈이라고 하며, 수평으로 된 것을 가로줄눈, 수직으로 된 것을 세로줄눈이라 한다.

벽돌벽의 줄눈너비는 가로·세로 10mm의 것이 보통이고, 내화벽돌은

6mm 또는 특기 시방서에 따른다.

1. 막힌줄눈(breaking joint)

하중을 벽면에 골고루 균등하게 분포시켜, 비교적 집중하중에 대해 안전한 조적법으로 세로줄눈이 위·아래가 막힌 것을 말한다.

2. 통줄눈(straight joint)

세로줄눈의 위·아래가 일직선으로 배열된 형태로서 상부 하중을 하부로 분산시키지 못하며, 하중의 집중현상이 일어나 균열이 발생하고, 지중으로부터 습기가 세로줄눈을 타고 스며들 우려가 있다. 그러나 외관이 좋기 때문에 단지 의장적 효과를 필요로 하며, 큰 강도를 필요로 하지 않는 조적체나 불식쌓기에 주로 사용하는 것이 좋다.

3. 치장줄눈(pointed joint)

벽돌벽면의 의장적 효과를 위한 줄눈을 치장줄눈(pointing)이라고 하는데, 이것은 벽돌벽면을 제물치장으로 할 때 모르타르로 줄눈을 바르는 것을 말한다. 벽돌벽면을 제물치장으로 하는 경우에는 쌓기가 끝난 직후 벽돌면에서 길이 8~10mm로 줄눈파기(nake out)를 하고 1 : 1~1 : 2 배합 모르타르를 줄눈흙손으로 눌러 바르는데, 여기에 방수모르타르 또는 색조모르타르(착색제)를 사용하기도 한다.

그림 3-2
막힌줄눈

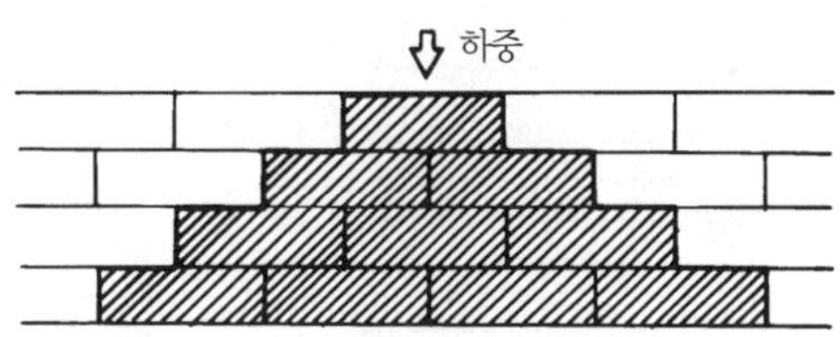

그림 3-3
통줄눈

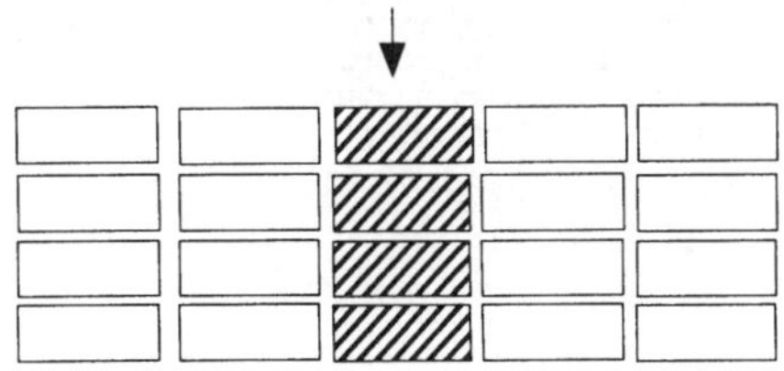

그림 3-4
줄눈의 종류

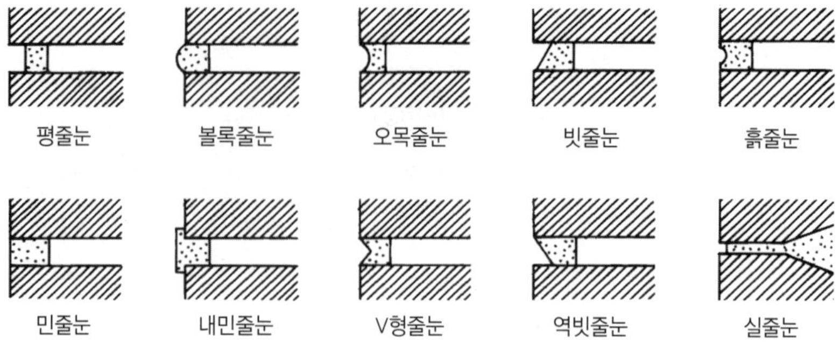

3.5 벽돌쌓기

3.5.1 벽돌쌓기의 종류

벽돌의 두께는 벽돌 길이를 1단위로 한 것을 한 장이라 하고, 마구리를 1단위로 한 것을 반 장이라 하며, 한 장 두께는 1.0B로, 반 장 두께는 0.5B로 표시한다.

벽돌을 길이만 내보이게 쌓은 것을 길이쌓기(stretching), 마구리만 내보이게 쌓은 것은 마구리쌓기(heading bond)라 하는데, 이 두 쌓기의 조합방법에 따라 여러 쌓기의 종류가 생긴다.

그림 3-5
길이쌓기와 마구리쌓기

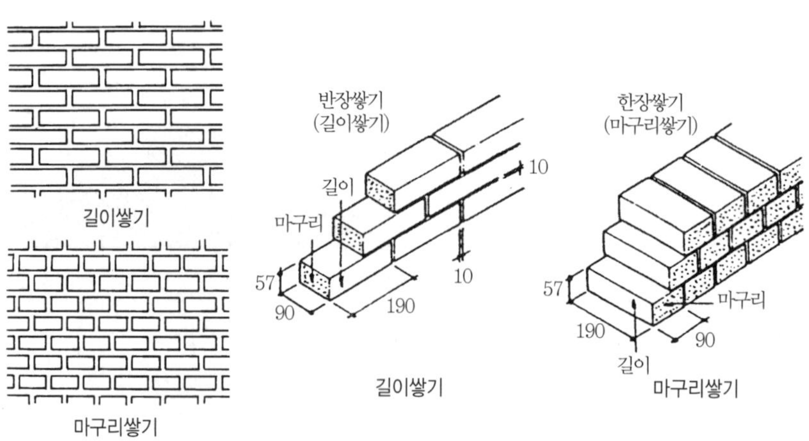

1. 영식쌓기(english bond)

한 켜를 길이쌓기로 하면 다음 켜는 마구리쌓기로 하여 번갈아 쌓는다. 벽 끝과 모서리는 마구리쌓기 켜의 끝장 옆에 반절이나 이오토막을 사용한다.

영식쌓기는 시공이 간단하고 벽체가 튼튼할 뿐 아니라 경제적이므로 널리 쓰인다.

그림 3-6
영식쌓기

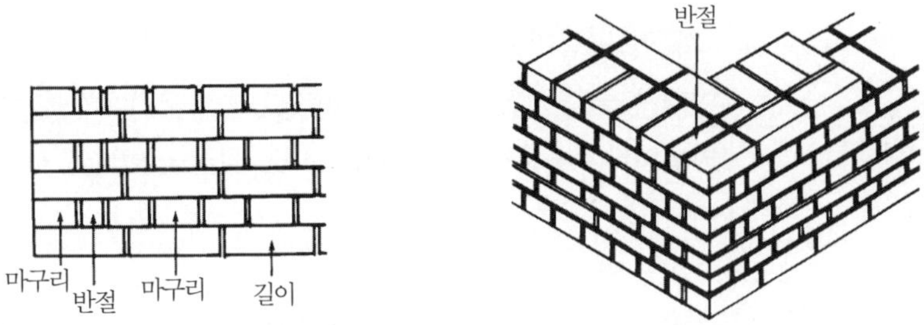

2. 네덜란드식쌓기(dutch bond)

영식쌓기와 같이 길이쌓기와 마구리쌓기를 번갈아 하면서, 벽의 끝과 모서리에서 길이쌓기의 첫 장에 칠오토막을 쓰는 차이점이 있다. 통줄눈을 막는 데 있어 영식쌓기보다 다소 견고하지만 이오토막이 남는다.

그림 3-7
네덜란드식쌓기

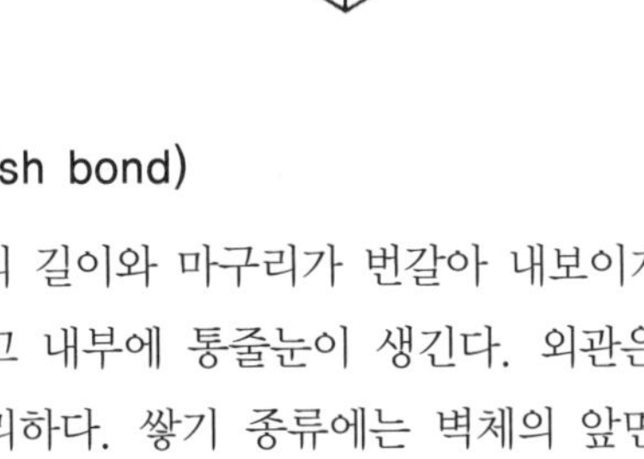

3. 프랑스식쌓기(flemish bond)

전체 켜에서 벽돌의 길이와 마구리가 번갈아 내보이게 쌓은 것으로, 토막벽돌이 많이 쓰이고 내부에 통줄눈이 생긴다. 외관은 좋지만 구조적으로나 경제적으로 불리하다. 쌓기 종류에는 벽체의 앞면을 프랑스식 쌓기로 하고 뒷면에 영식쌓기를 한 것과 벽체의 안팎 모두 프랑스식쌓기로 한 것이 있다. 이 쌓기법을 플레미식쌓기법이라고 한다.

그림 3-8
프랑스식쌓기

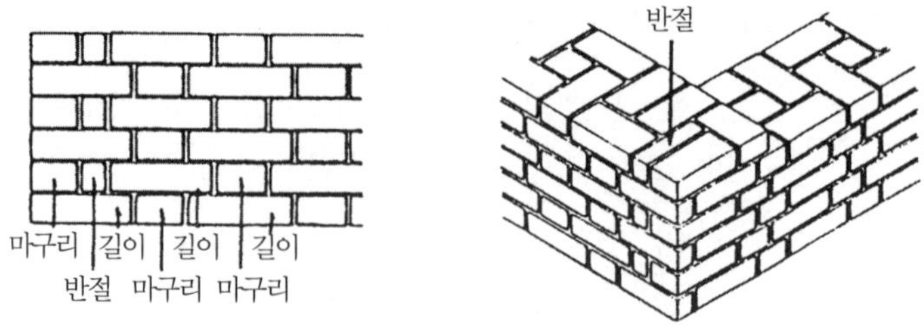

4. 미식쌓기(american bond)

앞면은 길이쌓기로 치장벽돌을 쌓고 뒷면은 영식쌓기로 하여 앞뒷면 사이의 통줄눈을 막기 위해 5~6켜마다 마구리쌓기를 하여 서로 물리게 쌓는 방법이다. 구조적으로 취약하지만 치장벽돌의 수를 줄일 수 있어 경제적이다.

그림 3-9
미식쌓기

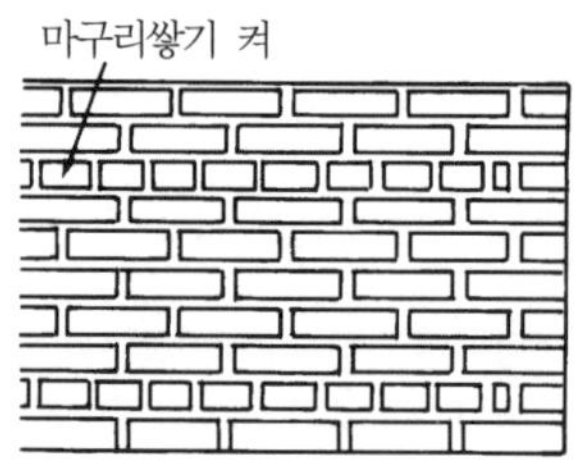

5. 기타 쌓기

특수목적이나 의장을 위해 벽체의 일부에 특수쌓기를 하는 경우가 있는데, 그중 세워쌓기는 벽돌을 수직으로 세워 쌓은 것으로 마구리가 내보이게 쌓는 것을 옆세워쌓기(bull header bond)라 하고, 길이가 내보이게 쌓는 것을 길이세워쌓기(soldier course)라 한다.

그림 3-10
기타 쌓기

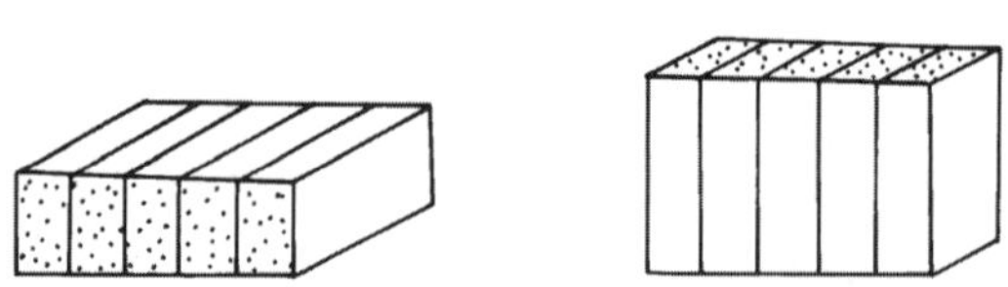

(a) 옆세워쌓기 (b) 길이세워쌓기

3.6 벽 체

3.6.1 벽체의 부분별 쌓기법

1. 기초쌓기(footing course)

벽체 밑을 넓게 몇 장을 쌓아 하중을 널리 분포시키는 부분을 기초쌓기라 한다. 기초는 들여쌓기로 1/4B씩 1켜 또는 2켜로 쌓는다. 기초 벽돌의 맨 밑의 너비는 벽 두께의 2배로 하고 밑부분은 2켜쌓기로 하되 60° 경사선 밖으로 기초쌓기가 이루어지게 한다.

콘크리트 기초판의 너비는 밑쌓기 벽돌면에서 좌·우 10~15cm 정도 넓히고 두께는 너비의 1/3 정도로 한다.

그림 3-11
기초쌓기법

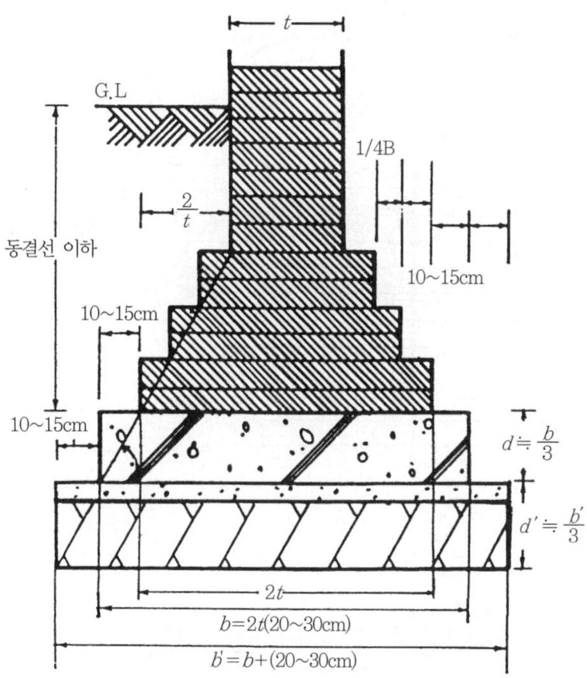

2. 내쌓기(corbel)

벽돌을 벽면에서 내밀어 쌓는 것을 내쌓기라 하며 장선받이 등을 받거나 돌림띠를 만들 때 혹은 방화벽으로 처마를 가릴 때에 쓰인다. 내쌓기를 2켜씩 할 때에는 1/4B 정도 내밀고, 1켜씩 할 때에는 1/8B 정도로 하고,

맨 위는 2켜 내쌓기로 하되 내미는 정도는 2B를 한도로 한다.

내쌓기의 주요용도는 다음과 같다.

① 벽돌벽체에 각종 마루틀을 설치

② 지붕의 돌출된 처마부분을 가리기 위해

③ 목재 처마부분의 방화

④ 담장, 굴뚝, 옥상의 띠돌림을 설치 또는 돌출시키기 위해

⑤ 각종 구조물의 보받이를 설치할 목적

그림 3-12

내쌓기 방법

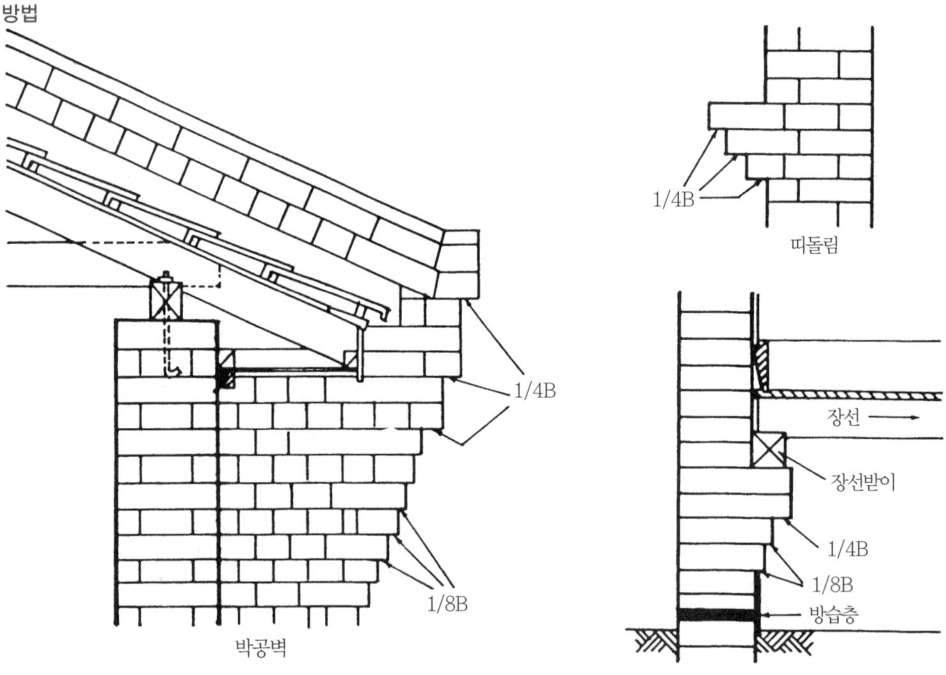

3.7 들여쌓기 및 층단 떼어쌓기

벽돌벽체의 일반적인 장식적이며 구조적인 효과를 얻기 위한 시공상의 방법이라 할 수 있는 쌓기 방법이다.

벽체는 벽량이 협소한 부분은 당일 쌓기 완성이 가능하나 규모가 크고 벽량이 많은 벽체는 나중쌓기를 해야 한다. 그러므로 대부분의 벽체는 먼

저쌓기와 나중쌓기로 구분되어 벽체가 축조된다. 따라서 나중쌓기를 위해 그림과 같이 나중에 쌓을 벽부분에 통줄눈이 생기지 않도록 들여쌓기, 층단 떼어쌓기를 함으로써 벽체의 일체성을 유지할 수 있다.

그림 3-13
층단 떼어쌓기와 켜걸름 들여쌓기

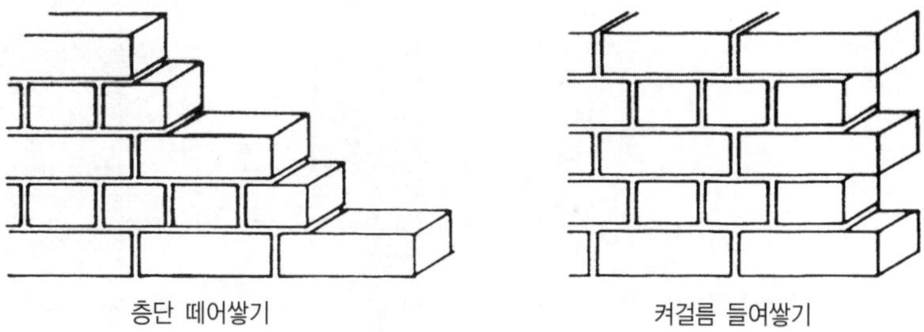

3.8 공간쌓기 및 특수쌓기

1. 공간쌓기

바깥벽을 이중으로 쌓고 중간 부분은 비워놓거나 단열재를 설치하도록 한 것을 공간쌓기(cavity wall bond)라 하는데, 비에 젖은 바깥벽의 습기가 안쪽까지 침투하는 것을 막는 목적과 방한·방서·방음 등의 효과도 얻을 수 있다. 공간쌓기는 특별한 경우 이외에는 바깥벽을 주벽체로 하고 안쪽 부벽체는 0.5B쌓기로 한다. 공간폭은 5~7cm 정도로 하고, 필요에 따라 바깥벽 하부에 물빼기 구멍을 낸다.

공간쌓기는 방습 외에도 방열·방음·방한에도 효과가 있다. 안벽과 밖벽의 축조형태는 다음과 같은 방법이 있다.

① 내부는 1.5B로 쌓고 외부는 0.5B로 쌓는 방법.
② 내부는 1.0B로 쌓고 외부는 0.5B로 쌓는 방법.
③ 내부, 외부를 각각 0.5B쌓기로 하는 방법이 있으며, 공간쌓기 벽체는 내부, 외부 동일하게 내력벽과 장막벽 역할을 함과 동시에 벽면의 의장적 장식효과를 얻게 된다.

그림 3-14
공간쌓기

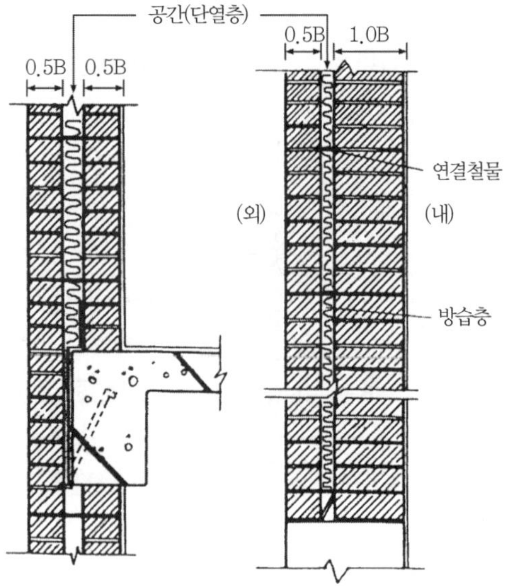

2. 특수쌓기

표 3-4 특수 쌓기법(축조방식)

공 법	축조형태	쌓는 방법	역 할	비 고	용 도
세워쌓기 (길이세워쌓기)	그림 참고	벽돌벽면을 수직으로 세워쌓는 형식	내력벽이며 의장적인 효과	길이가 내보인다.	창대, Arch
옆세워쌓기 (마구리세워쌓기)	〃	〃	〃	마구리가 내보인다.	
엇모쌓기	〃	45° 각도로 모서리가 면에 나오도록 쌓는 형식	벽면에 변화감을 주며 음영효과를 낼 수 있다.		담, 처마부분 내쌓기
영롱쌓기	〃	벽돌면에 +자형 구멍을 내어 쌓는 형식	장막벽이며 장식적인 효과		벽돌담장
무늬쌓기	〃	벽돌면에 3각형, 4각형, 일자형, 십자형 무늬를 넣어 쌓는 형식	줄눈에 효과를 주기 위한 변화, 의장적 효과		〃
모서리 및 교차부쌓기	〃	L자형, T자형으로 서로 맞닿는 부분에 통줄눈이 생기지 않도록 반절(closer 1 / 2W = 45mm) 이상 교대로 묻혀 쌓는 형식	내력벽	통줄눈이 생기지 않는다.	벽돌벽의 둔각, 예각

그림 3-15
특수쌓기

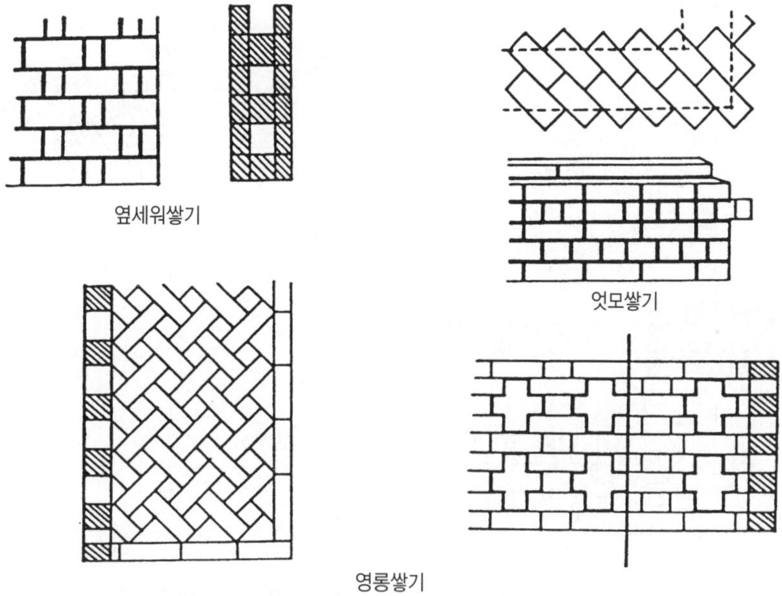

3. 쌓기법의 일반사항

① 세로줄눈은 통줄눈이 되지 않도록 하고 수직 직선상에 오도록 벽돌 나누기를 한다.

② 가로줄눈의 모르타르는 일정 두께로 바르고 세로규준틀과 벽돌나누기에 따라 쌓는다.

③ 세로줄눈의 모르타르는 마구리면에 충분히 바른다.

④ 벽돌은 각부를 가급적 균일한 높이로 쌓는다.

⑤ 하루 쌓기의 높이는 1.2m(18켜 정도), 최대 1.5m(22켜 정도)로 한다.

⑥ 연속되는 벽의 하루 작업을 끝낼 때에는 층단들여쌓기로 한다.

⑦ 교차부의 물려쌓기는 모르타르를 충분히 펴고 벽돌에 모르타르를 발라 끼워 넣고 사춤모르타르를 빈틈없이 채워 넣는다.

⑧ 벽돌은 쌓은 직후 줄눈모르타르가 굳기 전에 줄눈흙손으로 빈틈없이 줄눈누르기를 한다.

⑨ 모르타르의 물기가 벽돌에 스며들지 않고 접착이 잘되게 하기 위하여 물축임을 충분히 한다. 단, 내화벽돌은 물축임하지 않는다.

그림 3-16
이어쌓기·모서리쌓기

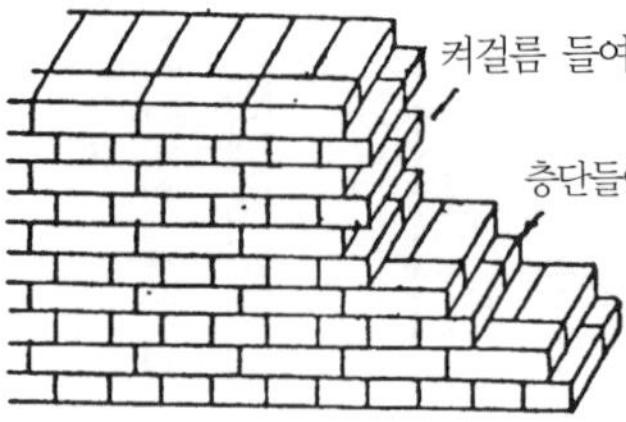

3.9 기타부분 쌓기

1. 인방보(lintel) 및 테두리보(wall girder)

■ 인방보

인방보는 기둥에 지지하여 지붕 등 상부하중을 지탱하는 보이다. 벽돌 구조에서 창, 문 등과 같이 벽돌 벽체 중에 개구부가 설치될 경우에는 문틀 위에 목재, 석재, 강재, 철근콘크리트 등의 보를 양쪽 벽체 위에 걸치거나 아치를 설치하여 상부에서 오는 하중을 받으며, 이때 인방보는 좌·우측 기둥이나 벽체에 최소 20cm 이상 서로 물리도록 설치해야 한다.

그림 3-17
인방보

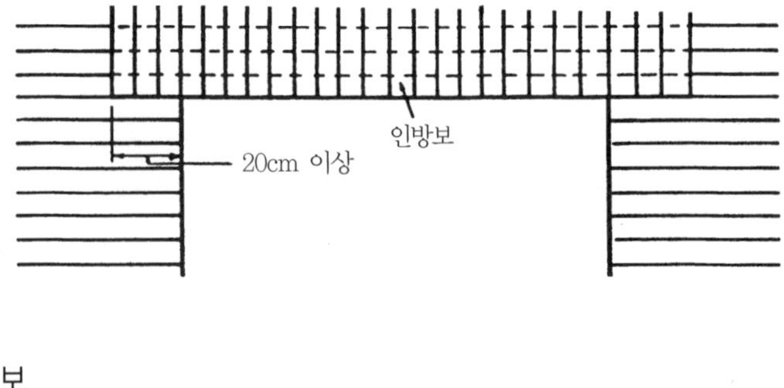

■ 테두리보

와량이라고도 하며, 벽체는 벽돌구조로 하고 지붕, 처마, 층도리 바닥틀 부분에 철근콘크리트, 목조, 철골조, 철골철근콘크리트조 등으로 벽체 상부 주위를 둘러댄 보를 말한다.

일반적으로 지붕틀, 처마, 각층의 층도리를 설치하기 위해 만든 보를 테두리보라 한다.

내력벽(bearing wall) 상부에 철골구조나 철근콘크리트구조의 테두리보를 연속해서 그림과 같이 벽체 전체를 보강하도록 한다. 테두리보를 설치함으로써 상부의 지붕틀과 같은 국부하중에 대해 하부내력벽에 하중을 균등하게 분포시켜 벽면에 대한 수직균열을 방지하고 벽체를 일체화 시키며, 직접하중은 테두리보가 받고 내력벽은 간접하중을 받도록 하여 전체하중을 분산시키는 역할을 한다.

■ 창대

창대는 설계도면 및 특기시방서에 의해 미리 가공된 돌을 붙이거나 벽돌을 길이 또는 마구리 옆세워쌓기 또는 콘크리트로 창대틀을 설치한 후 모르타르 마감 또는 외기에 접하여 부식되지 않으며 의장적 효과가 있는 돌판이나 스테인리스판, 합성수지 제품 등의 재료를 마감하는 경우가 있다.

창대는 양쪽 옆면에 들어가 벽면과 물리도록 하고, 창대의 윗면은 물흘림(weathering)을 위해 15° 정도의 경사로 옆세워 쌓고, 아랫면은 벽돌면에서 2~3cm(1/8B~1/4B) 내밀어 쌓고, 물끊기 홈(throating)을 설치하여 빗물이 창대에서 흘러가도록 처리해야 한다. 창문틀과 창대의 접합된 부분과 창대와 벽체의 접합된 부분은 우수로 인한 빗물의 투수 및 습기가 스며들지 않도록 방수·방습구조로 하고 수밀성, 기밀성을 유지하도록 한다.

그림 3-18
창대쌓기

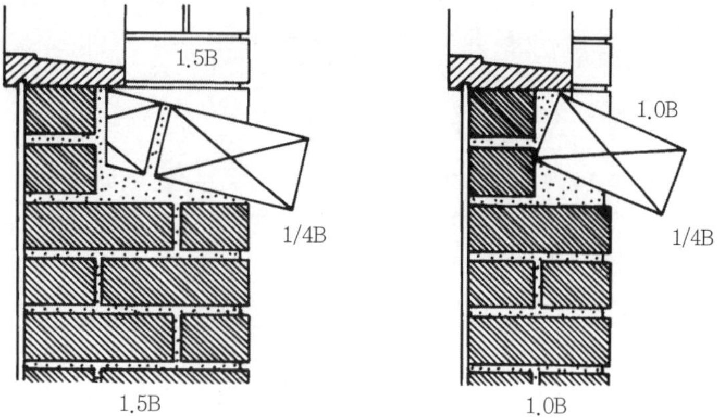

3.10 벽돌벽의 균열과 백화현상

1. 벽돌벽의 균열

- 계획 및 설계상의 원인
  ① 기초의 부동침하
  ② 건물의 평면 및 입면의 불균형
  ③ 벽면의 불합리한 배치
  ④ 불균형한 하중 및 횡력 또는 충격
  ⑤ 개구부 크기의 불균형 및 불합리한 배치
  ⑥ 벽 자체의 강도 부족
  ⑦ 벽체의 길이·높이에 따른 두께의 부족

- 재료 및 시공상의 원인
  ① 벽돌 및 모르타르의 강도 부족
  ② 벽돌 및 모르타르의 신축에 대한 미비
  ③ 벽돌벽의 부분적 시공 결함
  ④ 이질재와의 접합부에 대한 불완전한 시공
  ⑤ 모르타르 바르기의 들뜸 또는 박리

- 균열의 형상과 원인
  ① 상부 균열- 열에 의한 균열
  ② 하부 균열 - 구조적 균열(슬래브 휨, 처짐)
  ③ 수평 균열 - 전반적인 침하
  ④ 경사 균열 - 전단력 부족에 의한 균열
  ⑤ 계단 균열 - 모르타르 강도 부족, 저하

2. 백화현상(efflorescence)

- 현상

벽돌이나 타일로 마감한 외벽에 흰 가루가 빗물을 따라 흘러내린 것을 백화현상(efflorescence)이라 하며, 새로 쌓은 외벽에 물이 침투하였을 때 가장 많이 발생한다.

■ 원인

시멘트의 수화반응 물질 중 수산화칼슘이 공기 중의 이산화탄소와 결합됨으로써 탄산칼슘이 되는데, 벽돌의 황산나트륨 성분과 함께 빗물에 녹았다가 벽돌 표면으로 흘러나와 건조되면서 얼룩이 생긴다.

$Ca(OH)_2$	+	CO_2	→	$CaCO_3$	+	H_2O
수산화칼슘		이산화탄소		탄산칼슘		물
Na_2So_4	+	$CaCO_3$	→	Na_2Co_3 + $CaSo_4$		
(벽돌성분)		(모르타르)		(백화현상 흰 가루)		

■ 요인

① 시멘트 : 시멘트가 많은 모르타르일수록 가용 성분이 증가되어 백화가 많이 발생하지만, 상대적으로 치밀도가 증가되어 가용 성분의 이동을 막아 백화 방지효과도 있다.

② 작업성 : 작업성이 낮으면 치밀도가 낮아 백화 발생이 쉽다.

③ 물-시멘트비 : 물-시멘트비가 크면 잉여수에 의한 공극이 커져 가용 성분의 이동이 쉬워 백화 발생이 쉽다.

④ 점토 제품 : 흡수율이 크면 수분흡수에 따라 물의 이동이 쉬워 백화 발생이 쉽다.

■ 대책

① 벽돌의 원료인 점토와 사용수에 염류가 섞이지 않는 벽돌을 사용하며, 용수는 깨끗한 청수를 사용한다(양질의 벽돌 사용).

② 벽면에 풍화와 창대 및 기타 돌출부분에 우수 침투를 방지하기 위해 차양, 루버, 돌림띠 등을 설치하여 빗물막이를 한다.

③ 파라핀(paraffine) 도료를 벽면에 칠한다.

④ 줄눈모르타르에 방수재를 혼입한다.

⑤ 벽돌쌓기 줄눈은 충분한 사춤을 하도록 한다.

⑥ 충분한 양생기간을 가지고 양생 시 적절한 보양조치를 취한다.

제 4 장
블록구조

4

4.1 개 론

4.1.1 개 요

블록을 쌓아 벽체를 구성한 것을 블록구조라 한다. 특징은 내화·내구·경량 등에 있고 또 시공이 간편하여 공사비용을 절감할 수 있는 장점도 있다. 균열이 생기기 쉽고 횡력에 약하므로 주택 등 소규모 건물에만 썼으나, 철근콘크리트로 보강하면 건물 내부에 벽체가 많은 주택·아파트·병원 등 이외에 학교·공장에 이르기까지 널리 쓰인다.

4.2 블록구조의 종류

4.2.1 조적식 블록조(masonry block structure)

블록을 조적재인 블록과 교착재인 모르타르로 접합시켜 벽체를 구성하는 것으로, 이 벽은 상부에서 오는 하중을 받아 기초에 전달하는 내력벽으로서 소규모 건물과 2층 정도의 건축물에 적당하고 층수가 높은 대규모 건축물에는 부적당하다.

4.2.2 장막벽 블록조(block curtain wall)

구조체(rahmen frame)인 철골조, 철근콘크리트 내에 장막벽(칸막이벽)으로 벽체를 쌓는 것이다. 장막벽은 경미한 칸막이벽과 같이 상부에서 오는 하중을 받지 않고 자체의 무게만을 담당하는 비내력벽이다. 이 구조는 단순조적 블록조 중의 장막벽이라 할 수 있다.

4.2.3 보강 블록조(reinforced block structure)

블록의 빈속에 철근을 넣고 여기에 콘크리트를 부어넣어 사춤하여 저항력을 보강한 내력벽으로서 수직하중, 수평하중에 저항할 수 있는 블록구조 중에서 가장 합리적인 블록구조로 3층은 물론 4·5층 정도의 건물에도 가능하다. 보강블록조는 철근의 배근 및 조립이 용이하고, 벽체의 상하를 일체성으로 축조하기 위해 시공의 편리상 통줄눈으로 하기도 한다.

4.2.4 거푸집 블록조(form block structure)

철근콘크리트구조의 거푸집과 같은 역할을 하는 것으로 시공에 있어서도 비슷하며, 다만 형틀 재료상 철근콘크리트에서 일반적으로 사용되고 있는 철재와 합판형틀 대신에 거푸집 블록구조에서는 블록 중에서 셀(shell) 두께가 작고 속이 비어 있는 ㄱ자형, ㄷ자형, T자형, ㅁ자형 개방형 박판의 거푸집 블록을 쌓고, 그 안에 철근을 배근하여 콘크리트를 부어넣어 기둥 등과 같은 구조체의 골조를 형성시키는 내력벽(耐力壁) 형태로 한 것이다. 이 구조는 철근콘크리트구조와 같이 라멘구조체로 할 수도 있고 보통 조적식 블록조로도 할 수 있다.

그림 4-1
보강 블록조

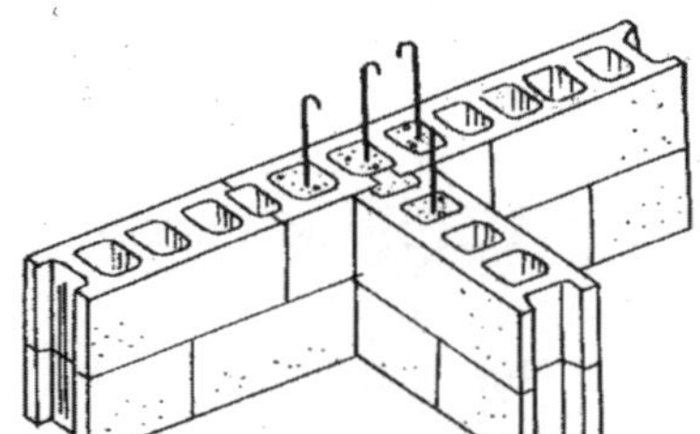

그림 4-2
거푸집 블록조

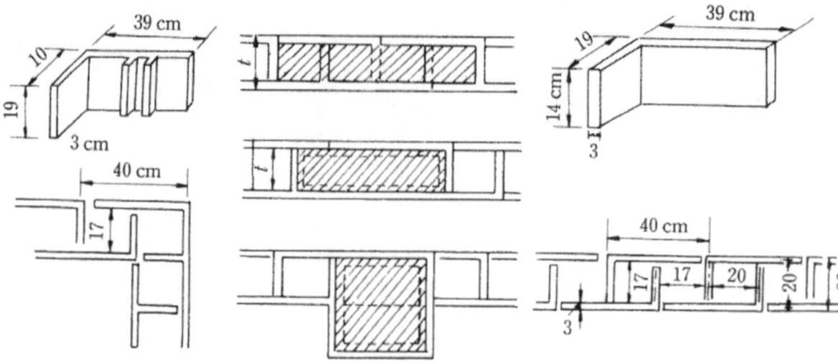

4.3 블록의 종류

4.3.1 블록의 형식

블록의 형식에는 BI형·BM형·BS형 및 재래형이 있으나 우리나라에서는 미국에서 개발한 BI형을 주로 쓴다.

블록은 시멘트에 모래와 잔자갈을 혼합하여 속이 비게 만든 속빈콘크리트 블록과 모래만 혼합하여 만든 속빈 시멘트 블록(hollow cement block)이 있다.

그림 4-3
BI형 기본 블록

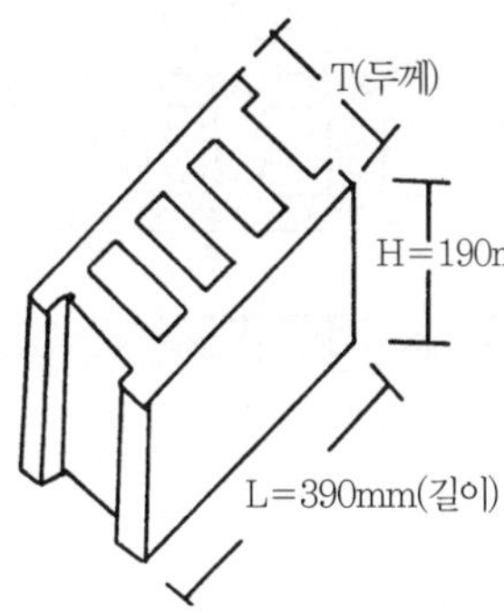

4.3.2 품 질

블록은 강도에 따라 A, B, C종으로 분류하며, A종 블록의 전 단면에 대한 압축강도는 $4N/mm^2$ 이상, B종은 $6N/mm^2$ 이상, C종은 $8N/mm^2$ 이상으로 한다.

4.3.3 블록의 치수

기본 블록의 치수는 다음 표와 같으며, 반장형은 기본 블록의 실제 길이의 반과 줄눈너비를 뺀 길이다. 기본 블록의 표면살(face shell) 두께는 블록두께 100mm 이하는 20mm 이상으로 하고, 150mm 이상은 25mm 이상으로 하며, 중간살(web) 두께는 20mm 이상으로 한다. 또 빈속 부분의 최소너비는 블록 두께 150mm 이상이면 7cm 이상으로 하고, 두께 100mm 이면 5cm 이상으로 한다.

표 4-1
시멘트 블록의 치수(mm)

형상	치수(mm)			허용차
	길 이	높 이	두 께	
기본 블록	390	190	190	±2
			150	
			100	
이형 블록	가로근용 블록·모서리용 블록과 같이 기본 블록과 동일한 크기인 것의 치수 및 허용차는 기본 블록에 준한다. 다만, 그 외의 경우 당사자 사이의 협의에 따른다.			

그림 4-4
블록의 셸 두께

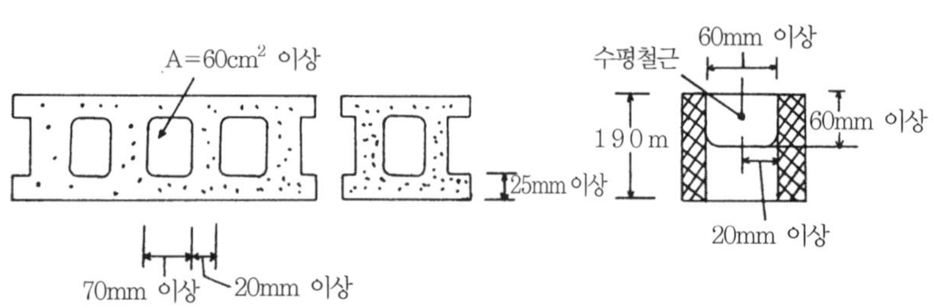

그림 4-5
블록의 종류

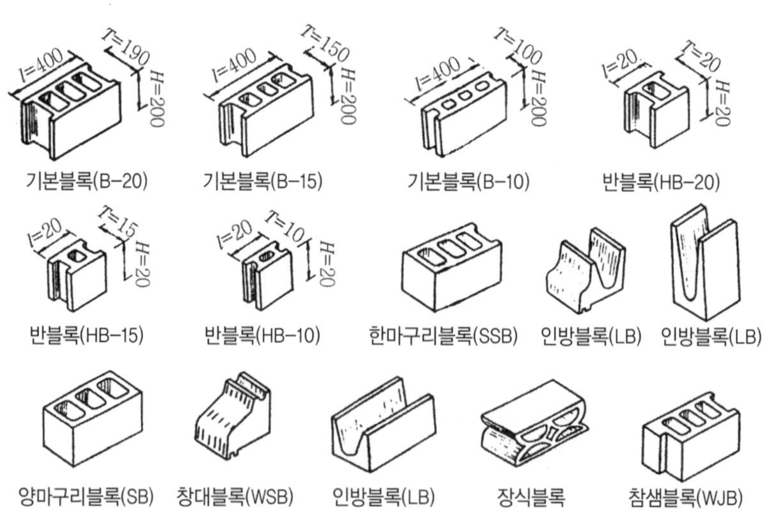

4.3.4 블록쌓기

1. 쌓기 준비

줄눈모르타르의 시멘트와 모래의 용적 배합비는 1 : 3으로 하고, 수분 유지·끈기·방수 등의 목적으로 시멘트와 같은 양의 석회를 혼합한다. 블록에 붙은 흙·먼지 기타 더러운 것은 제거하고, 모르타르 접합면은 적당히 물로 축여 블록이 모르타르의 수분을 흡수하지 않도록 한다.

2. 모르타르

조적용 모르타르는 압축강도보다 점성, 보수력, 부착강도가 더 중요하다. 모르타르의 용적 배합비는 블록강도의 1.3~1.5배이고, 시공연도(workability)는 플로 테스트(flow test)에 의해 140~150(slump, 8cm 정도)이 적당하며, 물-시멘트비(W/C)는 보통 60~70% 정도로 한다. 이때 모래는 1.2mm 정도가 알맞다. 시멘트의 수화작용 촉진과 습윤상태를 유지하기 위해서 모르타르에 석회를 약간 혼입하면 수분 유지가 되고 끈기가 있게 된다.

■ 사춤모르타르

① 배합

용적 배합비로 1 : 3, 1 : 5 정도로 하고 슬럼프(slump)는 중량블록용은 21cm, 경량블록용은 23cm 정도로 한다.

② 골재

골재는 10mm체를 통과하는 가는 골재를 사용한다. 골재는 깨끗하고 강하며 내구적이고 먼지, 흙 등 유기불순물이 함유되지 않은 것이 좋다.

■ 붓기 및 채우기

사춤을 치밀하게 철근 또는 다짐봉으로 약간 시멘트물이 위로 오를 정도로 다져 넣어 접착이 잘되게 한다. 사춤은 블록 3~4켜마다 부어넣고 다지도록 하며 이어 부을 경우 블록 윗면에서 5cm 정도 덜 채우도록 한다.

■ 줄눈

통줄눈을 피하고 막힘줄눈으로 쌓아야 하며, 내력이 크게 요구되지 않는 곳이나 특별히 의장이 필요한 곳에서만 통줄눈을 사용하도록 한다. 또한 보강 블록조에서는 철근과 콘크리트로 보강해서 작업하는 경우 수직철근의 배근을 유리하게 통줄눈으로 하기도 한다. 모르타르줄눈은 보통 가로, 세로 각각 10mm를 표준으로 하고 6mm 이하는 하지 않도록 한다.

■ 시공 준비작업

① 시공도 작성

- 블록의 평면, 입면 나누기 및 블록의 종류
- 창문틀, 기타 개구부의 안목치수
- 벽 중심 간의 치수
- 철근 삽입 및 이음위치, 철근지름 및 개수, 와이어 메시(wire mesh) 삽입 위치
- 사춤개소
- 나무벽돌, 앵커볼트, 연결철물의 위치
- 배수관, 전기배선관 등의 위치 및 박스 크기 등의 위치를 확정하여 착오가 없도록 해야 한다.

② 세로규준틀 설치

콘크리트 라멘(rahmen)체나 기둥 또는 먼저 쌓는 벽에 심먹과 벽면선을 먹줄치고 줄눈높이를 표시하거나 따로 규준틀을 설치한다.

③ 1일 공정 및 품

- 1일 쌓기 높이는 1.2m(6켜)에서 최대 1.5m(7켜) 이하로 한다.
- 블록쌓기는 블록공 2인, 비빔공 1인, 운반공 1인의 4인조로 평균 1일 200장 정도를 쌓는다.

④ 보양

블록을 쌓은 뒤 충분히 굳을 때까지 충격을 주거나 하중을 주지 말아야 한다. 또 속빈 부분에 빗물이 들어가지 않도록 널을 덮거나 포장을 한다.

블록 벽체의 표면은 조적 및 사춤용 모르타르 등으로 얼룩지지 않도록 하고 모르타르가 묻으면 즉시 제거한다. 이것을 보양(curing) 혹은 양생이라고 한다.

⑤ 개구부 둘레

창대는 창대 블록쌓기, 기성콘크리트 창대 설치, 제자리 붓기 콘크리트 창대 등으로 하고, 옆벽은 쌤 블록쌓기를 한다. 인방은 인방 블록쌓기와 기성콘크리트 인방보 설치, 제자리 붓기 철근콘크리트 인방보 등으로 한다.

■ 창문틀 세우기

① 창문틀 먼저세우기

창문틀은 원칙적으로 먼저세우기로 한다. 블록을 쌓고 줄눈모르타르가 굳은 뒤에 버팀대·연결대 등을 사용하여 정확한 위치에 견고하게 설치한다.

② 창문틀 나중세우기

창문틀 나중세우기에 있어 가설 틀을 사용할 때는 먼저세우기 공법에 따라 설치하고, 블록쌓기를 끝낸 뒤 창문틀을 끼우고 숨은 못질 또는 연결철물로 고정한다.

■ 인방

① 인방 블록쌓기

개구부 폭이 2m 이하이고 테두리보가 가까이 있을 때에는 인방 블록쌓기를 한다. 블록은 인방 블록을 쓰거나 가로근용 블록을 쓴다. 인방 블록쌓기는 먼저 가설 틀을 견고하게 설치하고 블록을 쌓은 뒤 빈속에 인방주근을 배근하고 콘크리트를 부어넣고 다진다. 또 인방의 주근을 세로근의 밑끝 갈고리에 걸고 이 사이에 가로근용 블록을 거꾸로 두고 콘크리트를 채운다. 이 세로근의 위 끝은 테두리보의 상부 근에 결속한다.

그림 4-6
인방구조

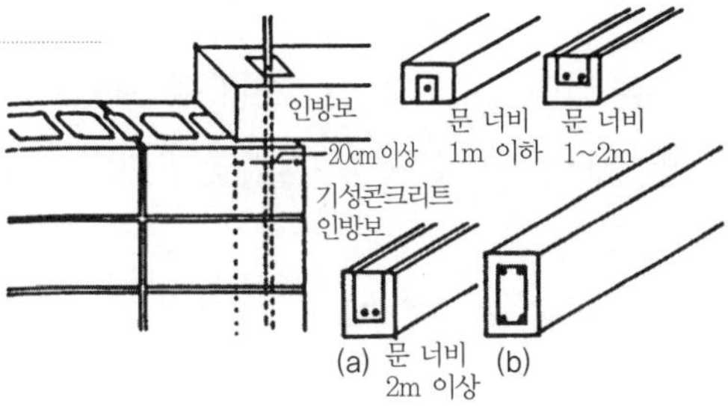

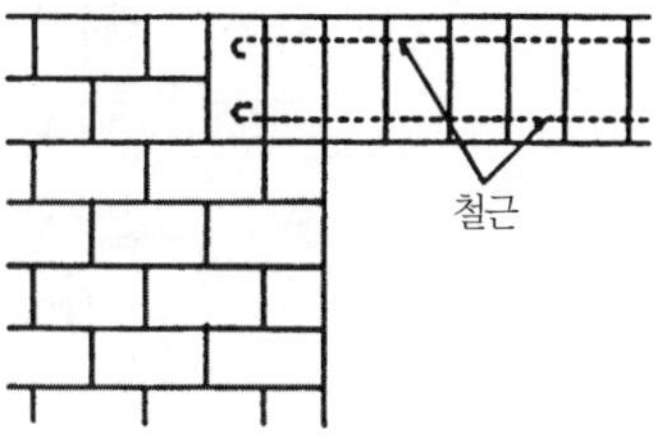

■ 테두리보

각층의 벽체 상부에 철근콘크리트보를 설치하여 내력벽을 연결하고 일체로 한 것을 테두리보(wall girder)라 한다. 테두리보는 벽체 상부에 작용하는 수평력에 의한 균열을 방지하고 하중을 벽체에 균등하게 분포시키고 건축물 전체의 강성을 높여준다.

① 테두리보의 단면 크기

테두리보의 춤은 내력벽 두께의 1.5배 이상, 단층 건물에서는 25cm 이상, 2·3층 건물에서는 30cm 이상으로 한다. 너비는 내력벽의 두께 이상이지만 시공상 벽체 두께와 같이 하는 경우가 많다.

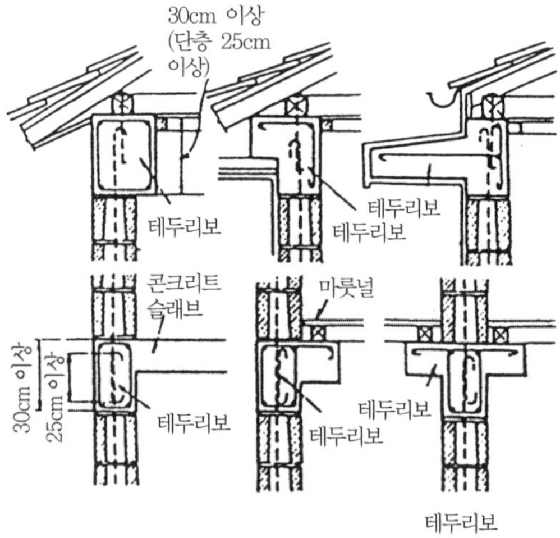

그림 4-7
테두리보의 설치

② 테두리보의 배근

테두리보의 주근은 D10~D13 철근을 쓰며 단근배근을 하는 경우도 있으나 보통 복근배근으로 한다. 인장철근의 이음길이는 정착길이 계산에 의해 산정한다.

전단보강근은 주로 D10~D13 철근을 쓰며 간격은 30cm 이하로 한다.

4.4 블록 벽체의 구조

4.4.1 벽체의 종류

■ 내력벽(bearing wall)

상부 벽, 지붕, 바닥 등의 수직하중과 풍압력, 지진력 등의 수평하중을 받는 벽체를 내력벽이라 한다. 내력벽은 건물의 평면상으로 균형 있게 설치하고, 가능하면 상하층의 내력벽은 벽체가 일치하는 것이 좋다.

■ 대린벽

대린벽은 서로 직각으로 교차되는 내력벽을 말하며 L자형, T자형, +자형이 있다.

■ 부축벽(buttress)

내력벽이나 기타 벽을 받치고 있는 벽으로 길이는 층높이의 1/3 정도, 단층에서 1m 이상, 2층의 밑에서 2m 이상, 형태는 대칭형으로 되는 것이 좋다.

■ 칸막이벽

실내의 사이벽으로 중요한 부분은 내력벽으로 하고, 다른 칸막이벽은 실의 용도에 따라 배치하는 것이 좋다.

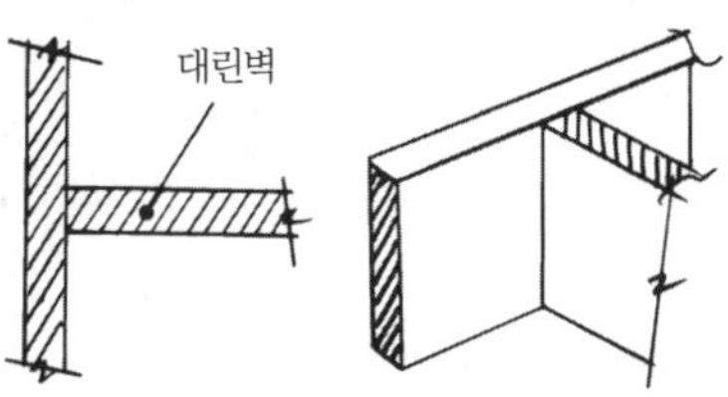

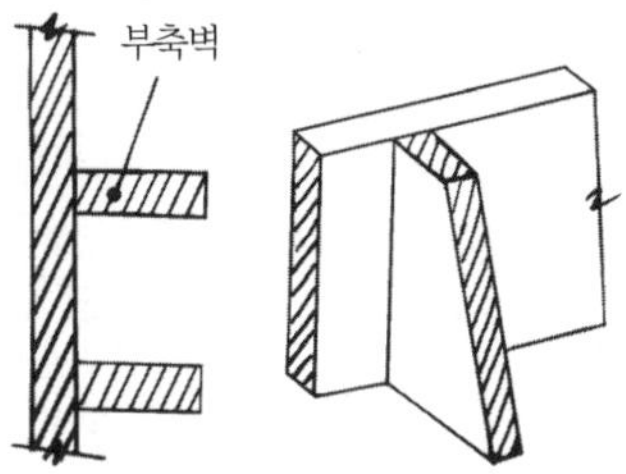

4.4.2 벽 량

벽량은 내력벽 길이의 총합계를 그 층의 건물면적으로 나눈 값을 말한다. 즉, 단위면적(m^2)에 대한 그 면적 내에 있는 벽 길이(cm)의 비율을 말한다.

$$벽량(cm/m^2) = \frac{내력벽의\ 길이(cm)}{바닥면적(m^2)}$$

보강콘크리트 블록조의 내력벽의 벽량은 보통 $15cm/m^2$ 이상, 면적이 큰 건물은 $80m^2$(24.2평)마다 내력벽·대린벽 또는 철근콘크리트 라멘구조로 벽체를 구성한다.

4.5 블록 벽체의 중요결함 및 일반사항

4.5.1 습기 및 빗물

■ 원인

① 블록 자체 방수성의 결여
② 벽체에 외부로 돌출된 연결철물·볼트·기타 철물에 의한 침투
③ 보양이 불량한 블록의 건조수축에 의한 균열로 침수
④ 시공 불량으로 인한 줄눈 갈라짐과 균열로 침수
⑤ 개구부 블록의 접착불량으로 인한 틈 사이로 침수
⑥ 블록벽면에 방수마무리 불량(방수모르타르 바름)

■ 예방 및 대책

치장줄눈을 철저히 방수시공하거나 처마, 차양 등을 길게 내밀거나 표면수밀재 또는 표면방수 처리한다. 기초 윗면 또는 바닥 밑부분에 방수층을 처리한다.

■ 블록쌓기의 주의점

① 반입된 블록은 치수 및 강도검사를 하여 불합격품은 즉시 장외로 반출한다.

② 기초 또는 바닥판 윗면은 깨끗이 청소하고 충분히 물을 축인다.

③ 블록은 모르타르 접착면만을 적당히 물을 축여 쌓는다.

④ 모르타르, 콘크리트 배합은 정확히 하여 접착이 잘 되도록 하고 응결이 시작된 모르타르는 사용하지 않는다(비빔 후 1시간 이내에 사용).

⑤ 철근의 위치는 정확히 유지하고 도중에서 구부리지 않아야 하며, 사춤모르타르는 중간에서 이어지고 1일 4단 이내의 높이마다 채워 넣어 다진다.

⑥ 쌓기는 세로규준틀에 준하여 모서리, 중간요소 및 신축줄눈부 등에 기준이 되는 블록을 쌓고 나머지는 이를 기준으로 쌓는다.

⑦ 줄눈은 10mm가 표준이며 줄바르게 하고 모르타르가 빈틈없이 채워져서 접착이 잘 되도록 한다.

⑧ 블록은 두께가 두꺼운 편이 위로 가게 쌓는다.

⑨ 1일 쌓기의 높이는 1.2m(6켜)~1.5m(7)켜로 하고, 균등한 높이로 쌓아 돌아가야 한다.

⑩ 일단 쌓은 블록은 움직이지 않도록 한다.

⑪ 보강블록쌓기일 때에는 철근위치는 정확히 유지시키고 세로철근은 이음을 하지 않는 것을 원칙으로 한다.

⑫ 라멘(rahmen)구조체 내에 블록을 나중쌓기로 할 때에는 라멘체와의 접착부에 사춤을 충분히 한다. 또한 테두리보 밑은 모르타르를 잘 다져넣고 상당시간이 경과한 후 미장 바름을 하면 비교적 균열이 덜 생긴다.

⑬ 완전시공이 끝날 때까지는 쌓을 뒷면에 널판이나 거적 등을 덮어 빗물, 빙설, 기타 부스러기가 블록의 빈속으로 들어가지 않게 한다.

용어정리

조적공사

창대블록
창문틀의 밑에 쌓는 블록

본드 빔 (bond beam)
보강콘크리트 블록조에서 가로근을 배근한 중간층을 말한다. 테두리보의 역할을 겸하며, 블록용적 변화의 영향을 적게 한다.

홍예돌
아치에 쓰이는 사다리꼴형의 아치용 돌(벽돌인 경우 : 홍예벽돌)

길이쌓기
벽돌의 길이면을 밖으로 나오게 쌓는 것

마구리쌓기
벽돌의 마구리면이 밖으로 나오게 한 것

길이세워쌓기
벽돌길이면을 세워쌓는 것

옆세워쌓기
벽돌의 마구리면을 세워쌓는 것

모치기
돌의 줄눈부분을 모를 접어 잔다듬하는 것

층단떼어쌓기
긴 벽돌벽 쌓기의 경우, 벽 일부를 한 번에 쌓지 못하게 될 때 벽 중간에서 점점 쌓는 길이를 줄여 마무리하는 방법

거푸집 블록조
속이 없고 셀 두께가 얇은 ㄱ자, ㅁ자, T자, ㄷ자형의 블록을 거푸집 대용으로 사용하도록 철근배근하고 콘크리트를 쳐서 만든 보강 블록조

모조석 (imitation stone)
외관을 자연석과 비슷하게 한 시멘트 제품의 일종이다. 특히 잔다듬한 모조석을 속칭 캐스트 스톤(cast stone, 인조석 잔다듬)이라고 한다.

버너 피니시 (burner finish)
보통 톱으로 켜낸 돌면을 산소불로 굽고 물을 끼얹어 돌 표면의 얇은 껍질이 벗겨지게 한 다음 비교적 거친 면으로 사용하는 마무리법이다.

플래너 피니시 (planer finish)

기계로 돌면을 대패질하듯 평탄하게 마무리한 방법으로 잔다듬 대신 사용한다.

중공벽돌 (hollow brick)

(1) 점토를 원료로 속을 비게 하여 구워낸 벽돌이다.
(2) 구멍의 수로 1공형, 2공형, 3공형 벽돌 등으로 구분할 수 있고, 그 치수도 구멍 수에 따라 6cm×10cm×21cm는 1공형이고, 10cm×21cm×32cm는 2공형 또는 3공형이며, 6cm×18cm×27cm는 구멍벽돌이다.
(3) 속빈벽돌은 방음벽, 단열층, 보온벽, 칸막이벽 등의 경량용으로 쓰인다.
(4) 다공벽돌과 함께 경량벽돌의 하나이다.

인조석 (artificial stone)

(1) 백시멘트와 광물질 안료를 넣고 종석, 석분 등을 혼합한 것을 반죽으로 하여 두께 1.5~3cm 정도의 콘크리트판이나 벽, 마루 바탕 위에 바른 것이다.
(2) 원래는 천연석과 유사품을 모조할 목적으로 만든 것이나 현재는 인조석의 특징을 가진 것을 만들어 쓴다.
(3) 공장에서 인조석판을 만들어 굳은 다음 그라인더로 물갈이하여 광을 낸다.

인방(lintel)

(1) 기둥과 기둥에 가로대어 창문틀의 상·하 벽을 받고 하중은 기둥에 전달하며 창문틀을 끼워댈 때 뼈대가 되는 것이다.
(2) 벽의 위쪽에 있는 것을 상인방, 중간에 있는 것을 중인방 또는 중방, 하부에 있는 것을 하인방 또는 하방·지방이라 하며 창 밑의 것을 창대, 문 밑의 것을 문지방이라 한다.
(3) 인방의 크기는 기둥 사이가 2m 정도면 기둥의 2/3 정도로 하지만, 기둥이 그 이상 거리가 되면 기둥과 같은 것을 쓰거나 중간에 달대공을 넣는다(트러스로 짤 때도 있다).
(4) 양끝은 빗턱통을 넣고 장부맞춤을 한다.
(5) 꺾쇠 또는 띠쇠 등으로 보강한다.

견치석

석축 돌로는 제일이며, 가공되어 있는 돌로 모양은 그림과 같은 각축형이다. 면은 원칙적으로 거의 방형에 가까운 것으로 돌 길이는 사방을 다듬어서 면직각에서 잰 길이는 면의 최소변의 1.5배 이상, 옆면의 단면적은 면면적의 1/16 이상이 아니면 안 된다. 이와 같은 석축은 돌 길이가 길수록 우김돌과 맞물려서 석축의 안정을 기할 수 있다. 견칫돌의 호칭은 돌 길이의 긴 곳을 사용하고 돌 길이 35cm 이상의 것을 35견치라는 식으로 부른다.

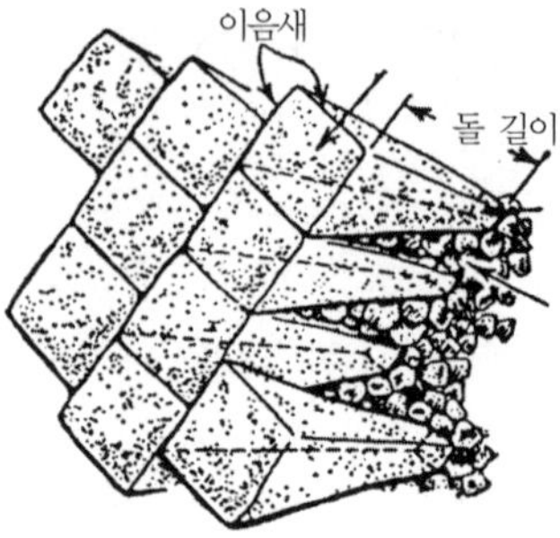

아치구조
(arched construction)

(1) 인방이나 보에 의하지 않는 아치에 의한 구조물을 말한다.
(2) 아치의 이론은 매우 복잡하지만, 간단히 말하면 상부에서 오는 수직압력이 아치의 축선에 따라 좌우로 나누어져 밑으로 직압력만으로 전달되게 한 것이고 부재의 하부에 인장력이 생기지 않게 구조화한 것이다. 따라서 벽돌은 이축선에 수직방향으로 줄눈을 맞추어 쌓아야 하고 주요한 줄눈의 방향은 모두 그 중심에 모이게 한다.

부축벽
(buttressed wall)

(1) 벽이 쓰러지지 않게 버티어 대거나 부축하기 위하여 달아맨 벽을 말한다.
(2) 벽돌에서 돌출하여 만든 보강용의 벽을 말한다.
(3) 옹벽에서 지반이 약하여 밑쌓기를 넓혀야 할 때 현장 사정상 전체적으로 넓히기가 곤란할 경우, 벽의 후면에 보강용으로 설치하는 지벽이다.
(4) 높은 주벽의 압력을 받쳐주기 위해 옆쪽으로 튀어나온 보강용의 벽이다.
(5) 부축벽의 길이는 층높이의 1/3 정도로 하고, 단층에서 1m 이상, 2층의 밑층에서 2m 이상으로 하고 모양은 평면적으로 전후·좌우 대칭형으로 되는 것이 좋다.
(6) 벽돌벽체를 보강하며 상부에서 오는 집중하중 또는 횡압력 등에 대항시키고자 벽돌벽면에서 넓게 내밀어 쌓은 것이다.

백화
(efflorescence)

(1) 콘크리트나 벽돌을 시공한 후 흰 가루가 돋아났다 없어졌다 하며 수년간 또는 수십년 걸리는 경우가 있다. 이 벽 표면의 흰 가루를 백화라 한다.
(2) 발생원인
벽 표면에서 침투하는 빗물에 의해 모르타르의 석회분이 유출하여 모르타르 중의 석회분이 수산화석회로 되어 표면에 유출될 때 공중의 탄산가스 또는 벽 중의 유황분과 결합하여 생긴다.
(3) 방지법
① 줄눈부분을 방수되게 하여 빗물의 침투를 막는다.
② 좋은 품질의 재료를 엄선하여 사용한다.
③ 시공 시 철저한 관리가 필요하다.
(4) 벽돌, 콘크리트 외에 타일붙임, 돌붙임, 블록조의 벽면에도 생긴다.

열교(heat bridge)

구조상 일부 벽이 얇아진다든지 재료가 다른 열관류 저항이 작은 부분이 생기면 결로하기 쉽다. 이런 현상을 열교라 한다.

투습 (vapor permeability)

벽체의 습윤현상은 벽체의 습압이 주위의 습압보다 낮을 때 발생한다. 여기서 습압(vapor pressure)이란 벽체의 각 점에서 보유하고 있는 수증기 장력을 말한다. 벽체 중에 습기가 높은 곳에서 낮은 곳으로 이동하는 것을 습류(vapor flow)라 하며 이 현상을 습기전침 또는 투습이라 한다.

중공벽(cavity wall)

(1) 개요

중공벽이란 충실블록 또는 공동블록을 사용하여 이중벽을 쌓는 것을 말한다.

(2) 중공벽은 내력벽 또는 비내력벽 모두 충실블록이나 공동블록을 사용할 수 있으며 벽돌도 쓸 수 있다.

① 높이

- 10m를 넘지 않아야 한다.
- 25cm 중공벽에서는 7.6m를 넘지 않아야 한다.

② 두께

- 내·외 부분 벽두께 > 10cm
- 중공부분 5~7.5cm

(3) 중공벽의 긴결

지름 4.5cm 이상의 철근 또는 긴결철물을 벽면적 0.5m^{2}당 한 개씩 설치한다.

① 간격

- 수직간격 : 45cm 이하
- 수평간격 : 90cm 이하
- 개구부는 그 주위 30cm 위치 둘레에 90cm 이내의 간격으로 설치한다.

② 긴결철물

- 구형으로 구부린 철물 또는 철근을 90°로 구부려 5cm 이상의 훅을 둔 것을 사용한다.
- 철물은 방청처리해서 사용한다.

(4) 벽 배수

① 중공 밑부분에 모르타르가 떨어지지 않게 하고 9mm 이하의 배수구멍을 설치한다.

② 웃인방, bond beam, 벽 꼭대기 부분에 강판 또는 방청금속제 비흘림을 설치한다.

- 이음길이 : 7.5cm
- 중복부분 : 용접

결로현상

(1) 개요

습기를 가진 따뜻한 공기가 그 공기의 노점온도보다 낮은 온도의 고체 표면에 닿아 물방울이 발생하는 현상이다.

(2) 본론

① 표면결로

- 원인 : 벽 표면 온도가 실내공기의 노점온도 이하일 때 발생한다.
- 대책
  - 환기계획을 적절히 하여 실내온도의 지나친 상승을 막는다.
  - 벽체에 단열재 사용(관류율을 적게 하여 실내측 벽의 표면도를 높인다)
  - 실내 수증기 발생을 억제한다.

② 내부결로

- 원인 : 재료나 구체의 내부에서 결로하는 현상이다.
- 대책(방습층 설치)
  - 구체 고온 측의 적당한 위치에 설치
  - 실내공기의 노점온도보다 높은 온도부분에 설치

제 5 장
돌구조

5

5.1 개 론

5.1.1 개 요

돌구조(stone construction)는 돌을 쌓아 올려 벽체를 구성한 일종의 조적식 구조이다. 예전에는 석재만으로 벽체를 만든 석조가 많았지만 근래에는 벽 뒷면에 벽돌쌓기를 하거나 철근콘크리트조 벽체의 겉쌓기로 이용된다. 또 건축물의 내·외장재로 얇은 판돌을 붙여 대는 경우도 많다.

횡력에 약하고 시공이 까다롭고 공사기간이 길어 공사비가 많이 든다.

5.1.2 장 점

① 불연성, 내구성, 내수성, 내약품성(내화학성)이 풍부하다.
② 압축강도가 매우 높고 내마모성에 우수하다.
③ 방한·방서적이다.
④ 종류가 풍부하고 특유한 색조와 광택이 있어 외관이 장중 미려하다.

5.1.3 단 점

① 인장강도는 압축강도의 1/10~1/40 정도이다.
② 비중이 크고 가공이 어려우며, 일체식 구조로서는 적당하지 않다.

기초나 돌담과 같은 내압력이 작용하는 단순한 구조재와 벽면의 돌붙이기, 마감, 바닥구조로서 장식적 효과를 얻는 부분에 주로 많이 이용되고 있다.

5.2 석재의 종류와 그 성질

5.2.1 석재의 종류

자연석에는 여러 종류가 있지만 일반적으로 건축용도에 주로 사용하는 석재의 종류는 아래 표와 같다.

표 5-1
석재의 종류

대분류	소분류	색상	용도	장·단점
화성암	화강암	백색, 흑색, 갈색	조적재	경도·강도·내마모성 우수
	안산암	회색, 흑색	판석, 장식재	경도·강도·내구성 우수, 가공이 어려움
	감람석	흑색	장식재	
	화산암	회백색	내화재	
수성암	사암		외벽재, 내장재	풍화·변색되기 쉽다.
	이판암	회색, 흑색	판석슷돌, 비석	
	응회암	회색	특수내장재, 내화재	연질·경량·가공이 용이
	석회석	회색	시멘트, 도로포장용	
변성암	대리석		실내장식, 조각	경질·연마 후 광택이 좋음, 산·열에 약함
	석면	회백색	단열재, 석면판	

5.2.2 석재의 형상

1. 석재의 형상과 치수

■ 잡석(rabble stone)

직경 20cm 정도의 막 생긴 돌로서 잡석다짐에 쓰인다. 둥근 것은 호박돌이라 한다.

■ 간사

각 변 20~30cm 정도 모진 돌로서 석축에 쓰인다.

■ 견치석

축섬돌, 간지석이라고도 하며, 각 변이 30cm 정도의 4각추형, 네모뿔형의 돌로서 석축에 쓰인다.

■ 각석(ashlar, ashler)

단면이 각형으로 길게 된 돌을 채석장에서 용재로 떼어낸 돌로 장대석이라고도 한다. 일반적으로 40cm, 각 길이는 2m 이하

■ 사괴석

사괴석의 각 변이 15~20cm 정도로 한식건물이나 방화벽에 사용된다.

■ 판석(plate stone)

화강암이나 안산암의 판돌로 구들장, 함실장 또는 포장, 계단 등에 쓰이고 점판암은 지붕 슬레이트로 사용된다. 너비 60cm, 길이 1m 정도

그림 5-1
석재의 종류

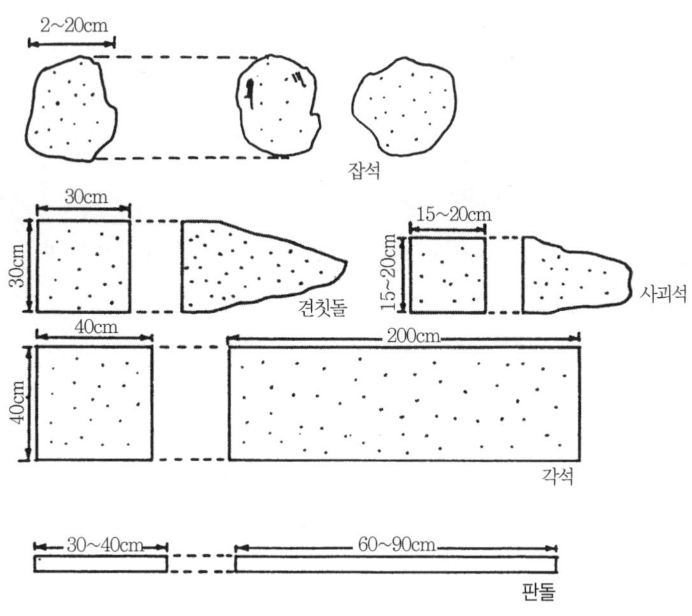

5.2.3 석재의 가공 및 마감

석재의 가공 정도는 원석의 절단공정과 표면가공공정이다.

절단공정에는 원석활석기(gary saw)와 부리(wedging)에 의하여 원석을

크기에 맞도록 규격화 하는 작업으로 구분된다.

1. 돌쪼갬

돌쪼갬(stone cutting)에는 부리쪼갬과 톱켜기 방법이 쓰인다.

■ 부리쪼갬(wedging)

결에 따라 작고 얕은 구멍을 20cm 정도의 간격으로 줄지어 파고 여기에 부리를 끼우고 내리쳐서 쪼갠다. 벽제의 보서리나 둥근 기둥에 쓸 석재의 뒷면을 직각 또는 원호로 쪼개낼 때에는 따낼 선에 따라 잭 해머로 세로 구멍을 연속으로 뚫은 다음 부리쪼갬을 한다.

■ 톱켜기(sawing)

두께 10cm 이하의 얇은 판돌은 원형 톱(gang saw) 또는 다이아몬드 톱(diamond blade saw)으로 켜서 쓰는 경우가 많다. 톱으로 켤 때 화강날암 같은 굳은 석재에는 모난 각 철사를, 연한 석재에는 둥근 철사를 물과 같이 부어넣으면서 켠다. 또 대리석을 켤 때에는 금강사(emery powder) 또는 카보런덤(carborundum) 가루를 쓴다.

2. 돌다듬

돌다듬은 먼저 먹줄에 따라 날매로 맞댄 면과 표면의 갓둘레 모서리를 직각으로 따내고, 맞댄 면의 다듬질을 한 다음 표면마무리를 한다. 맞댄 면은 모두 표면에서 폭 20mm 이상, 흙 속 기타 보이지 않는 부분은 50mm 정도를 보임 부분과 같은 정도로 마무리한다. 나머지 부분은 두드러진 곳이 없도록 정다듬을 하여 부분적인 접촉으로 하중이 집중되어 균열이 생기고, 모르타르가 잘 채워지지 않아 접착이 부실하게 되는 일이 없도록 해야 한다.

■ 표면마무리의 종류 마무리

① 혹떼기(frosted work·knobbing)

거친돌 면에서 모양새가 나쁜 두드러진 부분을 쇠메로 따는 것을 큰 혹떼기라 하고, 쇠망치·날매·정 등으로 따는 것을 작은혹떼기라 한다. 이 혹떼기를 메다듬이라고도 한다.

② 정다듬(chiseled work)

돌쪼갬을 한 거친돌 표면을 정으로 쪼아 마무리한 것이다. 표면마무리 상태에 따라 거친정다듬, 중간정다듬, 고운정다듬의 종류가 있으며, 정자국이 각각 6cm 사이, 4.5cm 사이, 3cm 사이 정도로 잔 흠이 되게 하여 표면을 평평하게 마무리한다.

■ 표면의 조밀에 의한 종류

① 혹떼기(frosted work)

다듬돌의 두드러진 부분을 쇠메로 쳐서 큰 요철이 없게 다듬는 정도의 거친면 마무리로 한 것으로서, 이것은 큰혹따기와 작은 혹따기로 구별한다.

먼저 마름돌 주위에 먹줄을 그어 다듬기의 마무리선 또는 맞댐면을 정하고, 이 먹줄에 따라 평날메를 대고 망치로 쳐서 맞댐면 갓둘레를 소정평면선으로 따낸다.

돌의 중간면은 쇠메, 평날메 등으로 다듬고 부득이 한 것은 정으로 쪼아 깨트리되 정자국이 남지 않게 한다. 돌면은 평탄하게 한가운데가 약간 부르게 하는데, 이와 같은 혹따기를 메다듬이라고도 한다.

② 메다듬

돌의 거친 면을 쇠메로 다듬어 면의 요철을 없게 하는 것이다.

③ 정다듬

정으로 쪼고 평평하게 다듬은 것으로서 그 정도에 따라 거친다듬, 중다듬, 고운다듬으로 구분하며, 정자국의 거리 간격은 균등하게 하고 깊이는 일정해야 한다.

④ 줄정다듬

정을 일정 방향으로 줄지어 쪼아 평탄하게 하는 공정이다.

⑤ 도드락다듬(bush hammered stone finishing)

도드락다듬은 거친도드락 망치로부터 잔도드락 망치의 순으로 다듬는 방법인데, 1~3회 두들김으로 한다. 거친도드락다듬은 갈기마무리면의 바탕다듬으로는 피하는 것이 좋다. 도드락 망치를 쓰면 그 흠이 나중까지도 남게 되고, 또 뒷날에 풍화되기 쉬워서 고급 마무리에는 적당하지 않다.

⑥ 잔다듬(dabbed finish)

날망치(외날망치, 양날망치)로 정다듬 또는 도드락다듬면 위를 일정한 방향의 평행선으로 나란히 찍고 다듬어 평탄하게 마무리하는 것이다.

⑦ 물갈기(rubbing) 및 광내기(polishing)

잔다듬 또는 톱켜기 면은 철사, 금강사, 카보런덤, 모래 등으로 물을 주면서 갈아 광택이 나게 하는 것이다.

갈기는 먼저 철사, 금강사 등으로 거친갈기(초벌갈기)를 하고, 다음 인조숫돌(카보런덤)로 재벌갈기를 거쳐 천연산 또는 세밀한 인조숫돌로 정벌갈기를 한 다음, 그 위에 광내기 가루(산화주석)를 헝겊 또는 펠트 등에 묻혀 닦으면 광택이 난다.

석재 및 인조석의 표면에 금강사를 뿌리고, 물을 부어 가면서 숫돌 등으로 갈아 마무리한 면. 마무리의 정도에 따라 거친갈기, 물갈기, 본갈기가 있다.

마무리 종류	마무리의 정도
거친갈기	#24~#80(#100~#300)의 카보런덤 숫돌 또는 같은 정도의 마무리가 되는 다이아몬드 숫돌로 갈아낸다.
물갈기	#400~#800의 카보런덤 숫돌 또는 같은 정도의 마무리가 되는 다이아몬드 숫돌로 갈아낸다.
본갈기	#800~#1500의 카보런덤 숫돌 또는 같은 정도의 마무리가 되는 다이아몬드 숫돌로 갈아내고, 다시 광내기 가루를 사용하여 버프(buff)로 마무리한다.

* 카보런덤(carborundum) : 탄화규소(SiC)의 상품명. 규사와 코크스를 약 200℃ 전기 저항로에서 강하게 가열하여 만든 아름다운 결정체.

■ 표면의 형상에 의한 종류

① 혹두기(rock face finish)

거친 돌면 그대로이지만 다소 가공하여 심한 요철이 없게 한 것이다. 마름돌면 또는 거친돌면이라고도 한다.

② 모치기(rustication)

돌의 줄눈부분을 모를 집어 잔다듬하는 일로서 면은 거친 면 또는 다듬는 면으로 한다. 모치기의 종류에는 두모치기, 빗모치기 등이 있다.

그림 5-2
표면형상의 종류

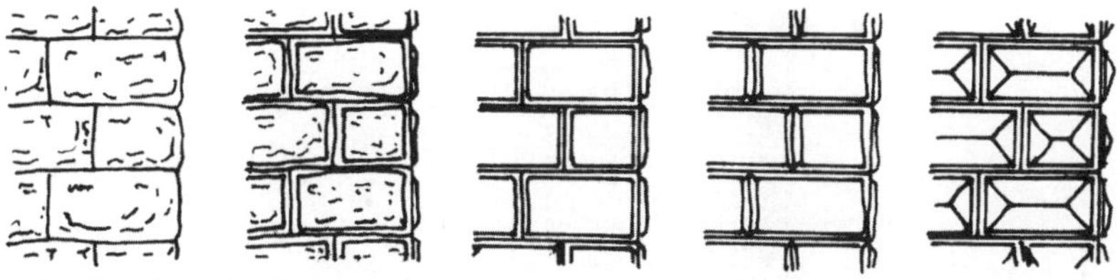

(a) 혹떼기 (b) 혹떼기 두모치기 (c) 두모치기 (d) 빗모치기 (e) 귀갑 두모치기

5.3 돌쌓기

5.3.1 돌쌓기의 종류

돌쌓기는 돌의 상태에 따라 거친돌쌓기와 다듬돌쌓기로 구분되고, 쌓는 방법에 따라 막쌓기와 바른층쌓기로 구별한다.

1. 조적재에 따른 종류(다듬기 정도에 따라)

■ 거친돌쌓기(rubble work)

마름모돌쌓기라고도 하며 잡석, 간사 등을 적당한 크기로 쪼개어 쓰고, 맞댐면은 돌을 깨뜨려낸 그대로 또는 거친다듬하여 불규칙하게 막 쌓는 것이다.

■ 다듬돌쌓기(ashlar work, cut stone work)

돌의 모서리 맞댐면은 일정하게 다듬어 쌓은 것으로 허튼층쌓기와 바른층쌓기가 있다. 이 쌓기 방법은 가장 튼튼하고 외관도 미려하므로 많이 쓰인다. 허튼층쌓기에 있어서 석재를 네모로 다듬어 크고 작은 돌을 섞어서 쌓은 것을 다듬돌완자쌓기라 한다.

2. 쌓기 방법에 따른 종류(줄눈의 외관상 구분)

■ 허튼층쌓기

줄눈의 모서리 맞댐면을 허튼줄눈으로 쌓는 것을 말한다.
돌쌓기의 가로줄눈이 수평 일직선으로 통하지 않게 쌓은 것이다.

■ 바른층쌓기

줄눈의 모서리 맞댐면을 일정하게 쌓은 것을 바른층쌓기라 한다. 수평줄눈이 일직선을 이루도록 쌓은 것이고, 경우에 따라서는 두서너 켜 걸름으로 수평줄눈이 일직선이 되도록 쌓고, 그 사이에 허튼층 막쌓기로 하는 경우도 있다. 이때를 층지어쌓기라고도 한다.

그림 5-3
거친돌쌓기

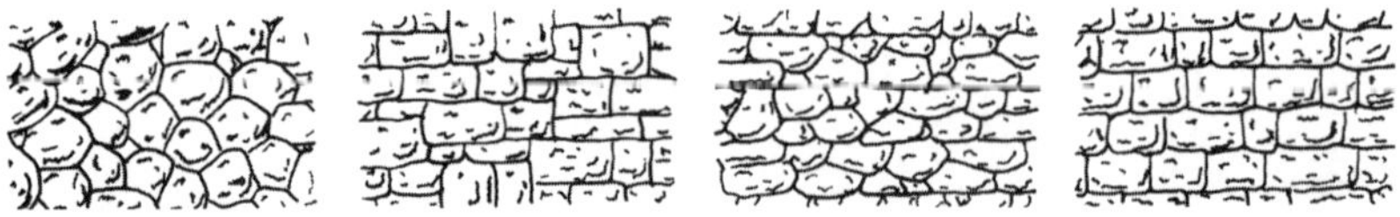

(a) 거친돌 막쌓기 (b) 거친돌 완자쌓기 (c) 거친돌 층지어쌓기 (d) 거친돌 바른층쌓기

5.4 석재의 마감공법(돌 설치, 돌쌓기, 돌붙이기)

1. 돌나누기 및 시공도 작성

설계도면 및 시방서에 의해 석재공사 전체에 걸쳐 돌나누기(돌 설치, 돌쌓기)도와 돌붙이기 시공도를 작성한다.

돌나누기는 석재공사의 기본이 되므로 일반적으로 치수 외에 필요가공물의 형상과 치수에 대해서도 세밀히 검토한 후 시행한다.

2. 맞댐면과 줄눈

■ 맞댐면

석재면이 상호간 접촉되는 면을 맞댐면이라 하고 틈서리를 줄눈이라 한다. 따라서 돌 모서리 선이 일직선이 되고 그 모양이 모가 져야 할 뿐 아니라 맞댐면도 평탄하게 다듬어져야 한다. 그러므로 맞댐면은 표면에서 안쪽으로 약 3cm까지의 다듬기를 잔다듬하든가 아니면 표면이 물갈기의 경우는 맞댐면도 거친다듬 정도로 한다.

■ 줄눈

돌쌓기의 줄눈은 보통 맞댄줄눈은 1~2mm, 잔다듬 정도는 3~6mm, 정다듬일 때는 6~9mm, 거친돌 막쌓기에서는 15~20mm 정도로 한다.

석재 사이의 모르타르 부분을 줄눈이라 하며, 그 상태에 따라 벌림줄눈과 맞댄줄눈으로 나누어진다. 벌림줄눈은 석재의 맞댄 면 사이에 간격을 두어 줄눈이 밖에서 보이게 한 것으로, 줄눈 너비는 외벽 6~12mm, 내벽 0~6mm로 한다. 또 거친돌은 9~25mm로 한다.

맞댄줄눈은 석재의 보임을 마주 댄 것으로 물갈기한 석재에 주로 쓰는데 대리석은 거의 맞댄줄눈으로 한다.

그림 5-4
줄눈

▪ 접합용 철물

① 촉(dowel)

석재의 변위를 막으려고 맞댐면에 구멍을 파서 철제 촉을 꽂고 그 둘레에 납·유황·모르타르를 채워서 고정한다.

촉은 지름 9mm 원형봉강 또는 D10 이형봉강을 10cm 길이로 잘라 쓴다.

② 꺾쇠(clamp)

석재의 이음에 쓰는 것으로 석재 윗면에 꺾쇠 자리를 파고 꺾쇠를 끼운 다음 모르타르를 채워서 고정한다. 꺾쇠에 평강을 쓰는 경우도 있지만, 보통 원형봉강을 쓰며 작용 길이는 15cm 정도로 한다.

그림 5-5
촉 및 꺾쇠

③ 연결철물

석재로 겉쌓기를 할 때, 이것을 끌어당겨 뒷벽에 고정시킬 때 쓰는 철물이다. 연결철물은 지름 6mm의 원형봉강 양끝을 구부려 쓴다.

④ 굄(supporter)·쐐기(wedge)

줄눈너비를 유지하기 위해 굄과 나무쐐기를 쓰는데, 굄은 보통 연제로 하지만 석재 중량이 클 때에는 아연도금을 한 연강제를 쓰는 경우도 있다.

5.5 석재 시공 시 주의사항

1. 일반사항

① 크기의 제한, 운반상의 제한 등을 고려하여 최대치수를 정한다.
② 휨, 인장강도가 약하므로 압축을 받는 장소에 사용한다.
③ 내화가 필요한 곳에서는 열에 강한 것을 사용한다.
④ 석재를 다듬어 쓸 경우에는 그 질이 균일한 것을 써야 한다.

2. 설치 및 쌓기의 일반사항

■ 첫켜쌓기

돌을 세로규준틀에 맞추어 수평실을 치고, 먼저 모서리, 구석 또는 중간요소에 규준틀이 되는 돌을 설치하고 그 중간을 쌓아 올라간다. 이때 돌 밑에 굄을 설치하여 줄눈 및 맞댐면의 수평, 수직을 정확히 한다.

■ 연결고정철물 설치

첫켜가 설치되고 사춤모르타르가 경화되면 석재의 배내밀기를 방지하기 위하여 석재의 상하·좌우 돌 맞댐면 또는 돌과 안벽 사이에 은장, 촉, 꺾쇠, 당김쇠, 고정쇠 등을 설치하고, 여기에 철재일 때에는 아연도금의 녹막이 처리를 설치한다.

■ 둘째켜 쌓기

첫켜 위에 널쪽을 대고 돌을 내려놓고 널을 가만히 빼낸다.

■ 양생(curing)

돌면의 오염이나 파손 및 모르타르의 부착 등을 막기 위하여 호분을 풀로 개어 칠하거나 종이를 붙인다. 그리고 모서리 등에는 널 등을 대어 보호한다.

■ 촉 구멍과 연결철물 홈

촉과 연결철물을 장치할 구멍과 홈을 설치하기 전에 가공한다.

■ 모르타르와 사춤모르타르

돌쌓기에 쓰이는 사춤모르타르와 콘크리트 배합은 벽돌쌓기 또는 철근콘크리트용 배합과 같게 한다. 깔모르타르와 사춤모르타르는 콘크리트 석재면 상호 또는 뒷벽에 꽉 채워지고 접착이 잘 되게 한다. 사춤모르타르와 콘크리트를 할 때에는 줄눈 밖 면에서 깨끗한 헝겊을 끼워대고 새지 않게 한 다음 사춤모르타르를 충분히 쑤셔 넣고, 간격이 클 때에는 콘크리트를 채워 넣는다.

■ 굄, 쐐기

수평줄눈 맞댐면에 사입하는 굄·쐐기는 석재가 경량일 때에는 납재로 하고 중량이 클 때에는 아연도금을 쓰며, 나무굄·쐐기는 치장줄눈을 할 때에 전부 제거한다.

■ 깨진 돌

가공이나 설치하는 도중에 잘못 다루어 깨진 석재는 사용처에 따라 붙여 써도 괜찮다. 그런 경우 교착제로는 메이어 스톤 시멘트(meyer stone cement) 또는 합성수지 제품이 있다.

■ 물씻기 및 줄눈마무리

줄눈에 끼운 헝겊은 모르타르가 굳기 전에 제거하고, 돌면에 붙은 불순물은 와이어 브러시(wire brush) 등으로 충분히 잘 긁어내고 맑은 물로 씻은 다음에 치장줄눈을 한다. 물씻기에는 염산을 쓰지 않는데, 만일 사용할 경우에는 그 농도를 5% 이하 용액으로 한다. 그리고 치장줄눈은 돌다듬기의 정도가 높을수록 가늘게 하고 보통 잔다듬에서는 6mm 정도로 한다.

그림 5-6
돌붙이기

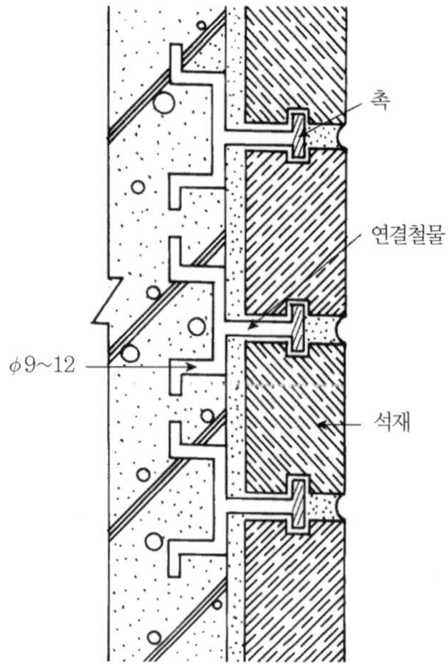

5.6 석재의 설치공법

5.6.1 습식공법(wet wall support)

연결철물과 채움모르타르로서 석재와 구조체를 일체화 한 것으로 돌의 형상, 크기에 따라 소요의 돌 두께가 정해지고, 긴결철물의 두께, 강도, 녹막이, 줄눈으로부터의 빗물투수 방지 등에 대한 대책이 요구된다.

1. 습식공법의 장점

① 시공 예가 많아 기술면에서 문제가 없다.
② 주택 등 소규모 건물에 적합하다.

2. 습식공법의 단점

① 구조체에 변형이 생겼을 때 붙임돌에도 균열 등의 변형이 생기며, 외기온도 및 습도의 변화에도 붙임돌이 휘거나 비틀림이 생긴다.
② 동결, 백화현상, 얼룩 등이 자주 생기고 스며든 물처리가 어렵다.

5.6.2 건식공법(dry wall support system)

건식공법은 내·외장용의 석재판과 밑바탕이 되는 구조체를 긴결철물인 각종 앵커류로서 긴결해 나가는 공법이다.

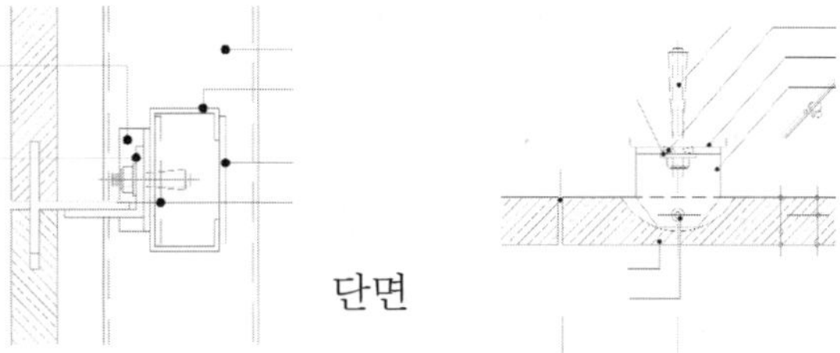

1. 건식공법의 장점

① GPC공법의 장점을 거의 포함하고 있다.

② 고층건물에 유리하다.

③ 구조체의 긴결방법 등을 개선하면 공법을 다양화시킬 수 있다.

2. 건식공법의 단점

① 돌 두께에 따라 풍압 등의 영향을 받으며, 물체 등의 충격으로 붙임돌이 파손되기 쉽다.

② 구조체의 밑바탕 재질에 따라 부속철물이 늘어날 수 있다.

3. 시공법 종류

습식공법	구체콘크리트와 판석을 앵커, 하지철물, 연결철물 등으로 긴결하고 중간부를 모르타르로 채움. 고층건물에 부적당하다.
건식공법	구조체와 판석을 철제 지지철물(fastener, 촉, anchor bolt 등)로 긴결 고정하는 공법. 구조계산에 의한 설계·시공으로 풍압, 지진 등을 견디며, 습식공법의 단점인 백화현상, 얼룩짐 등의 결함을 방지할 수 있다.
Steel Frame 공법(GPS)	형강으로 제작된 steel frame에 마감된 판석을 건식으로 긴결 고정하는 공법. 철골재의 내화피복과 단열처리가 필요하다.
GPC공법	공장에서 판석을 선붙임한 precast concrete curtain wall을 제작하여 현장에서 구체에 부착하는 공법이다.

5.6.3 각부 돌쌓기

1. 개구부 갓둘레

창이나 출입구 등 개구부의 상부에는 인방돌을 걸쳐 대거나 아치쌓기를 하여 하중을 받게 하고 하부는 창대돌 또는 문지방돌로 마무리를 한다.

■ 인방돌(lintel stone)

개구부 상부에 수평으로 걸쳐 대어 하중을 받게 한 돌을 인방돌이라 한다. 개구부 폭 1m 이하에서는 인방돌만으로 하중을 지지한다. 인방이 긴 경우 철·철근콘크리트 보를 걸쳐 대거나 벽돌로 아치쌓기를 하여 하중을 받게 하고, 치장목적으로 통재 인방돌을 걸쳐 대거나 평아치쌓기를 한다.

■ 아치(arch)

돌 아치에는 결원·반원·뾰족 등 형태를 많이 쓰며, 이들 아치의 줄눈은 중심에 모이게 한다. 아치용 돌은 촉·꺾쇠맞춤을 하고, 촉과 연결철물을 써서 벽체에 결속하는 것이 좋다. 또 아치 폭이 크면 인방보를 두어 보강한다.

그림 5-7
아치 종류

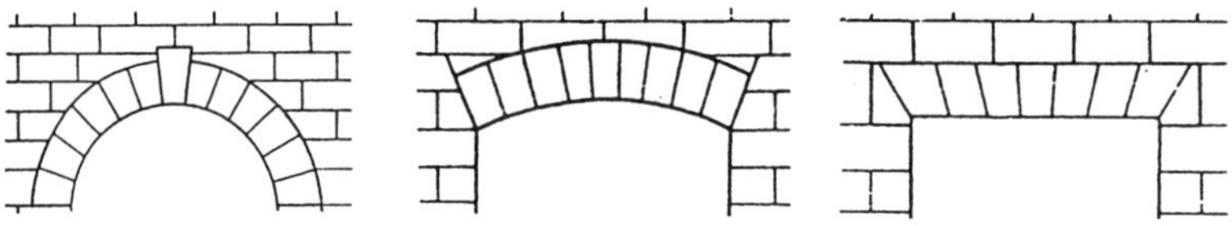

(a) 반원아치 (b) 결원아치 (c) 평아치

■ 창대돌(window sill stone)

창틀을 받는 돌을 창대돌이라 하는데 빗물처리를 하는 치장재이다. 창대돌 윗면 안쪽에는 물돌림(flashing)을 두어 빗물이 거꾸로 밀려드는 것을 막고 그 앞면에 물흘림(weathering)경사를 두어 빗물의 흐름이 원활히 되게 한다.

또 밑면 바깥쪽에 물끊기 홈(water drip)을 두어 벽 쪽으로 흘러드는 빗물을 차단한다.

그림 5-8
창대돌

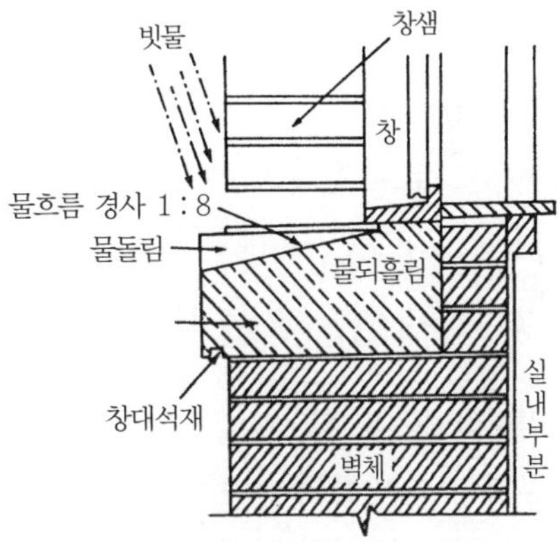

■ 문지방돌(door sill stone)

출입구 밑에 대는 돌로서 경석을 잔다듬 또는 물갈기하여 쓴다. 문지방돌의 윗면은 문을 여닫는 방법에 따라 가공을 달리 한다.

■ 쌤돌(jamb stone)

개구부 양옆에 쌓은 것으로 창문틀과의 아물림과 장식의 목적을 겸하므로 모서리를 모접기(beveling) 또는 쇠시리(moulding)한다. 쌤돌은 벽체 끝에 있으므로 접합용 철물로 더욱 튼튼하게 결속하면서 정성껏 쌓아야 한다.

그림 5-9
문지방돌(왼쪽)

그림 5-10
쌤돌(오른쪽)

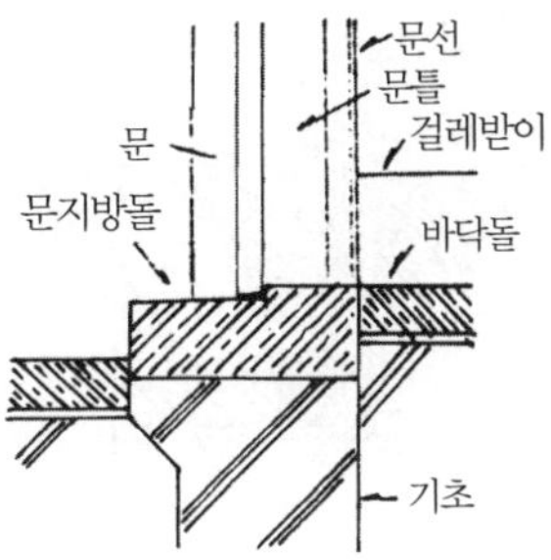

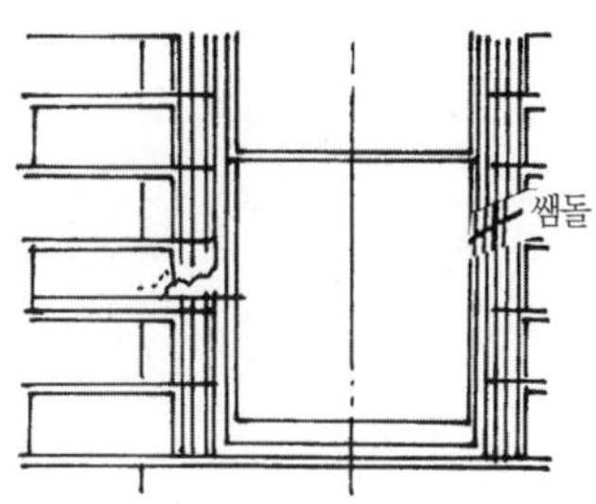

2. 기 타

■ 돌림띠(cornice)

벽면에 가로로 길게 내민 장식재를 돌림띠라 하며, 물끊기 겸 장식의 역할을 한다. 각 층 사이에 둔 것을 허리돌림띠(string course)라 하고, 벽체 상부에 둔 것을 처마돌림띠(cornice)라 한다.

■ 두겁돌(capping stone)

박공벽이나 난간벽·부란 등 위에 덮은 것을 두겁돌이라 하며 빗물막이와 난간동자받이의 목적 이외에 장식도 겸한다. 두겁돌 윗면은 물흘림을, 밑면은 물끊기 홈을 둔다. 바탕재와는 촉맞춤으로 하고 이음은 꺾쇠로 한다.

■ 난간벽(parapet wall)·부란(balustrade)

난간과 장식의 목적으로 처마 위 옥상에 벽으로 된 것을 난간벽이라 하고 난간동자를 세워 댄 것을 부란이라 한다. 난간벽은 일반 벽체와 같이 쌓고 두겁돌을 덮으며, 부란은 밑의 받침돌과 두겁돌 사이에 난간동자를 세워 촉맞춤을 한다.

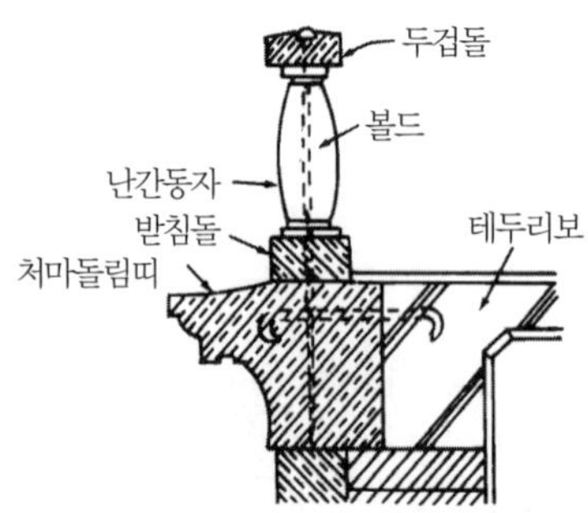

그림 5-11
부란

■ 박공벽(gable wall)

박공벽은 횡력에 불리하므로 지붕물매를 느리게 하여 벽 높이를 낮추는 것이 좋다. 박공벽 위에는 보통 두겁돌을 두는데, 바탕이 경사져 있으므로 촉을 꽂아 미끄럼을 막는다.

그림 5-12
박공벽과 두겁돌

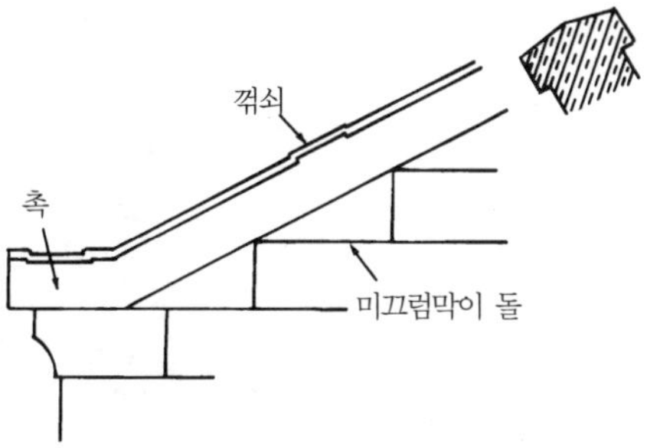

5.6.4 석축

1. 견치석쌓기

① 흙막이 또는 호안에 쌓은 것이다.

② 기초는 충분한 깊이와 너비로 하여 이동, 부동침하 등이 없게 한다. 석축면의 경사는 석축높이 2m까지 2.5/10, 3m까지 3/10, 5m까지 3.5/10 정도로 한다.

③ 중량과 토압의 합력이 기초폭 이내에 들게 하는 중량식 흙막이벽이다.

④ 석축에는 건성쌓기(dry bond, 메쌓기), 모르타르 사춤쌓기, 찰쌓기(wet bond)가 있다.

■ 건성쌓기(dry bond)

돌과 돌 사이 맞댐면은 모르타르 또는 콘크리트 등을 사춤하지 않고, 맞댐면은 서로 맞대어 축조하고 뒤고임돌만 다져 넣은 것이다.

■ 모르타르 사춤쌓기

돌의 맞댐면은 모르타르 또는 콘크리트로 접착시키고 뒤에는 잡석다짐을 하는 것이다.

■ 찰쌓기(wet bond)

돌과 돌 사이 맞댐면에 모르타르를 다져 넣어 상호 접착시키고 뒤고임에도 콘크리트를 채워 넣는다. 사춤쌓기는 배수에 주의하여 출수량에 충분한 배수구멍을 설치해야 한다.

그림 5-13

석축(石築)

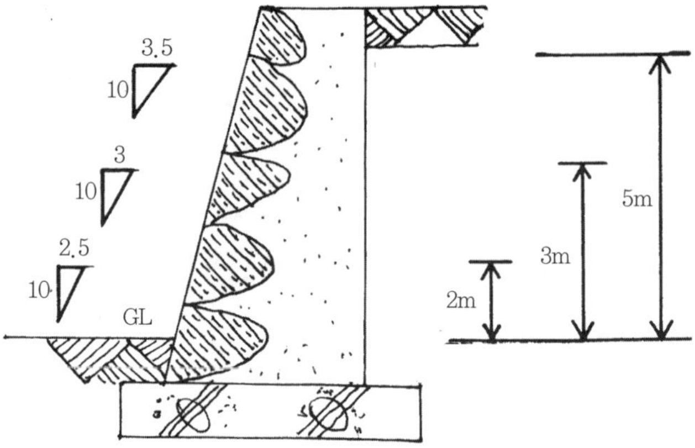

2. 사괴석쌓기

한식 건물 외벽에 사괴석을 진흙으로 쌓고 벽체의 외(椳)에 새끼로 얽어매어 쌓은 것으로 방화를 목적으로 한 것이다. 땅바닥에서 벽의 높이까지 다 쌓은 것을 화방장이라 하고, 창 밑에 목재로 설치된 중인방까지 쌓은 것을 반화방장이라 한다.

그림 5-14

사괴석 담장

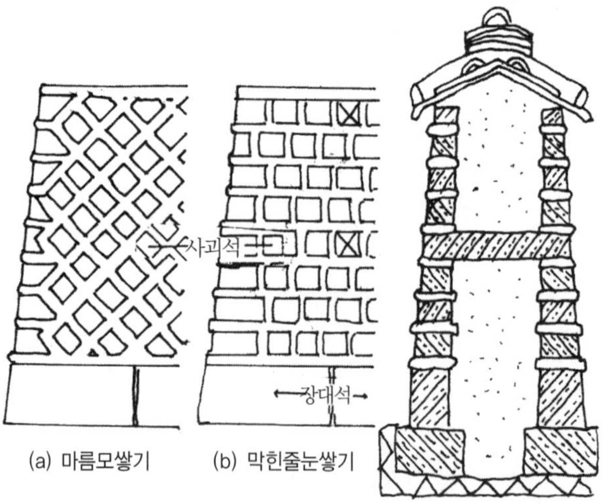

(a) 마름모쌓기 (b) 막힌줄눈쌓기 (c) 단면

제 6 장
철근콘크리트 구조

6

6.1 개 론

6.1.1 개 요

철근콘크리트(reinforced concrete)구조는 철근과 콘크리트재를 일체로 하여 만들어지는 부재이며, 이때 콘크리트만으로는 소정의 응력을 감당하기 어려운 경우 철근을 설치하게 된다. 이때 콘크리트는 압축력에는 강하나 인장력이나 전단력에는 상대적으로 약한 재료이므로 인장력에 강한 철근으로 보강하게 된다. 특히 휨응력을 받는 보나 슬래브 등은 콘크리트만으로는 사용이 불가능하므로 인장응력이 작용하는 위치에 철근을 배치한다. 또한 철근콘크리트구조는 철근과 콘크리트의 온도에 대한 선팽창계수가 거의 같으며 콘크리트가 가지는 철근에 대한 부착강도가 비교적 높은 관계로, 합성재로서 효과가 높아 일반적으로 일체식 구조로 외력에 저항할 수 있는 구조로서 많은 장점을 가지고 있으며, 알칼리성인 콘크리트와 산성인 철근의 합성이므로 철근이 콘크리트 속에서 녹이 슬지 않는다.

6.1.2 철근콘크리트구조의 장·단점

■ 장점

① 내구성이 크다.
② 내화성이 크다.
③ 내진·내풍성이 우수하다.
④ 다양하게 구조물에 적용할 수가 있다.
⑤ 구조물의 형상치수를 자유롭게 선택할 수 있고 유지보수비가 싸다.

■ 단점

① 자중이 큰 편이다.
② 균열이 발생되기 쉽다.
③ 습식이므로 시공이 번거롭다.
④ 공기가 길다.
⑤ 철거 및 변경이 곤란하다.

6.2 재 료

6.2.1 콘크리트

1. 시멘트

물체를 교착시키는 물질을 말한다. 일반적으로 건설분야에서는 포틀랜드시멘트(portland cement) 또는 이와 유사한 성질을 가지는 몇 종의 시멘트를 지칭한다.

2. 시멘트의 종류

건축공사용으로 많이 쓰이는 포틀랜드시멘트(portland cement)는 보통 포틀랜드시멘트·조강 포틀랜드시멘트·중용열 포틀랜드시멘트의 3종류로 구분되고, 혼합시멘트의 종류로는 고로시멘트(slag cement)·실리카시멘트(silica cement)·플라이애시시멘트(flyash cement) 등이 있으며, 특수시멘트로서는 백시멘트·컬러시멘트, 불소시멘트 등과 알루미나시멘트(alumina cement)·팽창시멘트가 있다.

① 보통 포틀랜드시멘트 : 일반적으로 사용되는 시멘트

② 조강 포틀랜드시멘트 : 온도가 낮은 곳에서 공사속도를 빨리 할 수 있다.

③ 중용열 포틀랜드시멘트 : 시멘트의 발열양이 적어 매스콘크리트용으로 사용되며, 수축이 적고 화학저항성이 크다.

④ 고로시멘트 : 하수나 해수 등에 대한 내식성이 크며, 수화열량이 적어 매스콘크리트용으로 사용할 수 있다.

⑤ 실리카시멘트 : 수중의 콘크리트 시공에 적당하며, 화학저항성이 크고 내수·내해수성이 크다.

⑥ 플라이애시시멘트 : 장기강도가 크고 건조 수축이 적으며, 화학 저항성이 강하고 수밀성이 우수하다.

⑧ 알루미나시멘트 : 내화성이 풍부하며 급경성이다.

⑨ 팽창시멘트 : 무수축 시멘트라고 하며, 경화 건조에 따른 수축균열을 방지할 목적으로 만든 시멘트이다.

6.2.2 골재(aggregate)

1. 개요

굵은골재의 자갈, 잔골재의 모래 및 이와 유사한 재료를 총칭한 것으로, 콘크리트용 골재에는 강모래, 강자갈, 쇄석과 같은 천연골재와 플라이애시, 점토 등을 소성 팽창시킨 인공 경량골재가 있다.

골재의 일반적인 조건은 다음과 같다.

① 불순물이 없어야 한다.

② 표면이 거칠고 구형에 가까운 것이어야 한다.

③ 강도가 커야 한다.

■ 잔골재

콘크리트용 체 규격 5mm 망체를 중량비로 85% 이상 통과하는 골재이다.

■ 굵은골재

콘크리트용 체 규격 5mm 망체를 중량비로 85% 이상 남는 골재이다. 그리고 경량골재 중 구조용 경량콘크리트용은 일반적으로 굵은골재가 절건비중 2.0 미만으로, 콘크리트의 단위용적중량이 2.0t/m^3 미만의 콘크리트가 되도록 한다.

2. 골재의 단위용적 중량

골재는 함수율에 따라 용적이 다르며, 이를 팽창현상이라 하고, 골재의 입도가 작을수록 단위용적 변화가 크다. 즉, 중량으로 약 5~6%의 함수율일 때에 가장 큰 팽창현상이 생기고, 이때의 팽창률은 굵은 모래일 때에 약 10%, 잔모래일 때에는 약 30%나 된다. 또한 함수율이 이보다 커서 16~20%가 되면 오히려 그 용적이 줄어들고, 완전히 포수(saturation)상태가 되면 완전 건조상태일 때의 용적과 같이 가장 작은 용적이 된다. 일반적으로 현장에서는 20~30% 정도의 최대팽창인 축축한 모래를 쓰는 실정이고, 또한 가볍게 담게 되면 40~50% 정도까지 팽창하므로 모래를 용적계량할 때에는 이 함수율 때문에 생기는 용적의 변화를 고려해야 하며, 이를 위하여 표준계량의 방법이 정해져 있다.

그림 6-1
골재의 함수상태

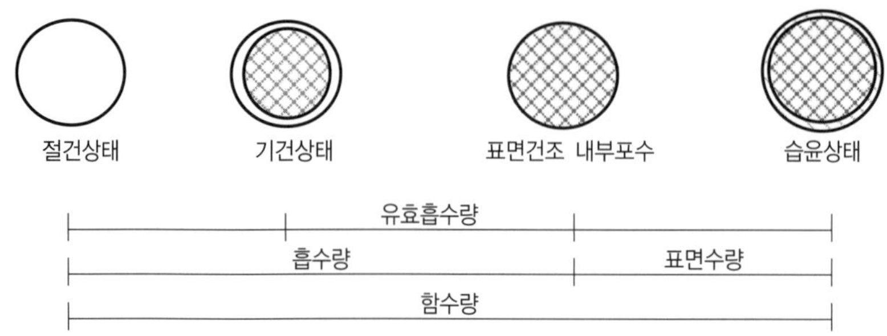

3. 골재의 공극률

단위용적과 골재의 실제 부피와의 비를 실적률(ratio of absolute volume), 단위용적과 공간부분과의 비를 공극률(percentage of void)이라 하며 다음과 같은 관계의 식이 있다.

> 골재의 단위용적중량 = 실적률×골재의 비중

표준계량일 때

> 모래의 실적률은 55~70%, 공극률은 30~45%
> 자갈의 실적률은 60~65%, 공극률은 35~40%

$$실적률(\%) = \frac{중량(kg)}{비중} \times 100 \qquad 공극률(\%) = 1 - \frac{중량(kg)}{비중} \times 100$$

표 6-2
골재의 실적률

종 류		실적률(%)
굵은골재 (20~25mm)	자 갈	60~68
	쇄 석	50~63
	경량골재	50~63
모래 0.6mm		55~66
1.2mm		58~63
2.5mm		58~63
5mm		65~70

6.2.3 철 근

철근은 열간압연으로 제조되며 단면의 형태에 따라 원형 철근(round steel bar)과 이형철근(deformed steel bar)이 있고 철선이나 피아노선, 용접철망(welding wire fabric)을 사용할 때도 있다.

건축에 사용되는 철근콘크리트용 봉강은 KS D 3504에 정하고 있다. 원현철근은 마디의 돌기가 없는 원형단면이고, 이형철근은 리브와 마디가 있어 콘크리트와의 부착성능을 높일 수 있다.

원형철근의 지름은 φ로 표시하고, 이형철근은 D로 표시하며, 단위는 mm로 나타낸다.

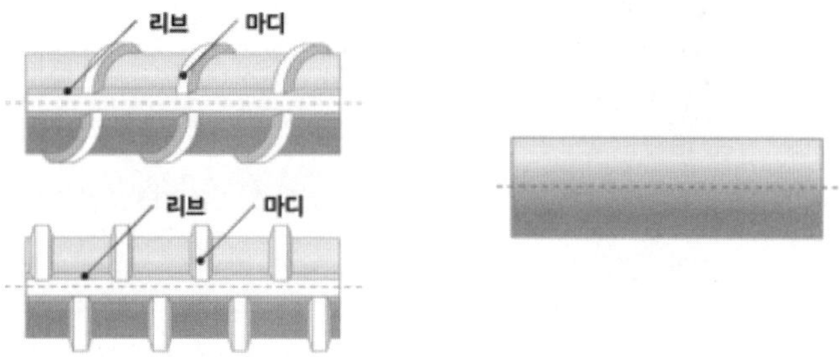

이형철근

표면에 리브와 마디 등의 돌기가 있는 봉강

원형철근

표면에 리브 또는 마디 등의 돌기가 없는 원형 단면의 봉강

이형철근 및 원형철근. 출처: 한국제강

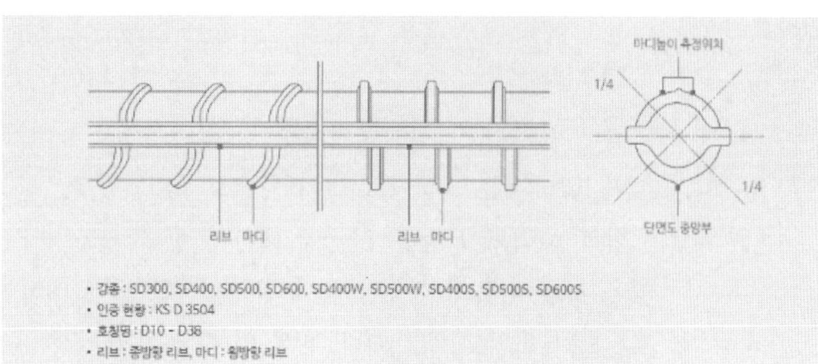

그림 6-2
이형철근의 형태

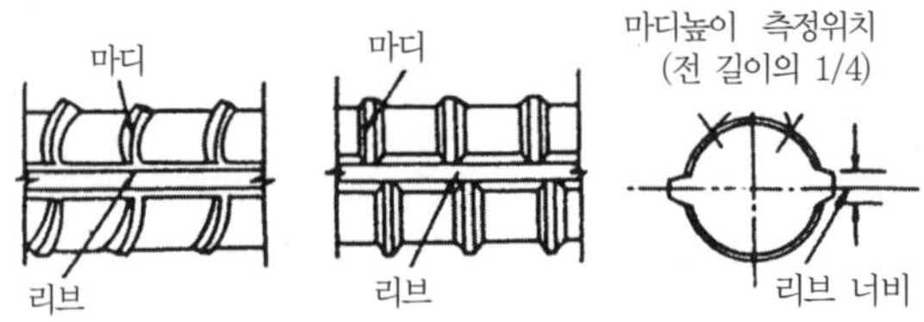

1. 기계적 성질

이형철근은 SD(Steel Deformed bar)와 최소항복점 또는 항복강도의 최소치를 붙여 표기하며, 용접용 및 특수 내진용으로 W(Weldable), S(Seismic)표기를 적용한다. 철근의 항복강도는 300~720N/mm^2이며, 인장강도는 항복강도의 1.1배~1.25배 정도이다.

종류		기호
이형봉강	일반용	SD300
		SD400
		SD500
		SD600
		SD700
	용접용	SD400W
		SD500W
	내진용	SD400S
		SD500S
		SD600S

철근 길이는 도로의 운반사정 및 절단, 가공 등의 작업성을 고려하여 정하며 KS에서는 3.5~12m를 표준으로 하고 있다.

항복 응력도가 높은 철근에 대하여 상대적으로 약한 콘크리트를 사용하였을 경우 이들의 휨, 전단, 부착 및 정착 등에 대하여 검토하면 내력상으로는 충분하다고 생각되나 부재 및 구조물의 인성(toughness)은 저하되는 경향이 있다.

■ 철근의 표시

철근은 강도와 강종에 따라서 재료표기가 되어 있다.

강종	색	강종	색
SD300	녹색	SD600	회색
SD400	황색	SD400W	백색
SD500	검정색	SD500W	분홍색

■ 강종 양각 표기

강종에 따라서 철근 표면에 양각으로 각종 표시를 하고 있다

*-용접용	K-원산지	AA-제조자	10-지름	· -DOT (강종)

2. 철근의 구부림

콘크리트와의 부착력을 증가시키기 위하여 일반적으로 철근의 끝부분을 갈고리(hook) 모양으로 만드나, 원형철근은 말단부에 반드시 갈고리를 만들어야 하고 이형철근에서는 설계자의 판단에 따라 정한다.

■ 말단부분

그림 6-3
철근의 구부림 각도 (말단부분)

구부림 각도	그 림	종 류	지 름	구부림 안치수(D)
180°	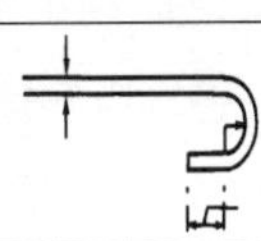	SR240	16mm 이하	3d 이상
135°	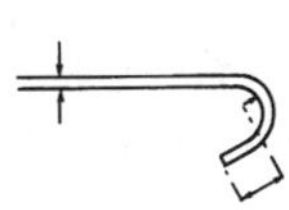	SR300 SD300 SD350	16mm 이하 D16 이하	3d 이상
			19mm 이하 D19~D38	4d 이상
			D41	5d 이상
90°	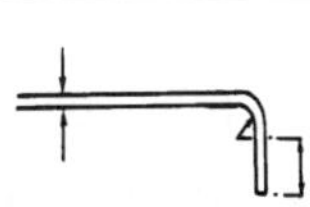	SD400 SD400W		5d 이상
		SD500 SD500W		5d 이상

(주) 1) d는 원형철근에서는 지름, 이형철근에서는 호칭을 이용한 수치로 한다.
2) 캔틸레버의 상단근의 선단, 벽의 자유단에 사용하는 선단은 여장 4d 이상이면 된다.

그림 6-4
철근의 구부림 각도 (중간부분)

■ 중간부분

구부림 각 도	그 림	적용 부위	철근의 종 류	철근 지름	구부림 안치수(D)
90° 이하	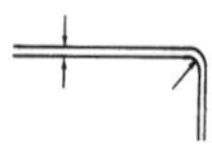	띠철근 스트럽 나선철근 슬래브근 벽근	SR240 SR300 SD300 SD350 SD400 SD400W	16mm 이하 D16 이하	3d 이상
				19mm 이하 D19 이하	4d 이상
		기둥, 보, 벽, 슬래브, 기초보 등의 주근	SD300 SD350 SD400 SD400W	D16 이하	4d 이상
				D19~D25	6d 이상
				D29~D41	8d 이상

(주) 다음에 표시한 철근의 단부에는 갈고리(hook)를 만든다.
1) 원형철근 2) 스트럽 및 띠철근 3) 기둥 및 보(지중 보는 제외)의 돌출부분의 철근

3. 철근의 이음

철근의 이음은 부착력에 의한 겹침이음 외에 용접이음, 연결재를 사용한 기계적 이음이 있다. 가스압접이나 전기압접에 의하여 철근을 이으면 용접부가 볼록해져 단면이 크게 되어 충분히 신뢰할 수 있으며, 겹침이음에 비해 철근량도 절약되고 콘크리트를 부어넣기도 용이하다.

1) 겹침이음: 철근이음할 1개소에 두 군데 이상 결속선(#18~20)으로 결속하는 이음
2) 용접이음: 금속이 고열에 의해 융합하는 성질을 이용한 이음
3) 가스압접이음: 철근의 접합면을 맞대고 압력을 가하면서 산소 아세틸렌가스의 증성염으로 가열하면 접합부가 부풀어 오르면서 접합
4) 기계적 이음
   - 나사이음: 철근에 숫나사를 만들고 커플러 양단을 너트로 조여이음
   - 슬리브 압착이음: 접합부재를 슬러브 속에 넣고 유압잭으로 압착
   - 슬리브 충전이음: 슬리브 구멍을 통하여 에폭시나 모르타르 등의 그라우트재를 주입하여 이음

■ 철근 이음시 고려사항

1) 철근상세도에 표시되어 있지 않은 곳에 철근의 이음을 둘 경우에는 그 이음의 위치와 방법은 KDS 14 20 00의 코드에 따라 정하여야 한다.
2) D35를 초과하는 철근은 겹침이음을 할 수 없다(단, 서로 다른 크기의 철근을 압축부에서 겹침이음하는 경우 D35 이하의 철근과 D35를 초과하는 철근은 겹침이음을 할 수 있다.
3) 서로 다른 크기의 철근(지름이 다른 철근)을 겹침이음하는 경우, 이음길이는 크기가 큰 철근의 정착길이와 크기가 작은 철근의 겹침이음길이 중 큰 값 이상이어야 한다.
4) 철근의 이음길이는 건축구조기준 및 철근상세도에 따르며, 갈고리의 길이는 이음길이에 포함시키지 않는다.
5) 이음길이는 건축구조설계기준 및 철근상세도에 제시된 길이보다 짧을 수 없으며, 건축구조설계기준 및 철근배근도의 길이를 초과할 경우의 허용차는 소정길이의 10% 이내로 한다.
6) 철근의 가스용접이음은 철근배근도 및 시공계획서에 위치를 표기하여 담당원의 승인을 받아야 한다. 압점단면의 처리는 재축에 직각되게 정확하게 절단하고 압접 작업 당일에 유해한 부착물을 연마하여 완전히 제거하여야 한다.
7) 철근을 용접이음하는 경우, 용접부의 강도는 철근 설계기준 항복강도의 125% 성능을 발휘할 수 있어야 한다.
8) 용접이음은 철근에 묻은 기름, 먼지 및 이 물질을 청소하고 화염으로 건조시킨 후에 실시하고, 용접 후에 손상된 아연도금은 보수하여야 한다.
9) 용접철망의 이음은 서로 엇갈리게 하여 일직선상에서 모두 이어지지 않도록 하며, 이음은 최소 한 칸 이상 겹치도록 하고 겹쳐지는 부분은 결속선으로 묶어야 한다.

그림 6-5
각부 철근의 이음

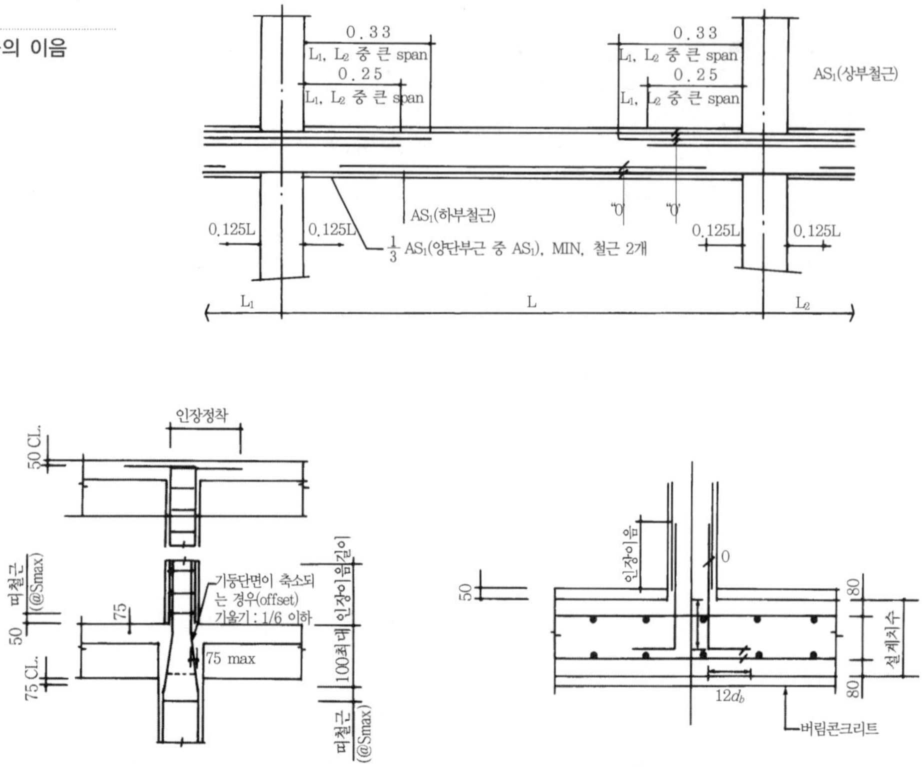

■ 겹친이음(lapped splice)

철근을 옆으로 붙여 이어가는 것을 말하며, 끝은 갈고리를 내고 겹친 부분은 결속선(#22철선)으로 묶는다. 겹친 길이는 콘크리트의 강도, 철근의 굵기와 강도에 따라 다르게 하고, 갈고리는 서로 대칭으로 하는 것이 좋고 콘크리트 속에 정착되어야 한다.

■ 용접이음(welded splice)

① 겹침 용접이음

철근을 서로 겹쳐대고 용접한 것이며, ϕ16mm 이하의 철근에만 사용한다.

그림 6-6
겹친 용접이음과 덧댄 용접 이음

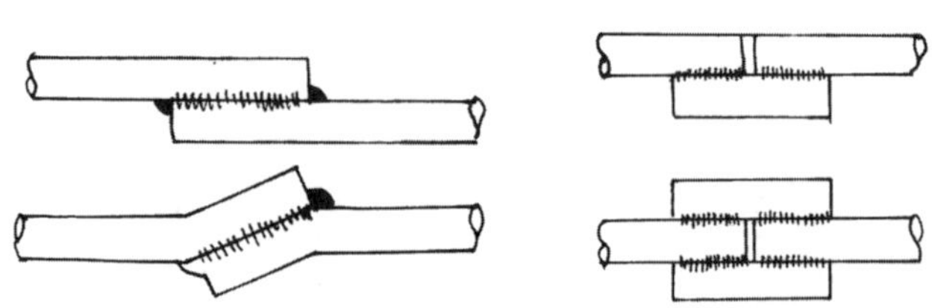

② 맞댄 용접이음

철근의 끝을 서로 맞대어 용접하는 것으로, 기존 철근에 접합할 때나 철근간격이 아주 좁을 때 사용한다.

그림 6-7
맞댄 용접이음

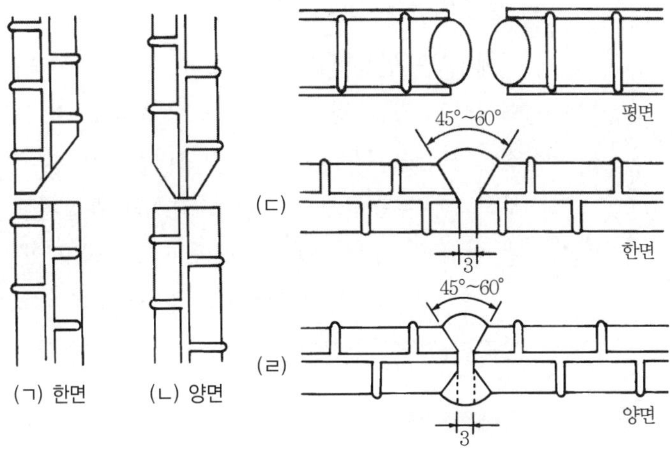

(a) 수직근 용접 (b) 수평근 용접

③ 덧댄 용접

철근을 맞대고 철근토막이나 ㄱ자형강, 강판을 덧대고 용접하는 것으로 철근 끝의 가공이 필요하지 않다.

④ 테르밋용접(thermit welding)

지름 ϕ41~54mm 정도의 굵은 철근을 이을 때 쓰이는 용접이음과 비슷한 것으로서, 철근의 맞댄 간격은 9~12mm로 한다. 철근의 이음부분은 그 지름에 맞는 끼움통에 끼우고 그 속에 테르밋 컴파운드(thermit compound)를 다져 넣고 점화하면 약 3,000℃의 고열을 내며 철근을 용해하여 용접시킨다. 테르밋은 금속산화물과 금속알루미늄분말과의 혼합물이다.

⑤ 커플러에 의한 이음

그림 6-8
철근의 물림철물

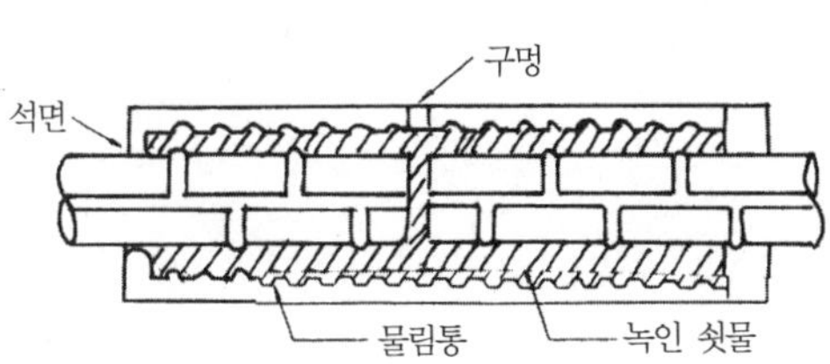

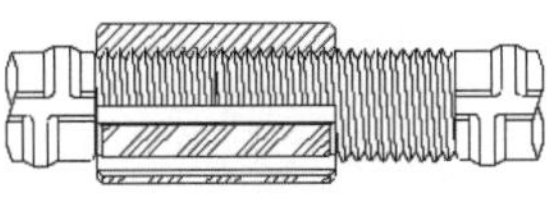

철근의 이음부분에 물림통(sleeve)을 끼우고 양쪽 마구리의 틈서리는 석면으로 막은 후 구멍을 통하여 쇳물을 부어넣는다. 최근 다양한 형식의 커플러 이음법이 개발, 사용되고 있다.

4. 철근의 정착(anchor)

매우 큰 인장력을 받는 보의 주근을 콘크리트 속에 연결하고 고착시켜 설치하는 것을 정착이라 하고 정착되는 길이를 정착길이라고 한다. 이때 철근의 끝을 구부려 만든 갈고리는 상당한 정착능력이 있으므로 철근이 부착력에 무력하게 되더라도 최후의 뽑힘저항을 한다. 다만 기둥이나 굴뚝 이외에 이형철근을 쓸 때에는 구부리지 않을 수도 있다.

보의 정착길이는 최상층과 중간층을 구분하여 인장철근의 정착길이와 압축철근의 정착길이를 다음 식에 의하여 구한다.

(1) 인장철근의 정착길이 $L \geq \dfrac{0.9 \times D_b \times f_y}{\lambda \times \sqrt{f_{ck}}} \times \dfrac{\alpha \times \beta \times \gamma}{\dfrac{(c+ktr)}{D_b}}$

D_b = 철근직경 α = 철근위치계수 β = 철근도막계수 γ = 철근크기계수

c = 피복두께관련계수, ktr = 횡방향철근지수$\left(=\dfrac{40A_{tr}}{S \cdot N}\right)$

(2) 압축철근의 정착길이 $L \geq \dfrac{0.25 \times D_b \times f_y}{\lambda\sqrt{f_{ck}}}$

D_b = 철근직경 f_y = 항복강도 f_{ck} = 콘크리트압축강도

(3) 표준갈고리 정착길이 $L \geq \dfrac{0.24\beta \times D_b \times f_y}{\lambda\sqrt{f_{ck}}}$

그림 6-9
철근의 정착

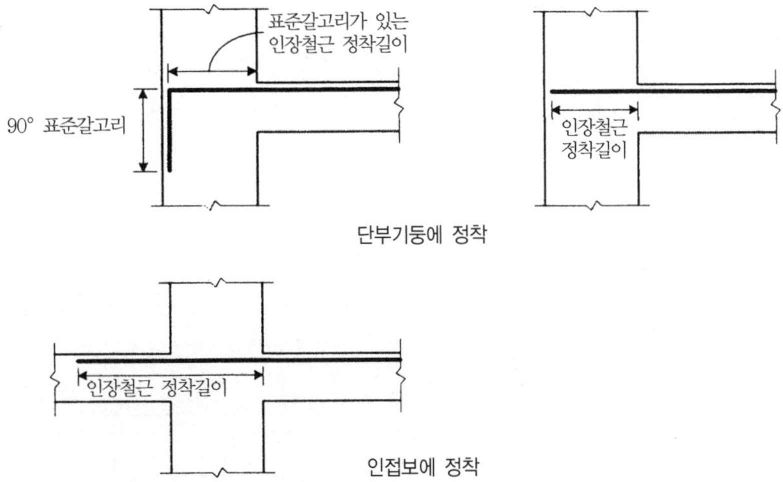

5. 철근의 배근간격

콘크리트의 굵은골재가 철근 사이를 자유로이 통과하여 빈틈없이 다져지며 균일한 콘크리트가 되도록 철근의 배근 최소간격을 규정하고 있다. 철근의 간격은 배근된 철근의 표면과 표면의 최단거리를 말하며, 그 간격은 철근지름의 1.5배 이상, 또한 25mm 이상이고, 콘크리트에 쓰이는 굵은골재 최대치수의 1.25배 이상이어야 한다.

그림 6-10
철근의 간격

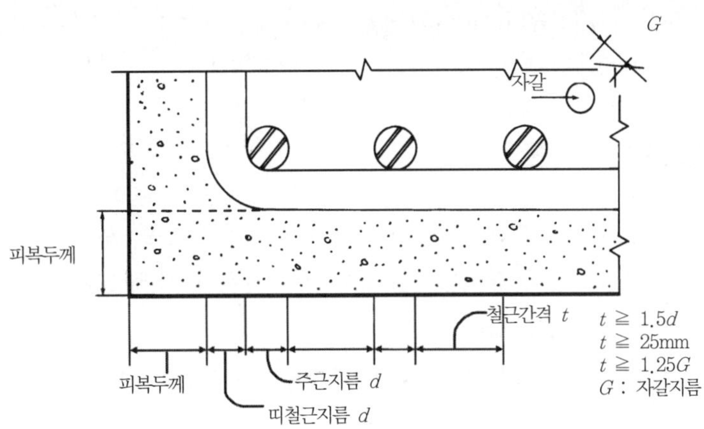

6. 철근의 피복

철근콘크리트구조물이 내구·내화적 기능을 발휘하려면 철근이 콘크리트에 일정한 두께로 덮여서 두 재료가 일체가 되어야 한다. 철근의 피복두께는 부재 내부 능력에 의한 균열, 철근의 부식, 화재로 인한 강도저하 등과 직접 관계가 크기 때문에 건물의 수명에 큰 영향을 끼치게 된다.

표 6-7
철근에 대한 콘크리트의 피복두께의 최소값

[KDS 14 20 50 현장치기 콘크리트 최소 피복두께]

<table>
<tr><th>조건</th><th colspan="3">예</th><th>최소
피복두께(mm)</th></tr>
<tr><td rowspan="8">프리스트레스하지 않은 부재의 현장치기 콘크리트</td><td colspan="3">수중에 치는 콘크리트</td><td>100</td></tr>
<tr><td colspan="3">흙에 접하여 콘크리트 친후 영구히 흙에 묻혀있는 콘크리트</td><td>75</td></tr>
<tr><td rowspan="6">흙에 접하거나 옥외의 공기에 직접 노출되는 콘크리트</td><td colspan="2">D19이상의 철근</td><td>50</td></tr>
<tr><td colspan="2">D16이상의 철근, 지름 16mm이하의 철선</td><td>40</td></tr>
<tr><td rowspan="2">슬래브, 벽체, 장선</td><td>D35초과하는 철근</td><td>40</td></tr>
<tr><td>D35이하인 철근</td><td>20</td></tr>
<tr><td colspan="2">보, 기둥</td><td>40</td></tr>
<tr><td colspan="2">쉘, 절판부재</td><td>20</td></tr>
</table>

주 1) 내구성상 유효한 마감이 있는 경우
2) 경량골재 콘크리트인 경우에는 위의 값에 10mm를 더한 값으로 한다.

6.2.4 물

콘크리트에 쓰이는 물은 유해 불순물, 즉 기름, 알칼리, 산, 당분, 염분 등이 들어있으며 화학변화 작용인 시멘트의 경화를 방해하거나 지연시키기도 한다.

콘크리트용 물의 판정요소는 색도, 탁도, 수소이온 농도(pH), 증발잔류물, 염소이온, 과망간산칼륨 함유량으로서 이와 같은 기준에 의한 수질시험에 합격된 것이라야 하며 그 규정은 아래 표와 같다.

표 6-8
상수도물 이외의 물의 품질

항 목	품 질
현탁 물질의 양	2g/ l 이하
용해성 증발잔류물의 양	1g/ l 이하
염소이온(Cl^-)양	250mg/ l 이하
시멘트의 응결시간의 차	초결은 30분 이내, 종결은 60분 이내
모르타르의 압축강도 비	재령 7일 및 28일에서 90% 이상

6.2.5 혼화재료(admixture)

혼화재료란 시멘트, 물, 골재 이외에, 재료로서 필요에 따라 콘크리트에 혼합되는 재료로 다량을 사용하여 양에 관계되는 것을 혼화재, 소량을 써서 질에 영향을 주는 것을 혼화제(agent)라고 한다. 혼화재료는 콘크리트의 성질 개선과 시공성을 높이기 위해 사용하게 된다.

혼화재는 주로 분말의 형태로 플라이애시(fly ash), 슬래그(slag), 실리카 퓸(silica fume) 등이 주로 사용되며 콘크리트의 워커빌리티의 향상, 수화열의 저감, 수축저감 및 경제성 향상을 목적으로 사용된다.

혼화제는 분말, 액체, 페이스트(paste) 등의 종류가 있으며, 사용목적에 따라 시공성 증대, 응결 촉진, 내구성 증진제, 시공연도 증진제, 방동제, 방수재 등이 있다. AE제, 감수제(water-reducing agent), 분산제(dispersing agent) 등은 시공연도의 증진 또는 고강도콘크리트에 사용된다. 응결경화 촉진제로서의 염화칼슘($CaCl_2$)의 사용량은 시멘트 중량의 경우에 1% 정도의 AE콘크리트를 만들어 사용한다. 여름에 콘크리트의 응결을 늦추기 위하여 석고 등을 혼합한다.

6.3 철근콘크리트 구조계획

6.3.1 개 요

구조계획은 건축물이 기능을 충분히 발휘할 수 있는 안전하고 경제적인 구조체가 되도록 하는 계획이며, 그 목적은 다음과 같다.

① 예측되는 외력 및 지반조건의 파악
② 구조형식의 결정
③ 구조재료의 선택
④ 부재응력 및 변형의 예측
⑤ 안정성 검토
⑥ 용도 및 기능조건의 결정
⑦ 시공기술의 고려
⑧ 구조미 및 도시경관의 고려
⑨ 공기의 감안
⑩ 경제성 검토
⑪ 사용연수와 해체의 검토
⑫ 기타 재해방지성능 검토

위의 조건 중 가장 중요한 것은 기능성, 안정성, 경제성으로 이들을 잘 조합해서 바람직한 구조를 형성할 수 있도록 하는 것이 쉬운 작업은 아니다. 외력조건으로 풍하중, 적설하중, 지진력, 수압, 토압, 기타 충격력 등이 있고 건축물 용도에 따라 적재하중이 달라지게 된다. 외력의 작용은 고정 및 적재하중과 바람, 눈, 지진하중 등이 있으며 외력은 부재를 통하여 지반에 전달된다.

일반적으로 철근콘크리트구조는 기둥과 보 등의 접합부가 일체식으로 된 강절구조(rigid frame)와 라멘(rahmen)형식이 많으며 내력벽식 구조물도 있다. 또 아치구조, 산형구조, 원형구조, 곡면구조 등도 있다. 철근콘크리트구조나 프리스트레스트콘크리트구조는 고층건물, 대건물 등에 유리하다. 건물의 용도에 따라 기능상 필요한 공간, 즉 층높이, 스팬, 벽, 설비계획상, 건축법규상 제약을 고려하여 구조물을 계획해야 한다.

그림 6-11
골조평면도

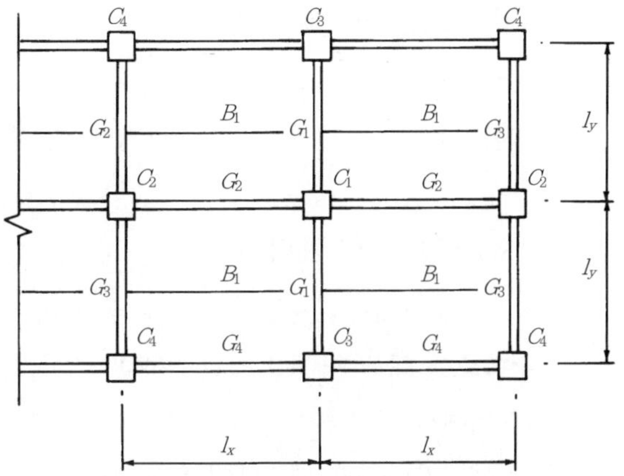

일반적으로 기둥간격은 큰 것이 기능상 좋으나, 한편 경제적인 스팬이상으로 되면 골조공사비가 증가하며, 보춤의 증가는 층높이를 증가시키고 공사비에 영향을 준다.

1. 기둥 배치

기둥의 배치는 스팬(span)의 길이, 단변길이와 장변길이를 정하게 된다. 스팬은 보통 5~10m이고, 기능상, 구조상으로 합리적인 스팬은 7m 전후이며 기둥이 부담하는 슬래브의 면적은 약 $36m^2$정도가 좋다. 기둥에는 압축력 이외에 휨모멘트가 작용하고, 따라서 기둥 크기와 형태는 스팬비에 따라 결정하는 것이 좋다. 스팬이 커지면 보의 휨모멘트와 전단력이 커져 단면의 크기와 철근량이 증가하게 된다.

건축물의 높이는 각 층 용도 및 기능에 따라 정하며, 이에 따라 전체 높이가 결정되고 골조도 정해지게 된다. 층의 높이가 낮을수록 구조적, 경제적으로 유리하다.

그림 6-12
기둥의 배치

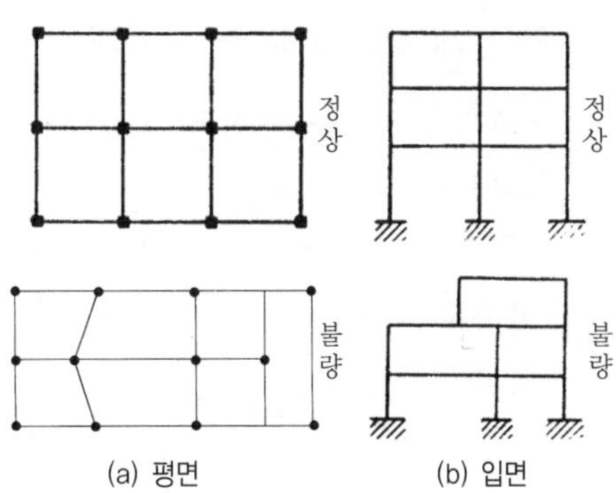

2. 각종 시설물의 배치

계단, 승강기, 배관, 덕트(duct), 피트(pit) 등 각종 시설에 대한 공간을 배치계획 시 골조와 조화시켜야 한다.

3. 수평력에 대한 계획

철근콘크리트구조물은 기둥과 보 그리고 슬래브가 일체로 되어 있어 수평하중에 대해 저항성이 큰 편이라 할 수 있다. 수조물에 강성을 크게 하기 위해서는 기둥과 보를 일체로 하는 벽체를 설치하면 유리하며, 건물 중앙부에 계단실과 엘리베이터 피트(elevator pit)가 있는 코어시스템(core system)인 경우 내력벽이 있어 수평하중에 유리하게 된다. 또한 내력벽은 기둥의 역할을 하여 상층부 하중을 하부로 전달한다.

4. 기초계획

기초는 기둥을 통해 전달되어 오는 상부하중을 받아 지반에 전달시킨다. 직접하중을 전달시키는 직접기초가 일반적이나 지반상태가 연약할 때는 말뚝을 박거나 우물기초, 잠함기초로 계획해야 한다.

6.3.2 구조의 선정

1. 골조의 평면

건축물의 평면형태는 여러 가지가 있다. 내부공간의 이용, 구조의 안정성, 시공상 등의 이유로 4각형, 평면형이 가장 유리하다. 보의 위치는 기둥배치에 따라 결정되며, 큰보(girder)와 작은보(beam)가 있다.

2. 구조부재의 배치계획과 단면가정

구조체의 평면은 규칙적으로 배치함이 유리하나 계획적인 측면에서 불규칙적으로 되기도 한다. 기둥 나누기에 따라 건축의 평면계획과 구조계획이 조화되도록 하며 기능과 경제성에 유리해야 한다. 기둥배치의 결정에 따라 큰보의 배치가 결정되며, 기둥과 큰보에 작용하는 응력상태에 따라 단면을 가정하게 된다.

3. 골조의 입면

철근콘크리트구조에서 기둥과 보는 입체적으로 일체식 라멘을 형성하고 있으며, 지중보에 의해 기초는 고정되어 있는 것으로 가정한다.

그림 6-13
골조구성에 따른 평면

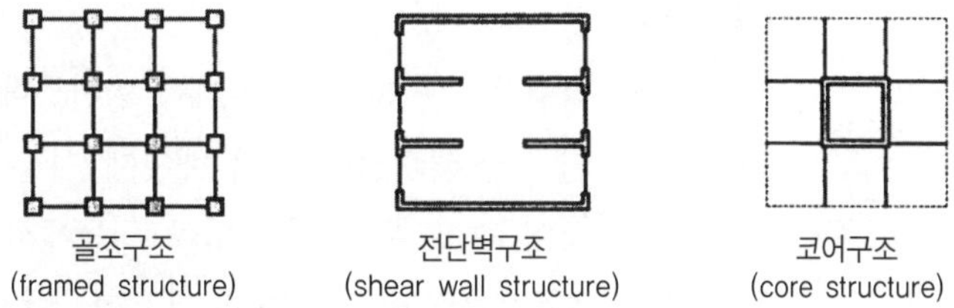

그림 6-14
골조구성에 따른 입면

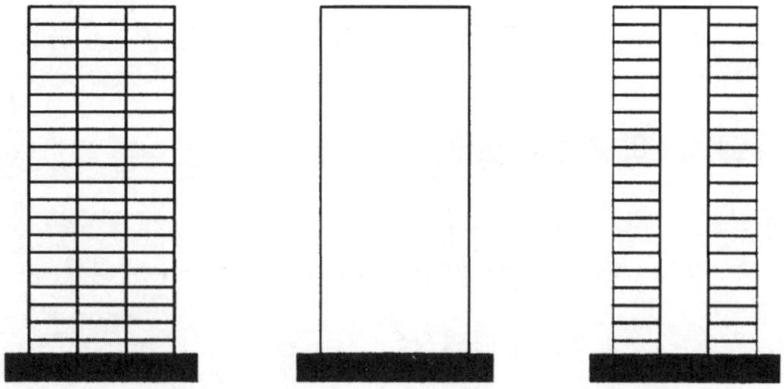

그림 6-15
변형라멘

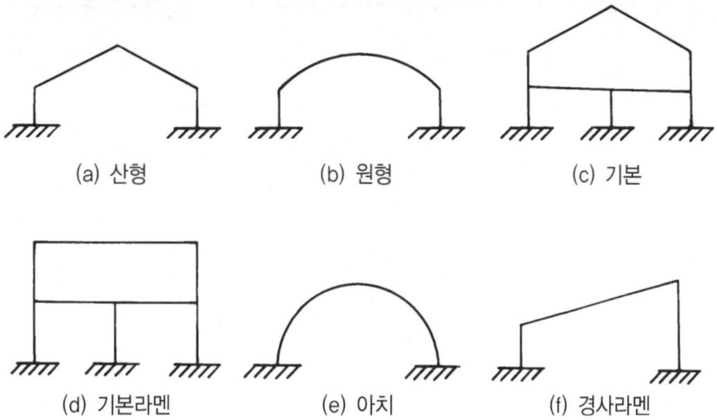

6.3.3 각부 계획

1. 스팬(span)

철근콘크리트구조물에서 기둥간격을 6m 내외로 할 경우가 많고, 기둥이 부담하는 면적은 기둥을 중심으로 가로스팬×세로스팬이 된다. 전체 면적이 대략 30m^2 정도로 하는 것이 좋고, 고강도 철근과 콘크리트의 품질향상에 따라 부담면적을 증가시킬 수도 있다.

2. 층높이

층높이는 1층에서 3.5~4.5m, 기타 일반층에서는 3~3.5m가 보통이며, 공기조화설비, 급·배수설비 등의 배관에 지장이 없으면 되도록 층높이를 낮게 하는 것이 좋다. 주택이나 아파트 등에서는 층높이를 2.5m로 할 수도 있으며, 이중 천장인 경우 천장 내부가 최소 300mm가 되어야 하며 지하실에 보일러 시설이 있을 경우, 기계높이와 굴뚝 설치에 충분한 층높이가 있어야 한다.

3. 기둥의 단면

기둥의 단면치수는 최상층에서 35~40cm각 정도로 하고, 아래층으로 내려오면서 2개층 단위로 5~10cm 내외씩 증가시키는 것이 좋다.

기둥의 단면적은 $A = \frac{P}{fc}$ (mm^2)

P : 기둥 축하중, fc : 콘크리트 압축강도

여기서, P(KN)는 기둥 부담 면적의 총하중, $f$ck(N/mm^2=MPa)는 콘크리트의 압축강도이다. 외부기둥인 경우 기둥단면의 외부 쪽을 일정하게 하고, 내부 쪽을 변화시키는 것이 의장상 유리하다. 층높이가 높을 경우, 아래층의 기둥단면이 너무 커지는 것을 막기 위하여 압축철근을 증가시키면 유리하고 거푸집 공사와 시공의 능률상 기둥단면의 변화를 적게 하고 철근량으로 조절함이 유리할 때도 있다. 너무 좁은 기둥을 만들면 콘크리트 타설이 불량해지므로 유의해야 한다.

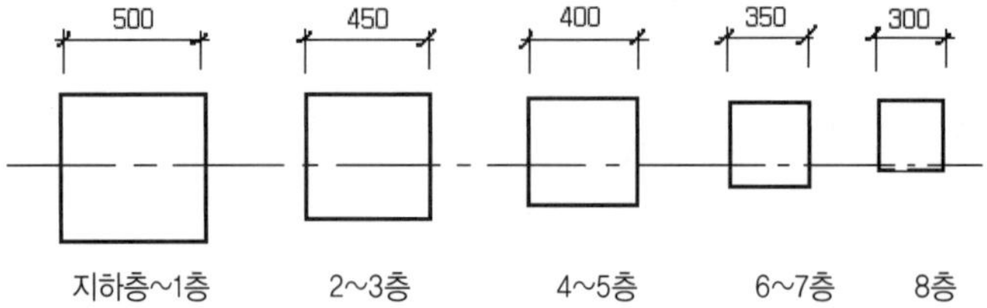

그림 6-16
기둥단면 가정의 보기

4. 보의 단면

보의 단면은 하중부담면적에 따라 춤(높이=depth)을 가정하고 춤의 1/2 정도의 보폭(width)을 정한다. 보통 보의 춤은 스팬 l 의 1/8~1/15로 하고, l /12로 하는 경우가 많다. 스팬이 길 경우 보의 단부에 휨모멘트와 전단력이 증가하므로 단부에 변단면의 헌치(hunch)를 설치하여 보의 춤을 키우기도 한다.

5. 슬래브

바닥판에 작용하는 하중은 고정하중과 적재하중이다. 이 하중에 따른 휨모멘트에 따라 슬래브를 설계하게 된다. 전단력은 특수한 경우 외에는 경미하므로 무시할 수 있다. 슬래브는 휨모멘트에 따라 두께와 배근을 정해야 하나 처짐도 고려해야 하며, 1방향 슬래브($\lambda \geq 2$: λ =장변길이/단변길이)인가 2방향 슬래브($\lambda \leq 2$)인가에 따른 배근량의 경제성을 고려해야 한다.

슬래브구조를 평판구조로만 할 것이 아니라 역학상, 경제상, 미관상 다른 형태로 할 수도 있다. 즉, 장선 슬래브(ribbed slab), 와플 플랫 슬래브(waffle flat slab), 플랫 슬래브(flat slab) 등이 있다.

6.4 철근콘크리트의 각부 구조

6.4.1 기 초

독립기초(independent footing individual footing)는 기둥을 단독으로 지지하는 기초이고, 그 밑면은 보통 정4각형 또는 직4사각형으로 하지만 기초말뚝을 쓸 때에는 그 배치와 수량에 따라 정5각형, 정6각형, 정8각형 등으로도 한다. 기초의 배근은 세로·가로로 배치하고 대각선 방향으로도 2~3개를 배치한다. 큰 기초의 경우에는 윗부분 주위에도 보조근을 배치한다. 기초의 윗면은 수평면으로 한다.

독립기초에는 기초보(foundation beam)를 두어 기둥의 부동침하 또는 이동을 방지한다. 또 주각에서 전달되는 휨모멘트를 받고, 라멘 계산에 있어 주각고정이라는 조건 등에 의해 계산상의 단면보다 상당히 큰 것이 요구된다.

기초보는 연결보(tie beam), 지중보라고도 한다. 각 독립기초는 지지내력에 여유가 많으면 오히려 부동침하를 유발하게 되므로 기초의 밑면적 등은 정확히 계산되어야 한다. 기초에 전달되는 하중으로 인하여 기초 밑면과 접하는 지반에는 접지압(contact pressure)이 일어나며, 중심하중이 작용하였을 때 설계용 접지압은 등분포상태로 가정하나 실제로는 토질, 기초의 형태 및 흙파기 깊이 등에 따라 다음 그림과 같은 경향이 있다.

그림 6-17
독립기초의 배근

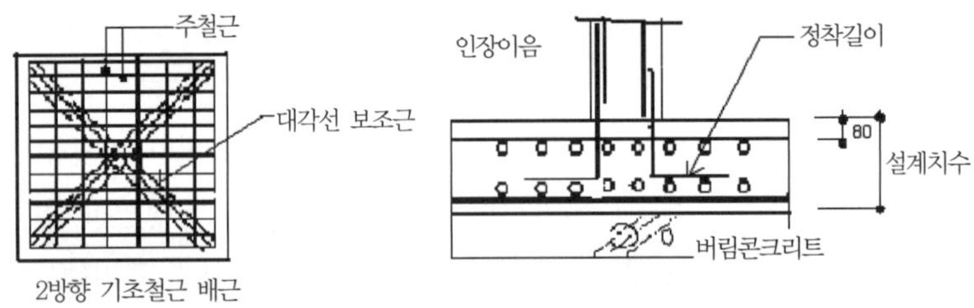

그림 6-18
토질에 따른 접지압

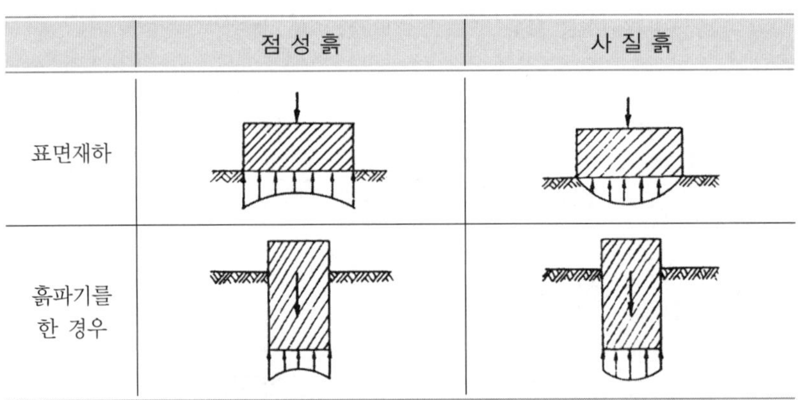

6.4.2 기 둥

1. 개 요

기둥(column)은 건물의 각 층 바닥하중을 기초에 전달하는 수직압축부재이고 무근콘크리트로도 할 수 있으나, 단면이 커져서 바닥단면이 감소되어 실용적이 않다.

철근으로 보강된 콘크리트 기둥은 동일 단면의 무근콘크리트의 25~30

배나 더 강해지며, 수평력에 의한 휨에도 유효하게 저항할 수 있다.

2. 기둥의 구조

철근콘크리트 기둥의 단면은 일반적으로 정4각형, 직4각형이지만 때로는 다각형, 원형일 때도 있다. 또 벽면에 붙는 T자형과 건물 귀퉁이에 있을 수 있는 부정형도 있다.

기둥철근은 기둥을 보강하는 세로철근(vertical bar), 즉 축방향의 철근을 주근으로 하고 이 주근을 둘러싼 수평철근, 즉 띠철근(hoop)과 원형이나 다각형 기둥에서 나선으로 둘러 감은 나선철근(spiral bar)으로 이루어진다.

띠철근이나 나선철근은 주근의 좌굴(buckling)과 수평력에 대한 전단력을 부담하는 역할을 한다.

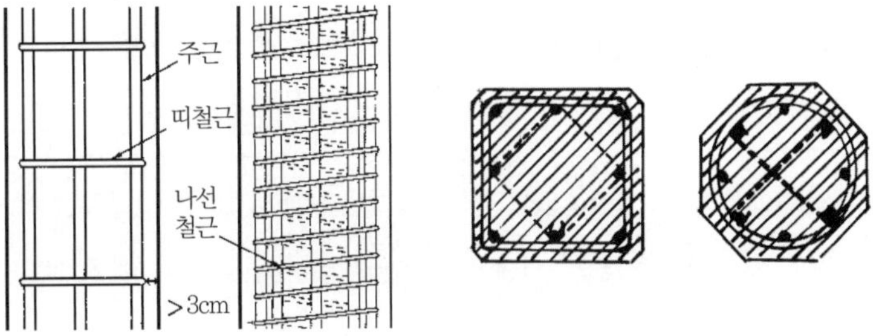

그림 6-19
기둥의 구조와 명칭

▪ 기둥의 단면

기둥의 작은 지름은 기둥의 간격, 층높이, 부담하중 상태에 따라 다르지만 일반적인 구조에서 보통 철근콘크리트일 때에는 기둥의 최소지름과 주요지점간 거리와의 비는 D/H=1/15 이상으로 규정되어 있다. 최상층의 기둥일 때에는 최소 400~600mm각 정도로 하나 구조상 경미한 기둥일 때에는 예외이다.

▪ 기둥의 주근

주근의 보통 철근지름을 19mm(D19) 이상으로 하고, 보통 경미한 건축물에서는 D16~D19를 사용하며 최근 고층 건축물에서는 D25 이상을 사용하기도 한다. 그러나 굵은 철근을 사용하게 되면 가공에 힘이 들고 겹침이음에 불리하며, 철근과 콘크리트의 부착력을 고려할 때 동일 단면적이면 철근지름이 작을수록 접촉면적이 커지므로 가능하면 가는 철근을 사용하는 것이 유리하다. 철근의 최소 본수는 기둥단면이 4각형일 때는 4개 이상, 원형·다각형 기둥에서는 6개 이상으로 한다.

H는 기둥의 순높이, D는 기둥의 최소폭을 뜻한다.

기둥철근의 이음위치는 기둥지점 간의 거리(보통 층높이)의 2/3 이하에 두고, 보통 바닥판 위 1m 위치에 두는 것이 좋다. 기둥철근은 한 자리에서 반 이상을 잇지 아니한다.

띠철근 및 나선철근의 지름은 6mm 이상(보통 D10)의 철근을 쓰며, 축방향 철근에 단단히 묶는다. 띠철근의 간격은 보통 300mm 이하 또는 주근지름의 15배 이하로 하며, 건축구조규준에서는 표 6-9와 같다.

나선철근의 정착길이 및 이음길이는 1.5회 감기로 한다. 축방향 철근이 4개가 넘을 때에는 띠철근 외에 각 구간마다 별도의 띠철근을 배치한다. 또 띠철근은 기둥단면이 비교적 크거나 철근배근이 복잡한 단면에서는 대각선 또는 마주보는 주근을 연결하는 대각선 띠철근 또는 중간 띠철근을 2~3개 건너서 배치한다.

표 6-9
띠철근, 나선철근의 간격

띠 철 근		나 선 철 근	비 고
일 반 부	상 하 단 부 (기둥 최대지름 길이간)	피 치(p)	
$16d$ 이하 $48t$ 이하 D 이하 300mm 이하	$8d$ 이하 $24t$ 이하 1/2D 이하 150mm 이하	30~80cm 기둥 유효지름의 1/6 이하 굵은골재의 1.5배 이상	d : 주근지름 t : 띠철근지름 D : 기둥 최소 단면치수

■ 기둥철근의 피복-앞의 KDS 기준 참고

철근에 대한 콘크리트 피복은 방청·방화의 관점에서 이루어지며 일반적으로 콘크리트 표면에서 가장 가까운 철근까지의 두께를 30mm 이상으로 한다.

6.4.3 보(beam & girder)

1. 개요

주로 휨(bending)을 받는 부재를 보라 한다. 보의 단면형태는 장방형과 T형이 있다.

지점의 상태에 따라 다음과 같은 보가 있다.

① 단순보(simple beam)

양단이 벽돌, 블록, 석조벽 등에 단순히 얹혀 있는 상태로 된 보

② 연속보(continuous beam)

2개 이상의 간 사이(중간지점이 1개 이상)에 일체로 연결된 보이고, 단부상태는 단순지지로 될 때도 있고 고정으로 될 때도 있다.

③ 내민보(cantilever beam)

연속보의 한 끝이나 지점에 고정된 보의 한 끝이 지지점에서 내밀어 달려 있는 보

그림 6-20

응력분포도

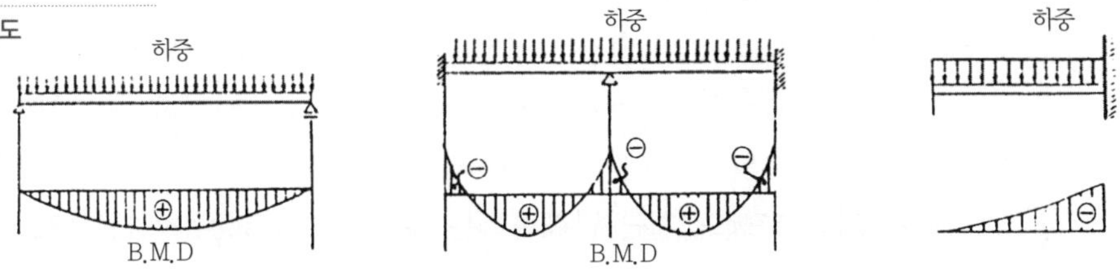

단순보 응력분포도(BMD) 연속보 응력분포도(BMD) 내민보 응력분포도(BMD)

그림 6-21

보 및 내민보의 배근

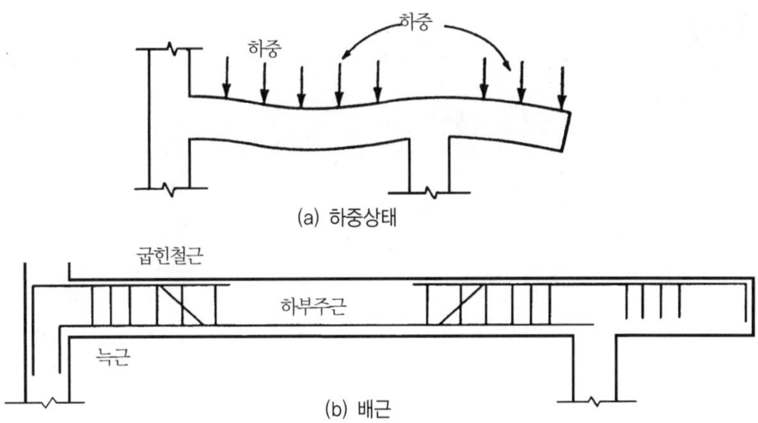

(a) 하중상태

(b) 배근

④ 보의 구조

보에는 그 모양에 따라 장방형 보와 바닥판의 일부를 보의 일부로 간주하는 T형보가 있으며, 어느 것이나 철근은 부재 축방향의 주근(main bar)과 주근을 직각으로 연결하는 스트럽 또한 주근을 부재의 단부 근처에서 굽혀 올린 굽힌 철근(bend up bar)으로 구성된다.

■ 단면

보의 유효춤은 스팬의 약 1/10~1/16 정도로 하고, 그 너비는 유효춤의 1/2~2/3 또는 250mm 이상으로 한다.

보의 단부의 큰 응력을 장방형 보에 부담시키려고 하면 이 춤이 커지게 되고 철근도 보의 중앙부보다 많이 들게 되어 양단부에 여분으로 10~300mm 정도의 춤으로 헌치(hunch)를 만들 때가 있는데, 이 헌치의 길이는 헌치춤의 3배 정도가 적당하다.

■ 주근

보의 주근을 인장응력 측에만 넣는 보를 단근보, 인장은 물론 압축 측에도 철근을 배근한 보를 복근보라고 한다. 그러나 단근보도 스트럽을 지지하기 위하여 압축 측에 가는 철근을 넣는 것이 보통이다. 중요한 보는 반드시 압축 측에도 철근을 배근하는 복근으로 하고 수평하중으로 인한 지지단부의 휨모멘트가 커지므로 지지단부는 물론 복근으로 해야 한다.

그림 6-22
보의 배근

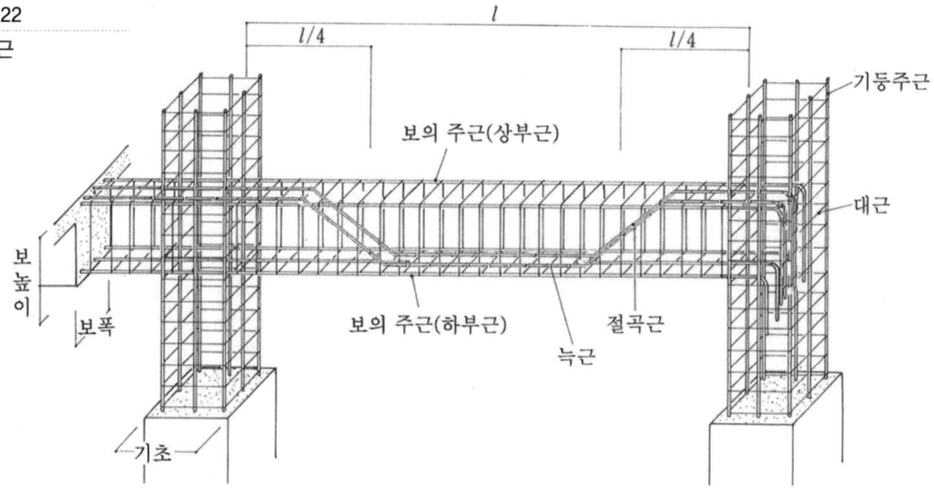

주근에 쓰이는 철근은 D13 이상으로 한다. 그 배치는 특별한 경우를 제외하고는 2단 이하로 하고, 철근 사이는 25mm 이상 또는 공칭지름의 1.5배 이상으로 한다. 굵은 주근의 개수를 적게 사용하면 부착응력도가 부족하게 되므로, 그럴 때에는 가는 철근을 여러 개 쓰거나 아니면 단면을 변

형시켜야 한다.

철근비란 철근콘크리트 부재의 어느 단면에서의 철근 단면적과 부재 단면적과의 비로서 평형철근비란 철근의 인장응력도와 콘크리트의 압축응력도가 동시에 허용응력도에 도달할 때의 철근비를 말한다.

철근콘크리트 부재에서 철근비를 고려하는 이유는 너무 많거나 적은 철근이 사용되는 경우 취성재료인 콘크리트의 손상이 구조물의 급격한 파괴로 이어지지 않도록 하기 위한 것이다.

■ 전단응력과 전단보강

철근콘크리트 부재축에 축직교하중이 작용하면 단면 내에 전단응력과 휨응력의 합성응력에 의해서 생기는 주응력(principal stress)의 인장 주응력, 즉 사장력(diagonal tension)이 재축에 대하여 경사방향으로 작용하게 되며, 인장력에 약한 콘크리트는 이 사장력에 의하여 경사방향의 균열이 생기는데 이것을 전단균열(diagonal crack)이라고 한다.

그림 6-23
전단응력 분포도

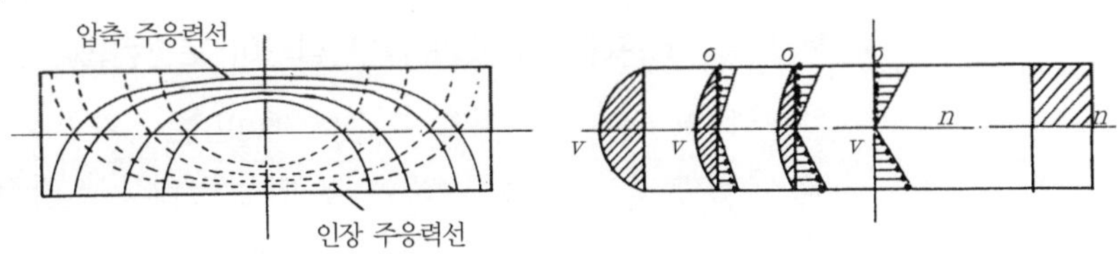

■ 스터럽(stirrup)

굽힘철근의 유무에 관계없이 전단력의 분포에 따라 D10 정도의 철근을 배근한다.

스터럽은 빗인장력의 경사에 따라 경사지게 배근해야 하지만 시공상 그 정확성을 위해서 실제로는 이 응력을 수평·수직으로 양분한 힘의 분해를 시도하여, 그 중 수직분력에 대하여는 세로로 배근하고 수평분력은 주근에 대응시키려는 것이다.

그림 6-24
스터럽 설치

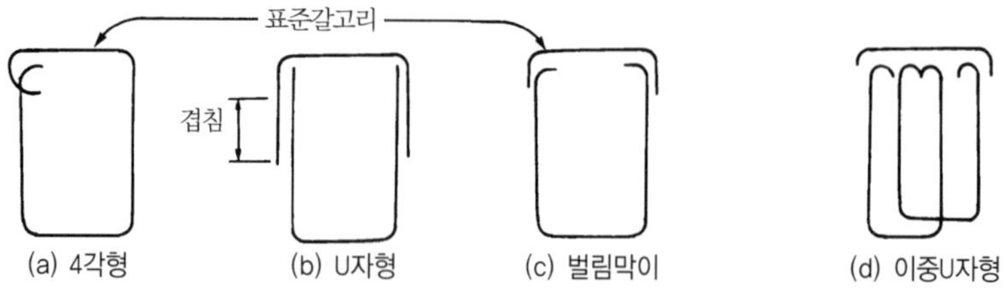

그림 6-25
스터럽의 형태

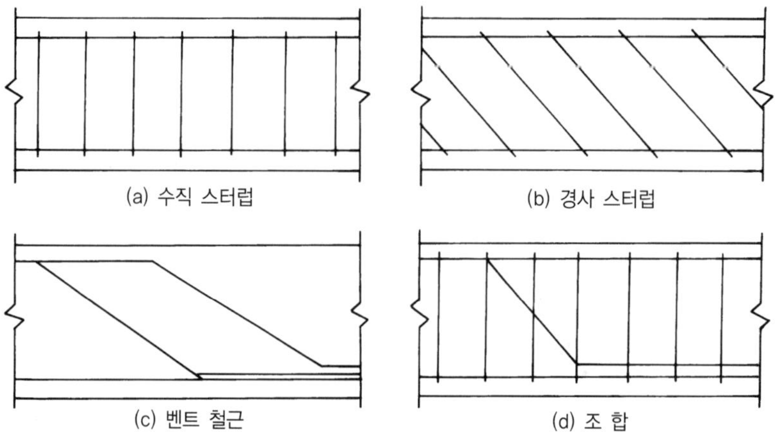

■ 전단보강 철근에는 다음과 같은 철근이 포함된다.

① 축방향 철근에 수직한 늑근(stirrup)

② 축방향 철근과 45°각 또는 그 이상의 각도를 가진 늑근

③ 30° 또는 그 이상의 각도로 구부린 축방향 철근

④ 이상의 항이 조합되어 있는 것

■ 보의 처짐

① 등분포하중(w)을 받는 양단 고정인 보의 처짐은 다음 식에 의한다.

$$\delta \text{ max}=\frac{wl^4}{384EI}$$

② 처짐을 계산하지 않고 보통콘크리트보에서 춤을 정할 때는 다음 표 6-10에 의한다.

③ 적재하중에 의한 즉시 처짐의 최대한도는 다음 각항에 따른다.

- 회반죽 반자로 마감하지 않는 지붕 슬래브는 $l/180$
- 회반죽 반자를 지지하거나 또는 칸막이벽을 지지하지 않는 지붕 슬래브는 $l/360$

표 6-10
보의 최소춤

부 재	최 소 춤			
	단순지지일 때	1단이 연속일 때	양단이 연속일 때	캔틸레버일 때
슬래브	$l/20$	$l/23$	$l/26$	$l/10$
보	$l/16$	$l/18.5$	$l/21$	$l/8$

6.4.4 슬래브(slab)

1. 개 요

일반적으로 구조체에 수평으로 놓이는 넓은 평판으로 주로 수직하중을 보에 전달하는 부재이다. 동시에 수평력을 전달하는 구실도 한다. 슬래브는 그 주변의 지지조건과 형태에 따라 다음과 같은 종류가 있다.

① 1방향 슬래브(one way slab)
② 2방향 슬래브(two way slab)
③ 장선 슬래브(joist slab or ribbed slab)
④ 플랫 슬래브(flat slab)
⑤ 격자 슬래브(waffle flat slab)

2. 장방형 슬래브(1방향 슬래브, one way slab)

① 장방형 슬래브의 설계 슬래브는 계산상 장방형 보가 나란하게 이어진 것으로 생각하고 휨모멘트의 분포에 따라 짧은 방향에 주근을 배치하며, 이것에 대해 직교하게 배력근을 배치한다. 바닥판의 전단력

그림 6-26
슬래브

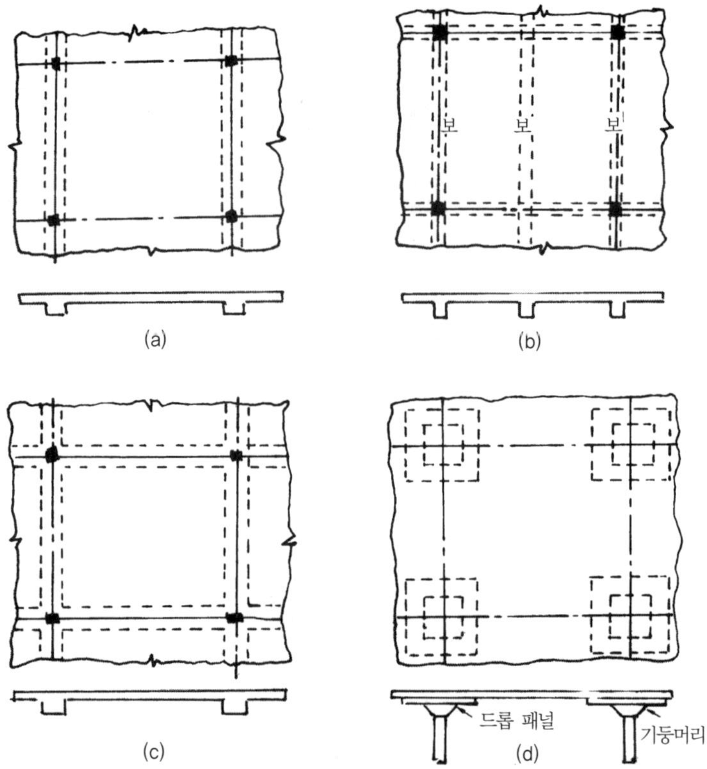

은 일반적으로 적으므로 고려할 필요가 없다.

② 1방향 슬래브 : 슬래브에서 장변과 단변의 비 $\lambda = ly/lx$(λ : 슬래브의 변장비, lx : 슬래브의 단변 순 스팬, ly : 슬래브의 장변 순 스팬)가 2 이상일 때 이를 1방향 슬래브라고 한다. 1방향 슬래브는 단위폭 1m인 장방형 보로 취급하여 설계한다. 따라서 슬래브에 작용하는 전응력은 단변방향으로만 전달되는 것으로 보며 장변방향으로 작용하지 않는 것으로 생각한다. 그러나 실제 설계에 있어서는 장변방향에 대해서도 수축이나 온도응력으로 인한 영향과 단부는 보에 구속되어 있다는 사실에 대하여 고려하지 않으면 안 된다.

■ 철근의 배근

주철근 또는 부철근의 중심 간격은 최대모멘트가 일어나는 단면에서는 슬래브 두께의 2배 이하, 300mm 이하로 하고, 기타 단면에서는 슬래브 두께의 3배 이하, 400mm 이하로 한다.

주철근 및 부철근의 직각 또는 직각에 가까운 방향으로 배치한 보조철근을 배력철근(distribution bar)이라고 한다. 배력철근을 배치하는 이유는 응력을 분포시키고, 주철근의 간격을 유지시키며, 콘크리트의 건조수축과 온도변화에 의한 수축의 감소로 균열을 분포시키는 데 유리하기 때문이다. 그래서 1방향 슬래브에서는 배력철근을 슬래브 두께의 5배 이하, 450mm 이하의 간격으로 배치한다.

그림 6-27
1방향 슬래브 배근

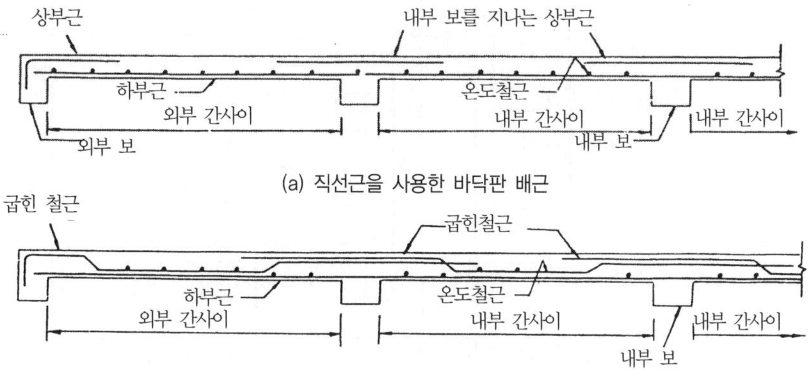

(a) 직선근을 사용한 바닥판 배근

(b) 직선근과 굽힌철근을 병용한 바닥판 배근

3. 2방향 슬래브

2방향 슬래브는 장변과 단변의 비 $\lambda = l\,y/l\,x \leq 2$이며 비교적 강성이 큰 보나 벽체로 지지된 슬래브에서 서로 직교하는 2방향으로 주철근을 배치한 슬래브를 말한다.

■ 주철근의 배치

2방향 슬래브는 그림 6-28과 같이 단변방향의 철근을 장변방향 철근보다 바닥에 가깝게 놓는다. 그 이유는 단변방향의 하중부담률이 크기 때문이다.

또 배근순서는 그림 6-28과 같다. 즉, 제일 먼저 단변방향으로 슬래브 바닥에 직선철근을 배근하고, 다음에 장변방향 철근을 단변 양단 S/8 내에 배치한다. 이때 단변방향 철근을 S/8되는 점에서 구부려 올린다. 이 단변의 절곡철근과 함께 직선 상단 철근을 배치한다. 모근 장변방향 철근은 단변 중앙의 3/4·S의 범위에서 배근한다.

그림 6-28

슬래브의 배근도

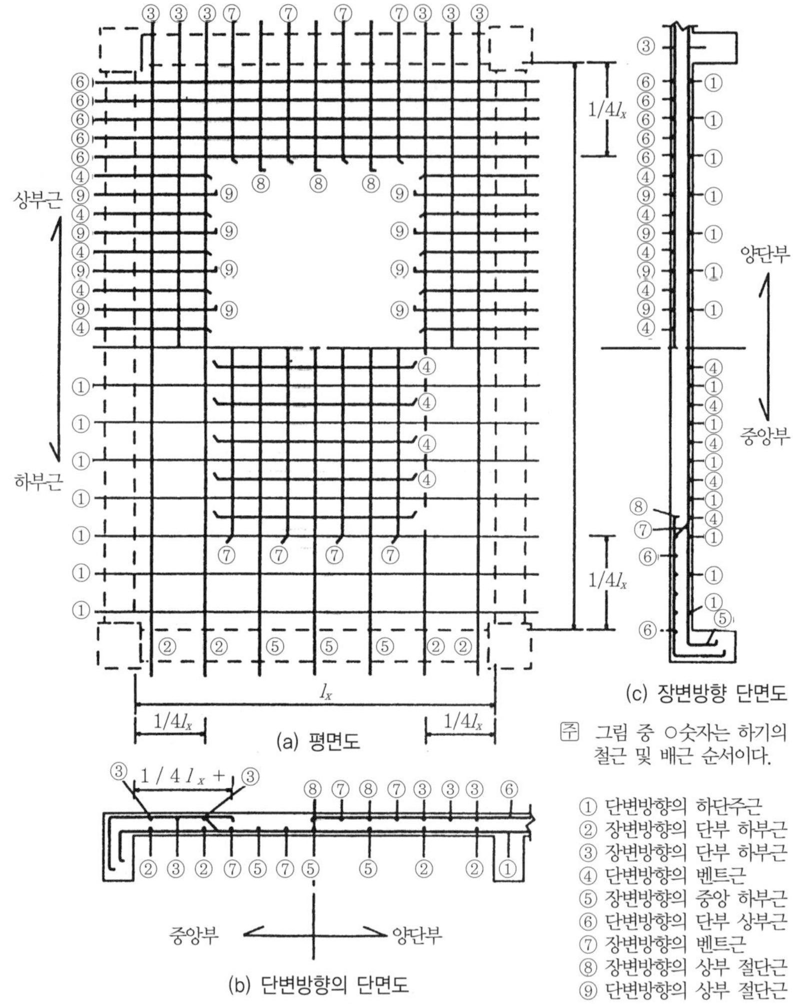

(a) 평면도

(b) 단변방향의 단면도

(c) 장변방향 단면도

㈜ 그림 중 ○숫자는 하기의 철근 및 배근 순서이다.

① 단변방향의 하단주근
② 장변방향의 단부 하부근
③ 장변방향의 단부 하부근
④ 단변방향의 벤트근
⑤ 장변방향의 중앙 하부근
⑥ 단변방향의 단부 상부근
⑦ 장변방향의 벤트근
⑧ 장변방향의 상부 절단근
⑨ 단변방향의 상부 절단근

■ 철근의 간격과 피복

주철근의 간격은 슬래브 두께의 3배 이하여야 하고 각 방향의 최소 철근비는 콘크리트 전체 면적의 0.2% 이상으로 한다. 극한강도 설계법에 의할 때 그 간격은 슬래브 두께의 2배 이하여야 한다.

인장철근은 D10 이상을 사용하고 배근간격은 단변방향 200mm 이하, 장변방향 300mm이상으로 한다.

철근의 피복두께는 20mm 이상으로 한다.

표 6-11
바닥두께 및 배근간격

바 닥 판 두 께		배 근 간 격			비 고
보통콘크리트	경량콘크리트	방향	ϕ9, D10	ϕ9 이하의 용접철망	
80mm 이상 (1/40)lx	100mm 이상	단변방향 철근	300mm 이하 $2t$ 이하	150mm 이하	lx: 단변길이 t : 바닥판 두께
		장변방향 철근	450mm 이하 $3t$ 이하	200mm 이하	

4. 플랫 슬래브(flat slab)

■ 개요

바닥에 보가 전혀 없이 바닥판만으로 구성하고 그 하중을 직접 기둥에 전달하는 평판슬래브구조를 말한다.

이 형식의 슬래브 두께는 15cm 이상으로 하고, 기둥 상부(capital)는 깔때기 모양으로 확대하고 그 위에 드롭 패널을 설치하거나 계단식으로 2중 보강하여 바닥판을 지지한다. 기둥의 너비(원형기둥에서는 지름)는 각 방향의 기둥 중심거리 lx, ly의 1/20 이상, 300mm 이상 및 층높이 h의 1/15 이상으로 한다. 다만 슬래브에 대한 경사가 45° 이하의 주두부분은 응력분담을 하지 않는 것으로 한다.

플랫 슬래브의 장점은 구조가 간단하여 공사비가 저렴하고, 실내공간 이용률이 높으며, 고층건물의 층높이를 낮게 할 수 있다는 것이다. 단점으로는 철근 층이 여러 겹이고 바닥판이 두꺼워서 고정하중이 커지며, 뼈대의 강성을 기대하기가 곤란한 점이다. 또한 비교적 낮은 층인 학교, 창고, 공장, 사무실 등에 많이 이용되고 있다.

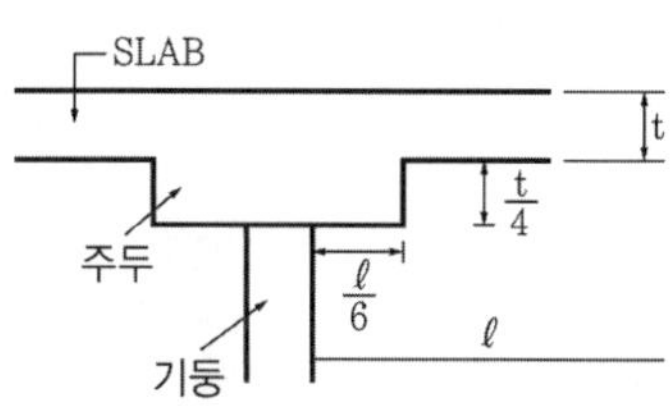

■ 배근방식

바닥판은 각 방향으로 주열대(column strip)와 주간대(middle strip)로 나누어 응력계산 및 배근을 한다. 주열대와 주간대의 너비는 기둥중심 간사이의 1/2로 하고, 주열대는 기둥과 기둥을 연결하는 넓은 너비의 보로 생각할 수 있다. 주열대의 철근량은 주간대보다 하부근은 60%, 상부근은 75% 가량 많게 하고, 배근은 직선근과 굽힘철근을 사용한다.

철근의 배근방식에 따라 2방향식, 3방향식, 4방향식 및 원형식이 있고, 우리나라에서는 주로 2방향식이 많이 쓰이고 있다.

■ 2방향식(two-way system)

철근을 직교하는 2방향으로 배근하는 것인데 기둥에서 기둥 사이로 걸친 배근대와 바닥판의 중앙부분에 생기는 정방형의 부분에 배근대에 나란히 걸쳐댄 철근으로 구성되는 방식이다. 주두부의 받침판을 설치하는 것이 일반적이지만, 생략하고 주두 주위의 바닥판을 장선보와 같은 두께로 매워 보강한다.

■ 3방향식(three-way systems)

이 방식은 2방향식 철근배근에 다시 대각선 방향으로 배근한 것이며, 필요하면 보조근을 댄다. 2방향식과 같이 주두부에 받침판을 설치하는 것이 보통이지만 생략할 때도 있다.

그림 6-29
플랫 슬래브의 배근형식

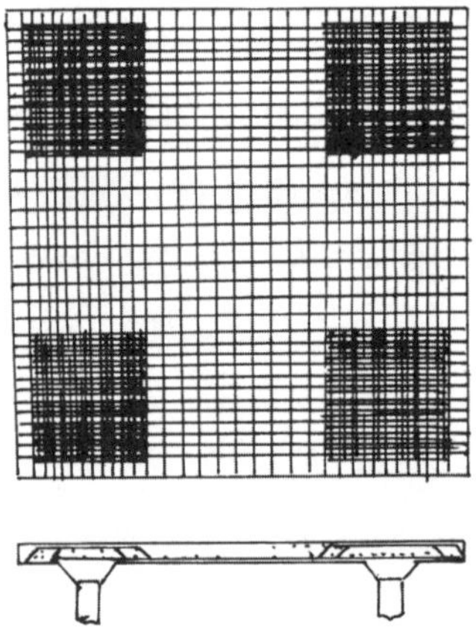

(a) 2방향식 배근

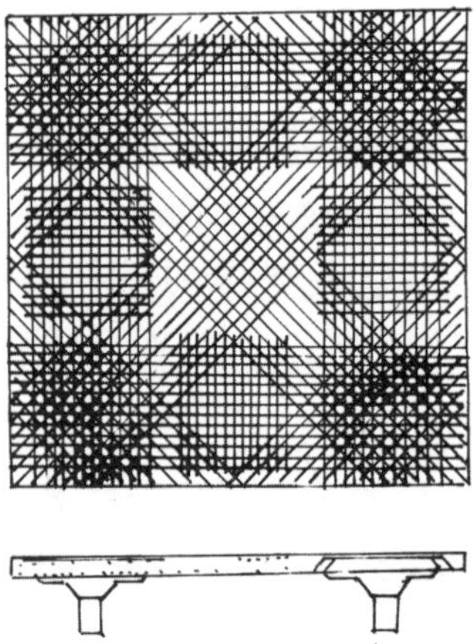

(b) 4방향식 배근

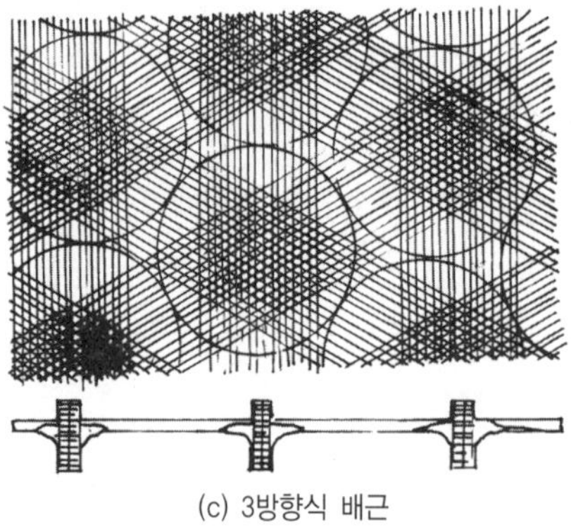

(c) 3방향식 배근

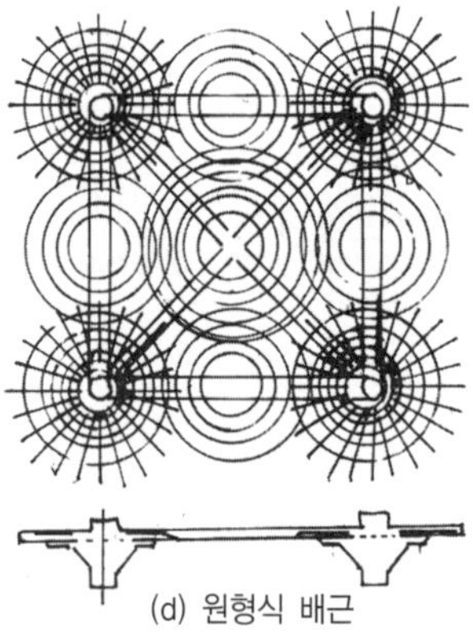

(d) 원형식 배근

■ 원형식(circumferential system)

이 방식은 기둥에서 방사형으로 배근하고 주두, 주간, 바닥 중앙에 동심원의 배근을 한 것이고 미국의 Edward Swulski가 고안한 배근방법이다.

5. 장선슬래브(ribbed slab, joist slab)

등간격으로 분할된 장선(joist)과 슬래브가 일체로 된 구조로 그 양단은 보에 또는 벽체에 지지된다. 슬래브는 장선에 지지되고 그 두께는 상당히 얇게 할 수 있다.

장선의 너비는 100mm 이상(최대 200mm), 춤은 너비의 3.5배 이내로 하고 배치간격은 900mm 이내로 한다. 하부근은 2개 또는 1개의 직선근과 1개의 굽힘철근으로 하는 것이 유리하다.

장선슬래브의 두께는 장선 안목간격의 1/12 이상 또는 50mm 이상으로 한다. 슬래브를 보강하는 인장철근은 지름 6mm 이상으로 한다. 바닥판을 보강하는 인장철근은 지름 6mm 이상의 용접철망 또는 철근 $\phi 9$, 이형철근 D10 이상으로 한다.

그림 6-30
장선 바닥판 구조

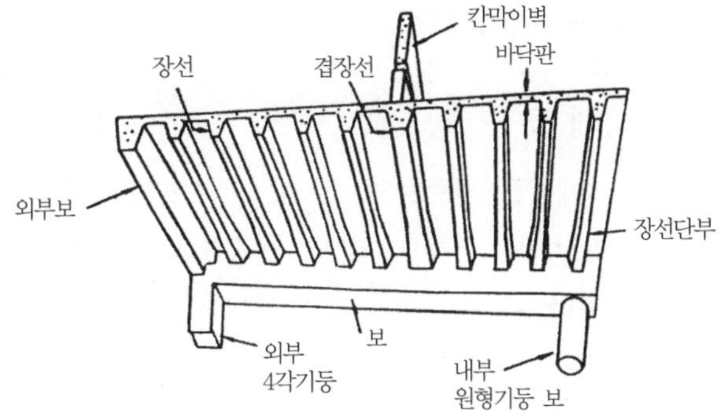

그림 6-31
장선보

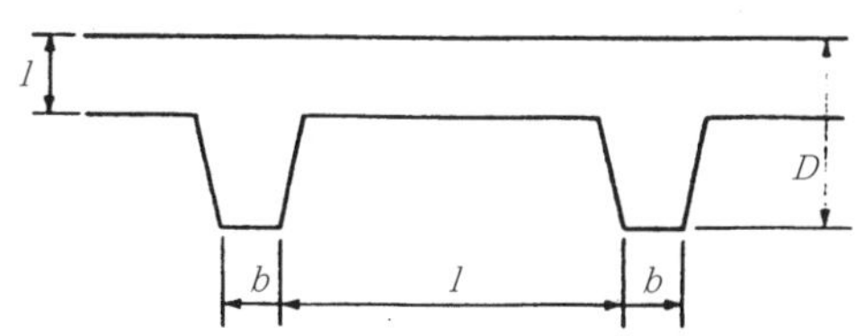

여기서, $t > 50\text{mm}$ 또 $t > 1/12$, $D \geq 3.5b$
$t < 90\text{m}$, $100\text{mm} < b < 200\text{mm}$

6. 와플 플랫 슬래브(waffle flat slab, 2way joist slab)

와플 플랫 슬래브는 장선슬래브의 장선을 직교시켜 구성한 우물반자 형태로 된 2방향 장선슬래브 구조이고 작은 돔형의 거푸집이 사용된다. 이것은 2방향 장선슬래브 구조(two way joist construction)라고도 할 수 있으며, 보통 슬래브 구조보다 기둥의 스팬을 더 크게 할 수 있다.

와플 플랫 슬래브는 플랫 슬래브와 같이 주열대와 주간대로 나누어 井자형의 장선이 응력에 저항하는 것으로 계산된다.

기둥 상부에 직교하는 주간대 내에는 드롭 패널(drop panel)을 구성하여 바닥판 지지부분을 보강하고 있다.

그림 6-32
격자 슬래브

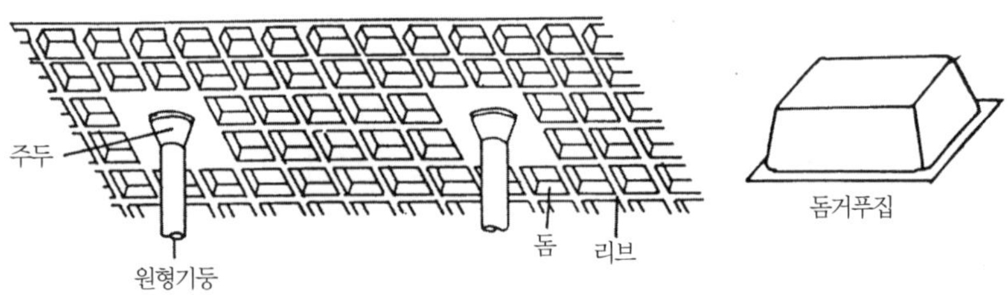

6.4.5 계단(stair)

1. 개 요

계단은 건축물의 상·하층 교통연계 역할이 주된 기능이고, 부수적으로 의장적인 역할도 한다. 구조적으로는 경사슬래브에 단을 만든 것으로 배근방식은 기본적으로 슬래브와 동일하다. 철근콘크리트 계단은 계단판의 지지방법에 따라서 응력과 설계법이 달라진다. 다음과 같은 3종류로 크게 나눌 수 있다.

① 측보식 계단
② 경사 슬래브식 계단
③ 캔틸레버 보식 계단

2. 측보식 계단

층고가 높고 계단폭 및 스팬이 큰 경우에 주로 사용되며, 계단슬래브의 측면에 보를 설치하여 지지한다.

3. 경사 슬래브의 계단

경사 슬래브식 계단의 설계는 슬래브의 주변이 보 및 벽에 의해 지지되는 경사 슬래브가 2변고정 또는 3변고정의 장방형 슬래브와 동일한 형식으로 되므로 등분포하중을 받는 장방형 슬래브의 설계 때와 같은 방법으로 설계한다.

4. 캔틸레버식 계단

캔틸레버식 계단은 철근콘크리트 벽, 다시 말해서 계단실의 측벽이나 보에서 계단판을 내민 형태로서 역학적으로 가장 간단한 것이다. 계단 한 단을 단위로 폭 b이고, 높이 D인 캔틸레버로 취급하여 산정한다. 보의 단부 휨모멘트가 벽체 상하로 전달되므로 휨모멘트를 받아줄 수 있는 벽의 최소두께는 180mm 이상이 필요하며, 벽에서의 배근은 복근으로 하는 것이 좋고, 단근으로 할 때에는 보조철근을 첨가시켜야 한다.

그림 6-33
계단의 종류와 배근

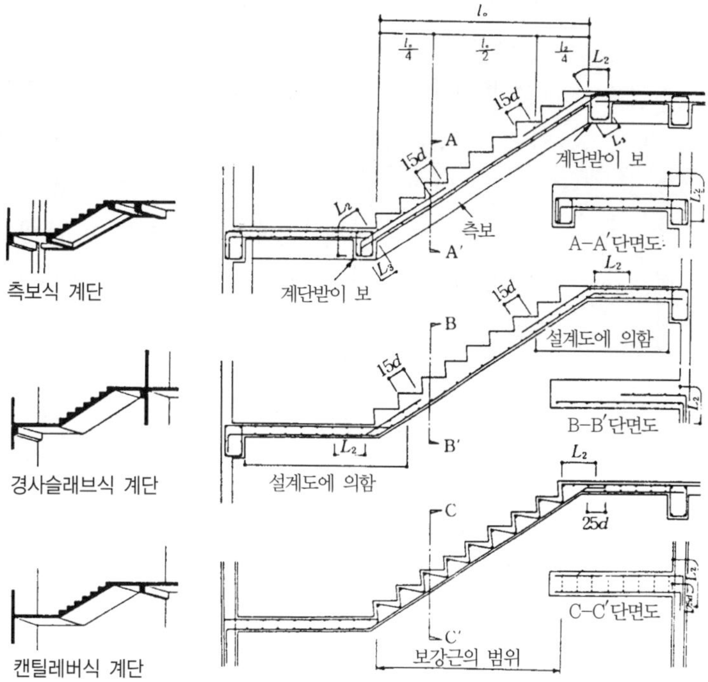

6.4.6 콘크리트의 배합

1. 개요

콘크리트는 시멘트, 모래 및 자갈의 혼합물에 물을 첨가하여 성형, 고착시킨 인조석이다. 시멘트를 물로 반죽한 시멘트 페이스트(cement paste)는 모래와 자갈의 공격을 메워 수화작용으로 응결하고 경화하여 석재와 같은 물체가 된다.

콘크리트는 경화를 계속하여 4주(28일)가 지나면 거의 최종 압축강도에 도달하며, 이때까지는 시멘트의 화학작용이 계속되노록 습윤과 온도를 유지해야 하는데, 이를 양생(curing) 또는 보양(curing and protecting)이라고 한다.

2. 배합강도

1) 콘크리트의 배합강도(F)는 소요강도(F_{ck} ; 설계기준강도)에 시공표준편차(σ)를 가산한 것으로 한다.

즉, $F \geqq Fo+\sigma$ 또는 $Fo=3\times$장기 허용응력도

소요강도는 최소 12MPa(경량콘크리트 9MPa 이상으로 하고 일반적으로 14.5~21MPa 정도가 많이 채용된다. 콘크리트의 압축강도의 편차는 시공 등급별에 따라 아래 표와 같다. 현장 콘크리트의 품질변동을 고려하여 콘크리트의 배합강도(f_{cr})를 설계기준압축 강도 (f_{cr})보다 충분히 크게 정하여야 한다.

2) 배합강도는 설계기준압축강도 35MPa 이하의 경우 식 (2.1) 및 식(2.2), 35MPa 초과의 경우 식 (2.3) 및 식 (2.4) 각 두 식에 의한 값 중 큰 값으로 정해야 한다.

$f_{ck} \leq 35\text{MPa}$인 경우

$$f_{cr} = f_{ck} + 1.34_s \quad \text{(MPa)} \qquad (2.1)$$

$$f_{cr} = (f_{ck} - 3.5) + 2.33_s \quad \text{(MPa)} \qquad (2.2)$$

$f_{ck} > 35\text{MPa}$인 경우

$$f_{cr} = f_{ck} + 1.34_s \quad \text{(MPa)} \qquad (2.3)$$

$$f_{cr} = 0.9 f_{ck} + 2.33_s \quad \text{(MPa)} \qquad (2.4)$$

여기서, s : 압축강도의 표준편차(MPa)

3) 콘크리트 압축강도의 표준편차를 알지 못할 때, 또는 압축강도의 시험횟수가 14회 이하인 경우 콘크리트의 배합강도는 표 6-13과 같이 정할 수 있다.

표 6-13
시험횟수가 14회 이하이거나 기록이 없는 경우의 배합강도

설계기준압축강도 f_{ck} (MPa)	배합강도 f_{cr} (MPa)
21 미만	f_{ck} + 7
21 이상 35 이하	f_{ck} + 8.5
35 초과	f_{ck} + 10

3. 물-시멘트비(water-cement ratio)

콘크리트의 강도는 사용하는 물의 양에 따라서 매우 큰 영향을 받는다. 종래에 내려오고 있는 용적비에 따른 콘크리트의 배합법은 용적비, 즉 용적비인 시멘트 1, 모래 2, 자갈 4(통칭 1 : 2 : 4의 콘크리트라고 함)로 하고, 이것에 허용압축강도를 붙여 설계, 구조강도로 정해 왔다. 그러나 이러한 방법은 콘크리트의 강도를 결정함에 있어 시멘트의 품질, 물의 양, 골재의 입도, 계량방법 등이 표시되어 있지 않았으며, 특히 강도와 밀접한 관계가 있는 물의 양이 일정하게 정해져 있지 않다.

물-시멘트비란 콘크리트를 비빌 때 넣는 물의 양을 사용하는 시멘트의 중량에 대한 비율로 나타낸 것이다. 물-시멘트비가 클수록 콘크리트의 강도는 약해지고, 반대로 적을수록 골재끼리 부착하는 힘이 강하여 콘크리트의 강도가 커지고 내구성이 좋아진다.

물-시멘트비는 콘크리트 강도(F_{28})와 시멘트 강도(K)로 다음 표 6-14의 식으로 구한다.

F_{28} : 콘크리트의 4주 압축강도(MPa)
K : 시멘트의 4주 압축강도(MPa)
x : 물-시멘트비, 즉 물의 중량/시멘트의 중량=W/C

표 6-14
물-시멘트비를 구하는 식

보통포틀랜드시멘트	조강포틀랜드시멘트	고로시멘트 A종
$x=\frac{51}{F_{28}/K+0.31}$	$x=\frac{41}{F_{28}/K+0.17}$	$x=\frac{46}{F_{28}}$

㈜ K값은 콘크리트를 부어 넣은 후 2주일 동안의 월평균기온 10℃ 이하인 계절일 때에는 그 강도에서 5MPa을 낮춘 것으로 한다. x의 한계는 70~55%, 조강시멘트는 75~55%.

4. 시공연도

콘크리트의 시공연도(workability)는 콘크리트 묽기의 정도를 말하는 것으로 콘크리트를 부어 넣는 작업의 난이도에 관한 정도를 나타내며, 슬럼프시험(slump test)법을 기준으로 하여 이를 측정한다. 슬럼프시험은 반죽의 질기(consistency)를 측정하고 시공연도를 판단하며, 성형성(plasticity) 및 마무리(finishing)의 용이성을 가름하는 중요한 수단이다.

① 물의 양을 어느 정도 많이 사용하여 묽은 반죽으로 한 것이 시공연도는 좋지만, 물의 양이 너무 많으면 콘크리트의 부착이 나빠서 강도가 떨어지게 된다.

② 골재는 가급적 모나지 않은 둥그스름한 구형이 좋고, 모래는 비교적 굵은 알로 대소의 알이 섞인 것이 좋다.

③ 시멘트의 분말은 미세할수록 시공연도가 크다. 그러나 지나치게 미세하면 도리어 균열이 생기기 쉽기 때문에 주의를 요한다.

④ 콘크리트 배합 비율은 시공연도에 큰 영향을 미치게 한다.

⑤ AE제, 규산질분재 등을 적당히 섞으면 시공연도가 좋아진다.

콘크리트의 시공연도는 반죽의 질기(consistency)를 측정하고 시공연도를 판단하며, 성형성(plasticity) 및 마무리의 용이성을 가름하는 여러 방법의 시험을 통하여 판정한다.

이 시공연도를 측정하는 방법으로서 슬럼프시험(slump test), 슬럼프 플로시험(slump flow test), 켈리볼시험(kelly ball penetration test) 등이 있다.

그림 6-34
슬럼프시험

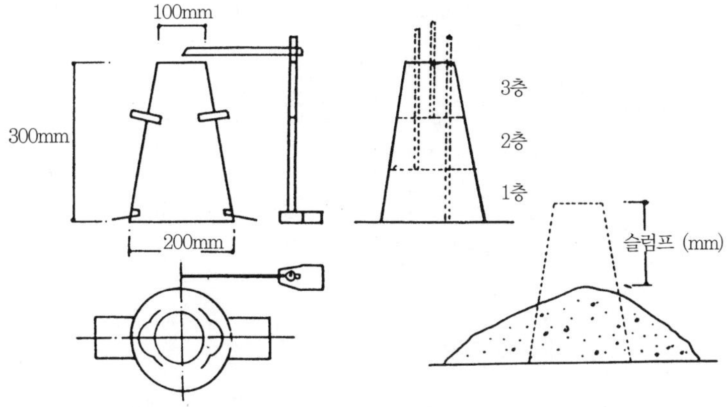

(단위 : mm)

표 6-15
표준 슬럼프

종 류		슬럼프	슬럼프 플로
철근콘크리트	일반적인 경우	80~150	-
	단면이 큰 경우	60~120	-
무근콘크리트	일반인 경우	50~150	-
	단면이 큰 경우	50~100	-
유동화콘크리트		210 이하	
고유동콘크리트		-	600 이상

5. 콘크리트의 배합

구조설계에 의하여 결정된 콘크리트 강도가 소요강도를 갖고 결함 없는 밀실한 콘크리트를 얻기 위하여, 물-시멘트비를 정하고 알맞은 시공연도의 콘크리트를 얻을 수 있도록 모래와 자갈의 소요량을 정하는 것이 콘크리트의 배합이다. 배합은 표에 의하거나 시험비빔으로 결정한다. 동일 강도, 동일 물-시멘트비일 때 동일 슬럼프를 얻기 위해서는 가는 모래일수록 시멘트 사용량은 많아지는데, 5mm 이하의 모래와 0.5mm 이하의 모래인 경우는 시멘트 사용량의 약 3% 차가 생긴다.

자갈에 있어서도 똑같은 경향이므로 콘크리트에 다른 지장이 없다면 모래나 자갈은 입도가 큰 것을 사용할수록 경제적이라 할 수 있다.

배합설계의 순서는 다음과 같다.

① 배합강도의 결정
② 시멘트강도 K의 결정
③ 물-시멘트비(W/C)의 결정
④ 표준배합표 또는 시험비빔으로 중량배합의 결정
⑤ 배합의 보정

6. 재료의 계량

재료를 정확하게 계량하고 정밀한 배합설계와 시공을 한다면 콘크리트 강도나 내구성이 정확해질 것이다.

▪ 시멘트

시멘트는 중량계량을 원칙으로 한다. 단, 용적배합 시에는 포장정수단위를 한 비빔으로 하고, 반포대 사용은 피하는 것이 좋다. 시멘트 용적 $1m^3$의 무게는 1,500kg(40kg들이 37.5포대, 42.637kg들이 35.18포대, 50kg들이 30포대)을 표준으로 하며, 밀도는 3.15 정도이다.

표 6-16
시멘트 1포대의 중량과 용적

중 량	50kg들이 1포	42.637kg들이 1포	40kg들이 1포
용 적	$0.0333912m^3$	$0.027826m^3$	$0.02671296m^3$

㈜ 50kg들이 포대는 독일·일본 등에서 쓰고 있고, 42.637kg들이 포대는 국제규격이고, 40kg들이 포대는 한국에서 쓰고 있다.

용적계량을 할 때에 그 용적의 증가율은 보통포틀랜드시멘트 25%, 혼합시멘트·실리카시멘트 등은 35%로 한다.

▪ 골재

현행계량법에는 용적계량, 중량계량, 기계계량의 세 가지 방법이 있다.

① 용적계량

일반적인 계량방법으로 일정한 용량으로 만들어진 계량기가 있는 운반차에 삽으로 가볍게 담아서 계량하는 방법이다. 이때 모래는 함수율에 의한 용적변화가 클 뿐 아니라 용기의 크기, 모양, 담는 방법 등에 따라서도 차이가 생기므로 주의해야 한다.

② 중량계량

지면과 같은 높이의 저울대를 장치하고, 그 위에 골재를 담는 손수레를 레일 위로 굴려 수레와 함께 계량하는 방법이다. 골재의 함수량, 단위용적량 등을 측정하고, 항상 동일한 양으로 계량되도록 주의해야 한다.

③ 기계계량

배처플랜트(batcher plant) 등의 계량기로 계량하는 방법이며, 다량의 콘크리트를 연속적으로 부어넣는 큰 공사에 적합하다.

배처플랜트는 자동계량혼합장치로 혼합상태가 우수한 기계이다.

그림 6-35
웨섹레터(wacecretor)

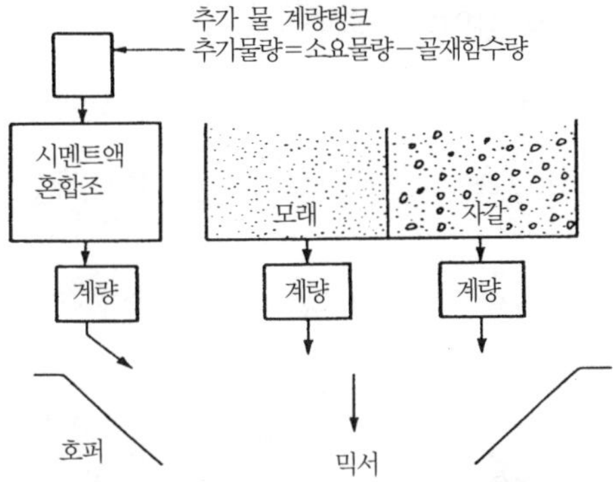

그림 6-36
배처플랜트의 구성

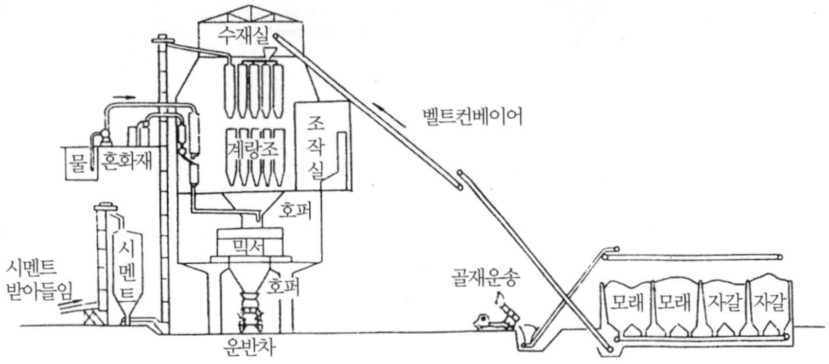

▪ 물

물의 계량은 엄밀하게 해야 하며 그 장치는 간단하다. 다만 골재의 흡수량(amount of absorption)과 함수량(water content, moisture content), 표면수량(surface water)을 유효수량(effective water)에서 가감하여 습윤 또는 기건모래의 가수량을 조절해야 한다.

6.4.7 철근콘크리트구조의 시공

1. 콘크리트 타설 전의 준비

콘크리트는 타설 전에 거푸집, 철근의 배근, 배관, 기타 매입물 등의 공사가 완전히 되어 있는지 점검하고 거푸집 안을 깨끗이 청소하며, 목재일 때는 맑은 물로 물축이기를 한다. 1일간의 콘크리트 붓기 작업량을 기준으로 부어넣는 구획과 순서를 결정한다. 플로어 호퍼(floor hopper)를 설치할 때는 거푸집 외부에 설치하고, 믹서속도는 매초 약 1m로 하고 1~3분간 비빈다.

2. 콘크리트의 운반

콘크리트는 비빔장소에서 붓는 위치까지의 운반 도중 재료의 분리나 누출이 없도록 신속하게 운반하여 붓도록 해야 한다. 부어 넣을 때 높은 곳에서 낙하시켜서는 안 되고 자유낙하 높이는 2m 이하로 해야 하며, 특히 바닥슬래브에서 1m 이하로 해야 한다. 슈트나 호스 등을 사용한다.

그림 6-37
콘크리트 운반

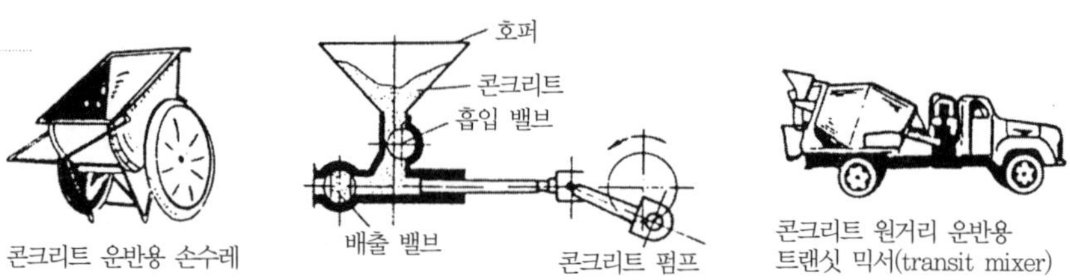

▪ 콘크리트 펌프

콘크리트를 강관 속을 통하여 압력으로 보내는 기계로 트럭식, 정치식 등으로 현장 규모 및 사용 조건에 따라 선정한다. 콘크리트 펌프의 구동원리는 피스톤식, 액압식과 수압식, 스퀴즈식(squeeze out type)이 있다. 보통 피스톤식 펌프를 많이 사용하고 있으며, 직경 100~150mm의 파이프에 의하여 최대 수평 도달길이 1,000m 또는 수직 도달길이 500m까지 압송할 수 있다.

▪ 슈트

믹서에서 혼합된 콘크리트나 레미콘은 버킷으로 받아 콘크리트 타워로 올려서 슈트를 통하여 플로어 호퍼(floor hopper)로 흘려 받고, 손수레에 나누어 부어 넣는 장소까지 운반해 가는 것이다. 이때 배근된 슬래브 거푸집 위에는 손수레의 통로인 가설 운반로가 설치되어 있어야 한다. 슈트는 비빔콘크리트의 재료분리와 콘크리트의 유동 마찰저항을 최소한으로 감소시키기 위하여, 그 단면을 U자형의 철판제 홈통으로 ㄱ자형강 또는 원형강관 등으로 테를 대고 이어 쓰게 되어 있다.

슈트의 기울기는 4/10~7/10로 한다. 부적당한 구배는 콘크리트의 유동속도의 급속이나 저하 등으로 재료의 분리를 가져온다.

그림 6-38
콘크리트 운반설비

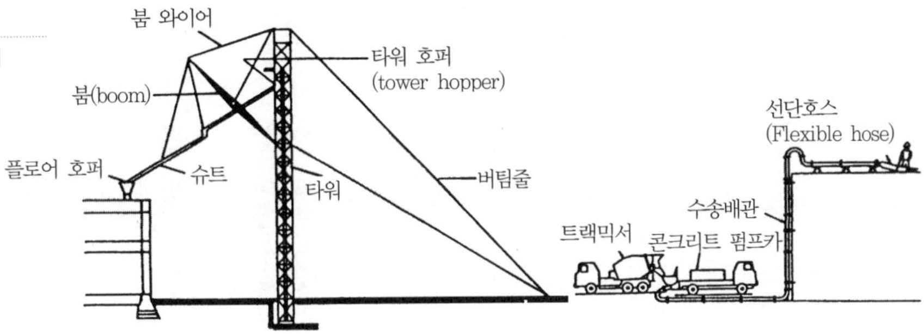

3. 콘크리트 부어넣기

콘크리트의 부어넣기는 비빔장소 또는 플로어 호퍼에서 먼 곳부터 가까운 곳으로 옮겨가며 부어넣기를 진행한다.

부어넣을 때에는 철근, 파이프, 나무벽돌 및 기타 매입물이 이동하거나 변형되지 않도록 주의해야 하며, 진동기 또는 적합한 기구로 충분히 다지고 철근, 기타 매설물 주위나 거푸집의 구석구석까지 충진시켜 밀실한 콘크리트가 되도록 해야 한다.

슬럼프 150mm 미만의 된비빔콘크리트에는 진동기(vibrator)를 사용해야 한다. 진동다짐(vibrating)에는 주로 내부용 봉상식 진동기, 거푸집 진동기(hammer식), 콘크리트 표면 진동기 등이 쓰인다. 1일 콘크리트양 약 20m^{3}마다 1대를 표준으로 하고, 바이브레이터는 3대마다 1대의 예비 진동기를 준비해야 한다. 진동기를 철근이나 철골에 대어 진동을 주면 부착력을 감소시키고 결속선이 풀어지기도 하기 때문에 피하도록 하고, 콘크리트의 표면에 시멘트 페이스트(cement paste)가 떠오를 정도의 30~40초

정도가 표준이다. 진동시간이 너무 길면 재료의 분리를 발생시킨다. 진동기는 진동효과가 중복되지 않는 약 600mm 간격으로 서서히 뽑아 올려 구멍이 남지 않게 하고 응결한 콘크리트에는 진동을 주어서는 안 된다.

4. 이어붓기

이어붓기를 하는 것은 가능한 한 피하도록 하고, 부득이한 경우 이어붓기 개소의 수를 최소한으로 줄여야 한다. 부득이 이어붓기를 해야 할 경우는 다음 사항을 주의하여 행해야 한다.

① 이어붓기는 부재의 응력이 큰 부분은 삼가야 한다.

② 보, 슬래브의 이어붓기 부분은 그 간사이(span)의 중앙부 부근에서 수직으로, 기둥은 슬래브 또는 기초의 상단에서 수평으로 한다.

③ 벽은 보와 연속되어 있는 관계상 보통 간사이의 중앙부에서 수직으로 한다. 수평 이어붓기를 할 때 수평면에 생긴 레이턴스(laitance)는 제거하고 이음장소는 거친 면으로 만들며, 청소한 다음 부배합의 모르타르 또는 시멘트 분말을 살포하여 전일 콘크리트와의 부착이 잘 되도록 해야 한다.

5. 콘크리트의 양생과 청소

콘크리트를 부어넣은 다음 이것을 보호하여 콘크리트의 수화작용을 촉진시키고 동시에 건조 및 외력에 의한 균열 발생을 방지하며 오손, 변형, 파괴 등을 막는 것을 콘크리트의 보양 또는 양생이라고 한다. 콘크리트 시공이 끝나는 대로 굳기 정도를 살펴 바닥판 표면의 급격한 건조를 보호하고, 기온의 영향을 방지하기 위해 거적이나 포장 등으로 덮고, 5일간 이상 살수하여 습윤시키고, 부어넣기 후 3일간은 그 위를 보행하거나 가설재료, 기계, 공구를 쌓아두는 것은 금지하여 콘크리트를 보호해야 한다. 거푸집은 보양에 큰 도움을 주므로 공사에 지장이 없으면 가급적 오래 존치시키는 것이 유리하다.

양생은 다음 사항을 주의해야 한다.

① 일광의 직사, 풍우, 상설에 대하여 노출면을 보호한다.

② 콘크리트가 충분히 경화될 때까지 충격 및 하중을 가하지 않게 보호한다.

③ 상당한 온도(5℃ 이상)를 유지하여 경화를 도모하고 급격한 건조를 막을 수 있도록 한다.

④ 수화작용이 충분히 되도록 항상 습윤상태를 유지한다.

6.5 특수 콘크리트

1. 레디믹스트 콘크리트(ready mixed concrete)

약칭 레미콘이라 하며 비빔방법과 운반방법에 따라 다음 두 종류로 나누어진다.

■ 센트럴 믹스트 콘크리트(central mixed concrete)

배처플랜트(batcher plant) 시설이 있는 고정믹서로 완전히 비빈 것을 트럭믹서(truck-mixer, transit mixer truck, mixer lorry), 교반트럭(agitator truck, truck agitator, agitation lorry)으로 운반한다.

■ 트랜싯 믹스트 콘크리트(transit mixed concrete)

플랜트에서 재료만을 공급받아 운반 도중에 완전히 비벼지는 콘크리트이다. 운반거리와 부어넣기까지의 시간이 최대로 되는 것은 트랜싯 믹스트 콘크리트이고, 레디 믹스트 콘크리트의 운반을 트럭믹서나 교반트럭을 쓸 때에는 재료투입 후 1.5시간 이내에 짐부림이 끝나야 한다.

2. 한중콘크리트

한중콘크리트는 일반적으로 한랭기와 극한기로 나누며, 콘크리트를 부어넣은 후부터 28일까지의 월평균기온이 10~20℃인 달을 포함하는 경우에 한랭기라 한다. 평균기온이 2℃ 이하의 달을 포함하는 기간을 극한기라 한다.

극한기에 있어서는

① 시멘트는 기온이 0℃ 이하일 때는 보온시설된 창고에 저장하고 절대로 가열하지 않는다.

② 물의 사용량을 적게 하고 물-시멘트비를 60% 이하로 하여 표면활성제를 쓰도록 한다.

③ 콘크리트면은 주위를 둘러막고 5℃ 이상으로 난방보온한다.

동기공사에서 여름철과 같이 동일 콘크리트로 하기 위해서는 물-시멘트비를 여름철보다 작게 해야 하므로 시멘트 강도를 1.5~7.5N/mm^2 적게 본다.

방동용으로 쓰이는 염화나트륨(소금), 염화칼슘, 간수(염화마그네슘)는 동일한 성질로서 결빙점은 0℃ 이하로 되고 응결시간이 단축되는 급결제(accelerating agent, accelerator)가 되기도 하지만, 철근을 녹슬게 할 우려가 있으므로 무근콘크리트에만 쓰도록 한다.

표 6-17 극한기 콘크리트의 재료 가열

재료 투입 순서	시멘트 투입 전 믹서 내의 수온	양생기간 및 보온온도	콘크리트 작업 중의 기온	가열재료 공구
① 골재 ② 물 ③ 시멘트	40℃ 이하	5일간 2℃ 이상(가급적 5℃ 이상)	5℃ 이하 0℃ 이하 -10℃ 이하	물 물, 잔골재, 공구 물, 잔골재, 굵은골재, 공구

3. 서중콘크리트

보통콘크리트 온도는 30℃ 이하여야 하는데 이보다 높은 기온에서 타설되는 콘크리트를 서중콘크리트라 한다. 콘크리트의 온도를 낮추기 위하여 재료를 냉각해서 사용하고 콘크리트를 부어넣을 거푸집은 포장을 하여 그늘지게 하고 냉각수를 쓰며 골재는 포장을 하거나 물을 뿌려둔다. 부어넣기가 끝난 부분은 응결이 빨라져서 굳기 시작하며, 내부는 젖어 있고 표면은 갑자기 건조되므로 표면이 수축되어 미세한 균열 발생에 유의해야 한다. 또 고온에서 경화된 콘크리트는 일반적으로 장기적인 강도가 저하된다. 따라서 부어넣기가 완료되면 곧 포장을 하고 분무기로 물 뿌리기를 하여 노출면의 건조를 방지해야 한다.

4. 경량골재콘크리트

경량골재콘크리트의 밀도는 2.0 이하(굳지 않을 때는 1.4~1.8)이다. 경량골재는 천연 경량골재와 인공 경량골재가 있다. 천연 경량골재로는 화산자갈, 경석(화성암의 일종), 공업부산물(플라이애시, 제철슬래그, 석탄) 등이 있다. 인공경량골재는 질석, 팽창혈암, 팽창전토 등이 있다.

경량골재는 사용하기 수일 전에 살수하여 흡수시키고 표면건조, 내부포수상태(saturated surface-dried condition)로 쓴다. 2일 정도 살수하고 표면수를 제거하기 위하여 살수 후 5시간 후에 사용하도록 한다.

경량골재콘크리트는 굳을 때까지 침하량이 크므로 기둥·벽체의 콘크리트 타설후 일정시간 후에 보·바닥판의 콘크리트를 부어넣어야 하며, 상부일수록 된반죽이 좋다. 경량골재콘크리트는 강도가 낮고 경량, 내화, 단열, 차음의 성질이 있으므로 철골기둥의 피복, 경량칸막이, 철골구조의 바닥 등에 쓰인다.

경량골재콘크리트의 철근 피복두께는 보통콘크리트보다 1~2cm 정도 두껍게 하는 것이 좋다.

5. 중량콘크리트

골재로서 철광석, 중정석(harytes-황산바륨의 주성분으로 하는 암석, 비중 4.5 방사선 차폐용 콘크리트의 골재로 쓰임), 철편 등을 사용한 비중이 큰 콘크리트이다.

조사실(radiation room), 핫셀(hot cell) 등의 대량의 방사능을 차폐하는 벽에 쓰인다. 보통 쓰이는 것은 비중 3.2~4.0 정도이다.

6. 무근콘크리트

철근의 보강이 없는 조적조의 기초나 지반 위의 바닥다짐 등에 쓰인다. 단면이 비교적 크고 단순하므로 골재는 비교적 큰 것을 써서 시멘트를 절약하고, 바다모래나 바다자갈을 써도 무방하다. 용적 배합비로 1 : 4 : 8 또는 1 : 3 : 6 정도로 하는 것이 보통이다.

7. 차폐콘크리트(radiation shielding concrete)

방사능을 차폐하기 위하여 쓰이는 콘크리트로서 중정석, 자철광 등의 골재를 쓴다.

중정석은 바륨염 원료광물로서 화학성분은 황산바륨($BaSO_4$), 경도 2.5~3.5, 비중 4.3~4.6 흰색, 회색 등이 있다. 분말은 유리 제조, 도료의 안료, 고무플라스틱에 쓰이며 방사선차폐용 골재로 쓰인다. 자철광은 철흑색, 금속광택이 있는 철광석의 일종으로서 경도 5.5~6.5, 비중 4.9~5.2

로 자성이 있다.

8. 프리스트레스트 콘크리트(prestressd concrete)

고강도강(100MPa 정도의 것)의 강선에 미리 인장력을 주어 콘크리트에 압축력을 발생시켜 높은 응력에 견디도록 한 성질의 콘크리트로 강선에 인장력을 주는 시점에 따라 프리텐션(pre-tension)공법과 포스트텐션(post-tension)공법으로 나뉜다. 보통 공장에서 제작하는 경우가 많으며 구조내력의 증대로 체육관, 공장 등 기둥 사이가 넓은 공간을 구성하기 위하여 사용된다.

9. 프리팩트 콘크리트(prepacted concrete)

미리 채워 넣은 굵은골재에 파이프를 통하여 모르타르를 주입하여 콘크리트를 만드는 공법으로서 말뚝 등에 채용된다. 인트루션 에이드(intrusion aid, 시멘트 페이스트의 침투를 좋게 하는 혼화제)와 플라이애시(fly ash) 등을 섞는다.

10. 수밀콘크리트(watertight concrete)

수밀콘크리트는 콘크리트 자체의 밀도가 높고 내구적·방수적이어서 물의 침투를 방지하는 데 쓰인다. 또한 산·알칼리, 해수, 동결융해에 대한 저항력이 크고 풍화를 방지하며 전류의 해를 받을 우려도 적다.

콘크리트는 물-시멘트비가 55~60% 이상이 되면 갑자기 수밀성이 감소되므로 물-시멘트비는 50% 이하로 한다. 사용수량은 되도록이면 적게 하고, 시공연도(슬럼프 75mm 이하)를 좋게 하기 위해서 AE제를 쓴다. 골재는 둥글고 굳은 것으로 굵은골재는 최대지름이 규정된 치수 이하인 적당한 조립의 것을 쓴다. 잔골재는 3mm 이하를 포함하는 10~20%의 것으로 하고 양호한 시공연도를 얻을 수 있는 배합비로 하여 충분히 비벼 균질한 콘크리트를 만들어 치밀하게 다져 넣는다. 이음은 누수의 원인이 되므로 피하는 것이 좋다.

11. 해수의 작용을 받는 콘크리트

해수에 접하는 콘크리트 및 해안 부근에서 해수나 해풍 등을 받을 우려가 있는 콘크리트에 적용한다. 철근, 기타 재료는 염분에 의하여 유해한 영향을 받지 않도록 저장하고 물-시멘트비는 50% 이하로 한다.

철근의 피복두께는 70mm 이상으로 하고 해수에 접하는 부분은 80mm 이상으로 한다.

콘크리트 부어넣기는 연속적으로 작업하며, 해수와 접하는 부분, 해수의 물거품이나 해풍을 받을 우려가 있는 부분에서는 이어붓기를 하지 않는다.

콘크리트를 부어넣은 후 적어도 재령 4일까지는 직접 해수에 접하지 않도록 한다.

12. 고강도콘크리트

고강도콘크리트는 설계기준강도가 일반콘크리트에서 40MPa, 경량콘크리트에서 27MPa 이상을 말한다. 콘크리트의 소요슬럼프는 15cm 이하이고, 물-시멘트는 55% 이하로 한다.

최근 초고층 건축물에 있어 필수 재료로 사용되고 있으며 화재 시 폭렬의 발생 위험에 따라 내화성 확보를 위해 섬유 투입, 내화보드 설치, 폭렬방지용 매시 삽입 등이 요구되고 있다.

13. AE콘크리트

AE콘크리트는 공기연행제(air entraining agent)를 써서 물-시멘트를 적게 하여 시공연도가 좋게 되는 콘크리트이다. AE제를 사용하면 콘크리트 중에 미세한 기포(지름 0.3~0.3mm)가 발생하여 시공연도가 좋아지는 것이다.

■ 특성

① 공기량이 많을수록 슬럼프는 증대하고 강도는 저하된다.

② AE제에 의한 적당한 공기량(약 5%)이 있는 콘크리트의 내구성은 보통의 것보다 향상된다.

③ 염분 및 동결융해에 대한 저항성이 증대된다.

■ 공기량의 성질

① AE제를 많이 넣으면 공기량이 증가한다.

② 기계비빔이 손비빔보다 공기량이 증대된다.

③ 비빔시간은 2~5분까지는 증대하고 그 이상은 감소한다.

④ AE공기량은 온도가 높을수록 감소한다.

⑤ 진동을 많이 줄수록 감소한다.

보통콘크리트에 함유되는 공기용적(잠재공기량)은 약 1%라고 한다. AE제를 사용할 때는 공기측정기(dispenser)를 비치하여 항상 정확히 측정한다. 분산제(dispersing agent)는 시멘트분말을 분산시키므로 시공연도의 증대, 시멘트 효율의 증가, 콘크리트 후기 강도의 증대 등 특성이 있다. 포졸리스(pozzolith)는 대표 상품이지만 값은 비싸다.

14. 진공콘크리트(vacuum concrete)

도로 등의 콘크리트바닥 등에 콘크리트를 부어넣은 직후, 그 표면에 물을 빨아들이는 매트를 깔고 펌프로 물을 받아들여서 콘크리트의 초기 가수량을 줄여 콘크리트 강도를 높이려고 하는 방법으로 제작한 콘크리트이다.

15. 서모콘(thermo-con)

골재를 사용하지 않고 시멘트, 물, 발포제를 혼합하여 만든 일종의 경량콘크리트로서 특수믹서(mixer)로 혼합한다.

물-시멘트비 약 43%, 4주 압축강도 40~45kgf/cm^2, 비중 0.8~0.9로서 건조수축이 보통콘크리트의 5배 정도이므로 균열 발생은 피할 수 없다. 벽의 1단 부어넣기 높이는 20cm 정도로 하며 발포제의 사용으로 2배 팽창 경화된다.

팽창 소요시간은 여름은 20분, 겨울은 60분 정도이고 경화 소요시간은 여름은 1시간, 겨울은 1.5시간 정도이다.

6.6 거푸집

거푸집은 콘크리트를 부어넣고 형태를 만들기 위하여 콘크리트에 직접 접하는 거푸집널과 이것을 정확한 위치로 지지하는 틀을 말한다.

거푸집은 콘크리트 부어넣기의 작업과 응결, 경화하는 동안 정확한 치수와 형태를 잡아주는 동시에 경화에 필요한 수분의 누출을 방지하여 양생을 하고, 외기의 영향을 보호하는 목적으로 사용하는 가설물(temporary structure)이다.

거푸집은 콘크리트가 경화하여 충분한 강도가 날 때까지 보양(curing)하는 역할을 하므로 존치기간을 충분히 두어야 한다.

표 6-18
거푸집 존치기간

거푸집 위치 / 존치기간 결정방법		기초 옆, 보 옆, 기둥, 벽	바닥판 밑, 보 밑	비 고
콘크리트의 압축강도에 의할 때		5MPa	설계 기준강도 또는 2/3	압축강도가 이 이상이 얻어진 것을 확인할 때까지 존치
콘크리트의 재령에 의할 때	20℃ ≦ 평균기온	4일(2일)	–	① 평균기온이 10℃ 이상이면 강도 시험 없이 재령에 의해 해체할 수 있다. ② ( )는 조강 포틀랜드시멘트일 때
	10℃ ≦ 평균기온 <20℃	6일(3일)	–	

1. 거푸집 재료

거푸집널은 목재와 철판재가 많이 사용되고 함석과 플라스틱판재는 특수한 곳에 사용된다.

■ 목재널 거푸집

목재널은 방수 베니어합판을 사용할 때와 판자를 사용할 때는 두께가 12~24mm인 널을 사용하고, 이것을 반턱이음이나 턱솔이음으로 하고 50mm×100mm각재를 45cm 정도 간격으로 놓고 틀을 짜고 패널을 제작한다. 패널은 450mm×180mm, 600mm×1,800mm, 900mm×1,800mm

등으로 표준패널을 제작하여 사용한다.

■ 유로폼(euro form)

가장 초보적인 단계의 시스템화 거푸집으로 건물의 평면형상이 규격화되어 표준 타입의 거푸집을 변형시키지 않고 조립함으로써, 현장제작에 소요되는 인력을 줄여 생산성을 향상시키고 자재의 전용횟수를 증대시키는 것을 목적으로 개발된 것이다. 유로폼의 기본 크기는 600mm×1200mm로 하여 칠재 틀에 합판을 붙여 제작하고 부속물을 사용하여 조립 해체를 쉽고 빠르게 하도록 한다.

그림 6-39
목재거푸집 및 유로폼

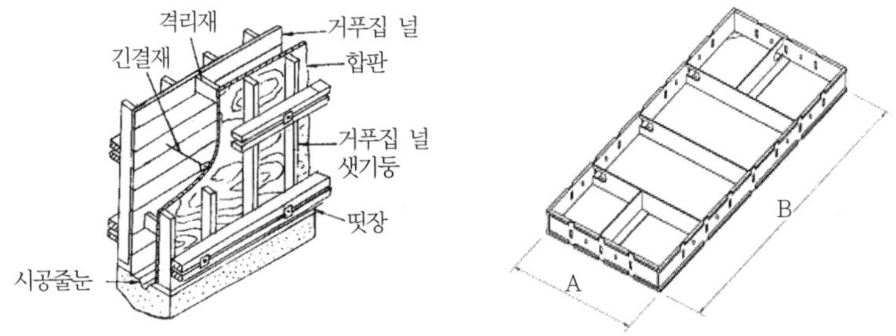

(a) 목재 거푸집 (b) 유로폼

■ 철판재 거푸집(metal form)

철판을 앵글 등의 테에 용접한 패널을 짜서 사용하는 것이며, 제치장콘크리트면에 사용하고 크기는 목재거푸집 패널과 같다.

■ 동바리(support)

거푸집널을 짜 세우는 지지틀을 동바리틀이라고 하며, 이것은 통나무지름 100mm 내외의 각재를 사용한다.

철파이프재는 두 개로 되어 중간에 나사장치가 있어 약간 높이고 낮추는 것을 조절할 수 있으며, 받침판이 파이프 서포트(pipe support)의 상하에 고정되어 있다.

■ 기초 거푸집

지반이 무른 진흙이나 모래와 같은 불안정한 지반일 때는 모서리나 중간요소에 말뚝을 박고 기초 거푸집을 고정하고 철근배근하여 콘크리트를 부어넣기한다.

■ 벽 거푸집

벽 거푸집은 기초나 바닥보 위에 지지하며, 일반적인 조립방법은 한쪽 벽의 옆판을 버팀대 등으로 지지하여 세우고 철근을 배근한 다음 다른 쪽 벽 거푸집을 세운다. 벽 거푸집의 구성은 토대, 샛기둥, 띳장, 격리재, 긴결재로 된다.

벽 거푸집은 패널을 가로로 사용할 때와 세로로 사용할 때가 있고 면적이 큰 것은 큰 패널을 짜서 간단히 조립할 때도 있다.

■ 기둥 거푸집

거푸집의 재료는 목재나 합판재로서 거푸집을 짠다. 기둥이 원형으로 된 거푸집은 그 내부를 합판, 하드보드, 철판으로 붙여 사용한다.

■ 보 및 바닥 거푸집

보의 거푸집널 밑판은 받침대와 받침기둥(support)에 지지하며, 바닥 거푸집널은 멍에를 받침기둥 위에 대고 벽 옆, 보 옆에서는 장선받이를 대고 여기에 패널을 댄다. 목재와 철관재 받침틀이 받침기둥으로 사용되며, 콘크리트가 경화하여 충분한 강도가 되면 거푸집을 떼어 낸다.

■ 와플 거푸집

와플 거푸집(waffle form), 무량판구조(mush slab construction) 또는 평판구조(flat slab construction)에서 특수상자 모양의 기성재 거푸집을 와플 거푸집이라 한다. 이것은 철판재 또는 합성수지판재로 하여 우물반자의 형식으로 된 것이다.

그림 6-40
기둥 및 보 거푸집

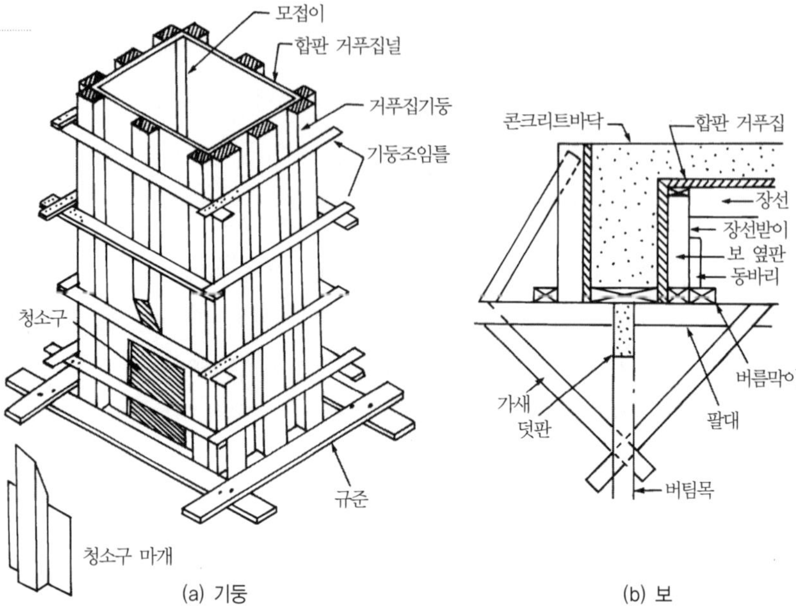

(a) 기둥 (b) 보

그림 6-41
바닥 거푸집

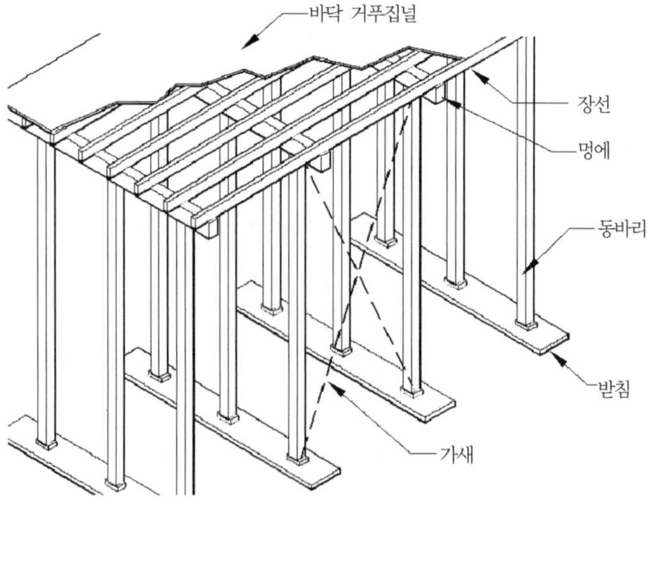

그림 6-42
장선 슬래브 거푸집

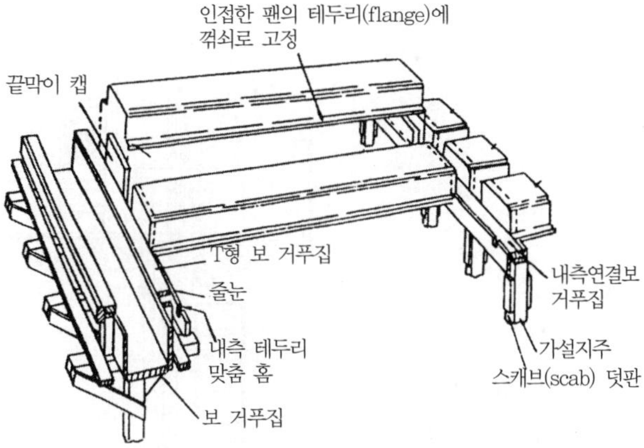

그림 6-43
와플슬래브 거푸집

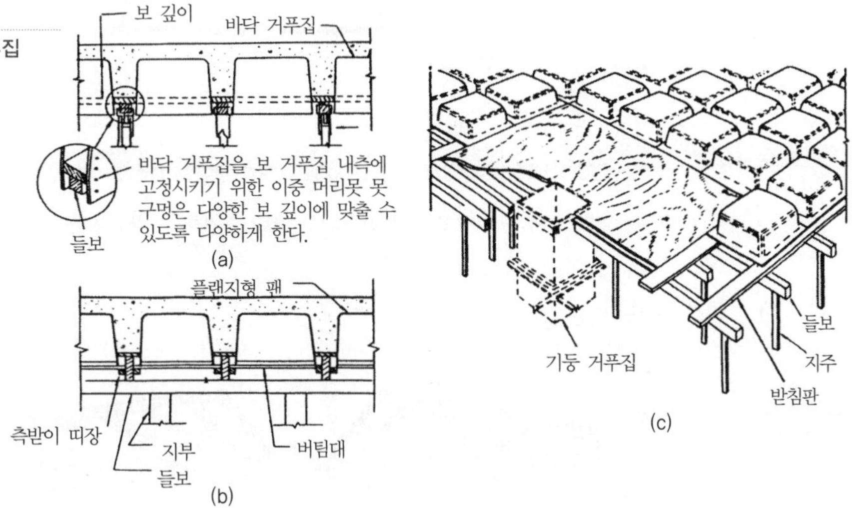

▪ 미끄럼 거푸집(sliding form, slip form)

미끄럼 거푸집은 굴뚝 또는 사일로(silo) 등의 평면형상이 일정한 높은 구조물에 사용된다. 이 거푸집은 수직으로 밀어 올려 콘크리트를 부어 나가는 방법으로 한다. 거푸집의 끌어올리기 및 콘크리트 부어넣기의 속도는 1일에 약 3~5m이다.

그림 6-44
미끄럼 거푸집

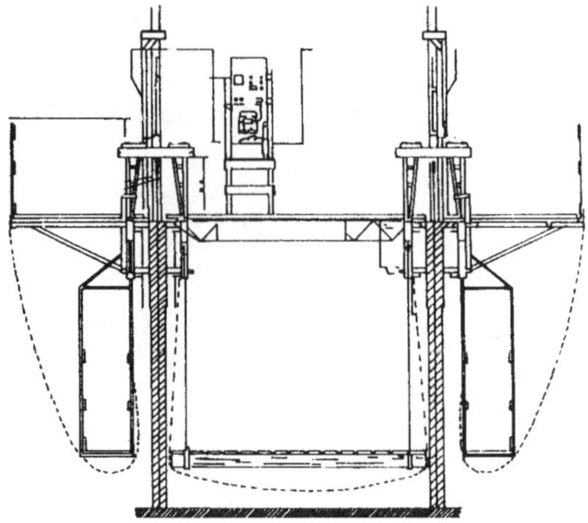

■ 터널 폼(tunnel form)

터널과 같이 동일한 구조를 계속하여 콘크리트를 부어나갈 때 사용하는 거푸집으로서 아파트에 채용되고 있다. 아파트와 같은 주택에서 보와 기둥을 없애고 터널 폼으로 콘크리트를 타설하면 공기단축으로 공사의 합리화를 도모할 수 있다.

그림 6-45
터널 폼

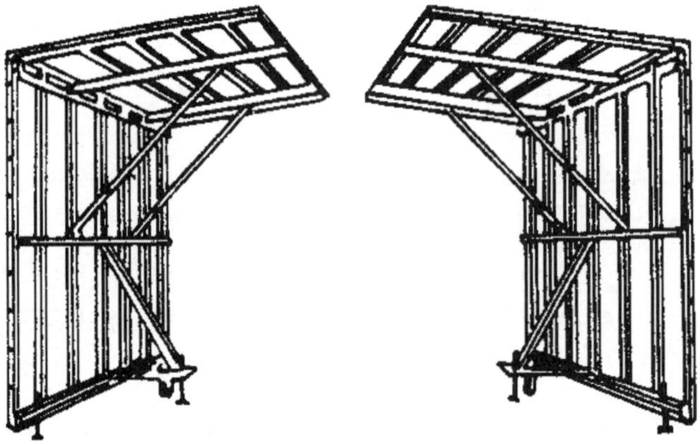

6.7 고층 건축물의 구조

6.7.1 개 요

고층 건물구조의 기본적인 구성요소는 크게 선형요소, 평면요소, 입체요소의 3가지로 나눌 수 있다. 선형요소로서 기둥과 보는 축력과 회전력을 지지하고, 평면요소로서 벽체와 슬래브는 축력과 회전력 그리고 횡력을 지지하며, 입체요소로서 외벽이나 코어는 건물의 강성을 높일 수 있다. 이와 같은 기본요소들의 조합은 고층건물의 뼈대구조가 되고 그 조합방법은 무수히 많다.

풍력과 지진력 등 수평하중은 고층 건물구조에서 가장 중요한 요소가 되고 있으며, 특히 고강도 구조재의 사용으로 부재의 크기나 건물의 중량이 감소되어 건물이 유연하게 되므로 역학적 작용(풍력)에 민감한 영향을 받는다. 따라서 고층 건물구조는 효율적인 건물형태를 취하고 적절한 구조형식의 사용으로 건물의 강성을 증가시켜야 하며, 외부수평력을 상실시키는 새로운 응력을 발생시키기도 한다.

6.7.2 고층 건물구조의 종류와 거동

1. 내력벽 구조

내력벽 구조는 오래 전부터 대규모의 조립식 구조물에 사용되어 왔으나, 그 거대한 무게와 평면계획상의 불변성 때문에 고층 건물에는 부적합하게 되었다. 콘크리트공법의 발전으로 10~20층의 건물에서는 경제적인 구조법으로 받아들여지게 된다.

이 구조는 아파트나 호텔같이 고정된 공간분할 형태를 갖는 건물에 적당하다. 내력벽 구조는 일반적으로 선형 벽으로 구성되어 있다.

2. 전단코어구조

전단코어구조는 건물의 크기와 기능에 따라 수직교통시스템과 에너지 공급시스템을 집중시켜 한 개 또는 여러 개의 코어를 연결시키는 것이다. 이러한 코어는 건물의 수평안정을 위한 전단벽 구조로도 이용된다. 코어 시스템의 특징은 다음과 같다.

코어는 철골이나 철근콘크리트 또는 철골철근콘크리트로 이루어진다. 철골구조로 된 코어는 수평안정을 얻을 수 있고, 고층건물에 필요한 강성을 얻기 위해서 비렌딜 철골구조에 대각선 브레이스를 보강한 수직 트러스를 사용한다. 철골구조로 된 코어의 장점으로는 조립식 부재를 사용하여 신속하게 조립할 수 있다. 반면에 철근콘크리트로 된 코어는 하중을 지지할 뿐만 아니라 방재면에서도 유리하나 지진하중에 대한 연성은 부족하다.

3. 강성골조구조

강성골조는 수평인 보와 수직인 기둥이 동일면상에 강절로 접합된 장방형 격자로, 이 골조는 건물의 내부 벽에 있는 면에 또는 건물 외벽면상에 위치한다. 이 강성골조를 철골구조로 할 경우는 30층 정도, 철근콘크리트일 경우는 20층 정도가 적당하다.

강성골조는 연속성 때문에 횡력을 받게 되면 보와 기둥이 휘게 된다. 이러한 강성골조가 갖는 연속성의 특징은 강접합된 구조물이 외력을 받아서 변형하더라도 접합점에서 부재가 이루는 각도는 변함이 없다는 것이다.

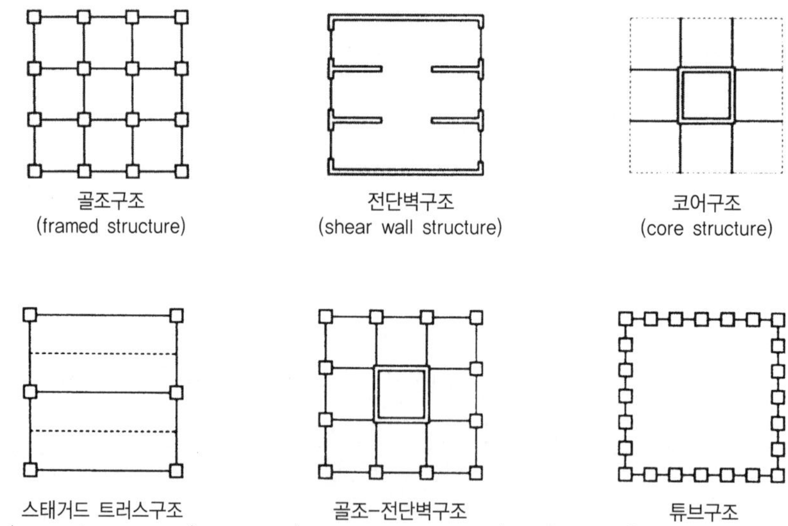

그림 6-46
강성골조구조

4. 벽-보구조

벽-보구조는 격간 트러스 구조와 엇갈림 트러스구조이다. 격층마다 트러스가 쓰이는데 트러스 상현재와 하현재 위에서 바닥슬래브를 지지한다. 트러스가 없는 각 층마다 생기는 넓은 공간은 평면계획상 공간의 유연성을 요하는 건물에 유리하다.

5. 골조-전단벽구조

강성골조는 30층 이상에서는 실용적이지 못하므로 횡하중에 견디기 위해서 골조 내에 전단벽을 사용한다. 전단벽은 콘크리트나 철골트러스로 한다. 전단벽은 엘리베이터 통로나 계단실 주위에 있는 폐쇄 내부코어일 수도 있고, 건물 내 평행벽일 수도 있으며, 또는 수직 외곽 트러스일 수도 있다.

전단벽구조뿐만 아니라 강성골조를 이용하면 횡력에 효과적으로 저항한다. 전단벽과 골조의 각기 다른 변형특성으로 인해서 건물의 상부에서는 골조가 전단벽을 밀고 하부에 전단벽이 골조를 민다. 따라서 바람에 의한 전단력은 건물 상부에서는 골조에 의해 그리고 건물 하부에서는 대부분 전단벽에 의해 저항된다.

6. 무량판구조

무량판구조는 기둥에 의해서 직접 지지되는 콘크리트 슬래브 또는 와플 슬래브로 구성되기 때문에 바닥골조가 필요 없다. 이 구조시스템을 사용하면 층고를 최소로 할 수 있어 경제적이다. 기둥 주위에 전단력이 집중되기 때문에 주두판 또는 주두가 사용되며, 주두판이 없는 슬래브를 보통 평판이라고 한다. 이 구조는 지지하중이 불규칙적일 때 유리하다.

7. 벨트트러스를 갖는 전단벽-골조구조

브레이스로 보강한 골조(즉, 전단벽-골조건물)는 40층 이상에서는 브레이스에 충분한 강성을 주기 위해 많은 재료를 사용해야 하므로 효율적이지 못하다. 코어와 골조를 연결시키기 위해 벨트트러스를 사용하면 건물구조의 효율은 30퍼센트까지 향상시킬 수 있다. 트러스는 코어에 강접으로 연결되고 외주는 단순하게 연결된다. 전단코어가 휘어지려고 할 때

벨트트러스는 지렛대 작용을 하여 축방향 응력을 직접 외주에 전달하므로 이 기둥들은 코어의 변형을 억제하는 지주역할을 한다. 코어는 수평전단력을 받고 벨트트러스는 수직전단력을 코어로부터 외곽골조로 전달한다. 따라서 건물은 캔틸레버 튜브와 같이 단일체로서 작용한다.

8. 튜브구조

튜브구조는 최근에 발전한 구조로서 세계에서 가장 높은 건물구조로 사용되고 있다. 튜브구조는 단위면적당 사용되는 구조재료의 양이 골조건물에 비해 반 정도밖에 되지 않을 정도로 경제적이다.

튜브구조에서 수평하중은 건물 외곽구조가 지지하며 지상으로부터 솟은 속이 빈 캔틸레버형 상자와 같이 작용한다. 외벽이 대부분의 풍하중에 저항하기 때문에 내부에는 대각선 브레이스나 전단벽은 필요 없다.

9. 내진구조

내진구조는 지진에 의한 에너지를 제어 또는 흡수하여 건축물이 저항하도록 하는 시스템으로 3가지 유형이 있다.

① 내진구조(seismic resistant)

건물이 지진력에 저항하도록부재를 튼튼하게 설계하는 방식

② 면진구조(seismic isolation)

건물과 기초 사이에 진동을 감소시키는 장치를 삽입하여 지반과 건물을 분리시키는 방식

③ 제진구조(seismic control)

지진에너지를 각종 제어장치(댐퍼)를 이용하여 감소시키는 방식으로 장치는 TMD(turn mass damper) HMD(hybrid mass damper)등이 있다.

6.7.3 초고층 건물구조

1. 건물의 유형

1990년대 이후 발전되어온 초고층 건물은 여러 가지 유형으로 개발되어 왔으며, 새로운 시스템으로 계획되고 있다. 그 중 대표적인 것을 열거해보면 다음과 같다.

① 모멘트저항골조(moment-resisting frame structure)

보-기둥접합부가 충분한 강성을 가지고 횡력에 저항할 수 있는 골조

② 내력벽구조

내력벽이 중력하중과 횡력에 저항하는 구조

③ 건물골조구조

가새-전단벽, 모멘트골조 등이 입체로 저항하는 방식의 구조시스템

④ 이중골조구조

여러 가지 구조시스템이 복합적으로 결합된 방식의 구조시스템

⑤ 아웃리거-벨트트러스구조

60~70층 전후의 초고층건물에 적용되는 횡력저항구조 시스템으로 코어, 아웃리거(outrigger), 벨트트러스로 구성되어 횡력에 의한 전도모멘트는 코어구조와 외부기둥이 함께 저항하도록 하며 코어구조와 외부기둥을 연결시켜주는 벨트트러스구조를 두어 코어와 함께 횡력에 저항하도록 하는 방식

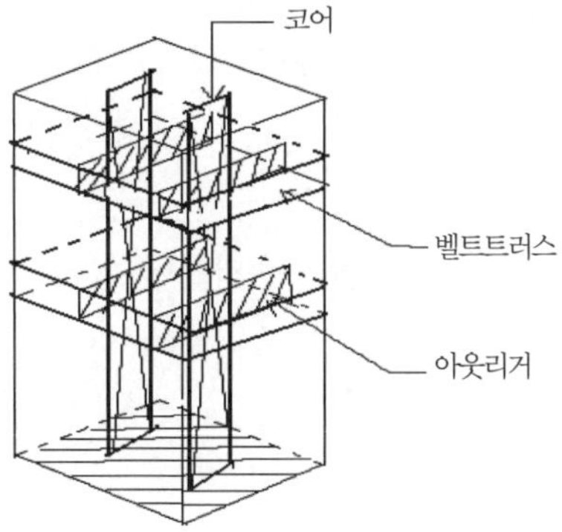

⑥ 튜브구조

- 골조튜브방식
  건물전체 외부기둥과 춤이큰보를 강접합시켜 지지하는 방식
- 가새튜브방식
  구조체 외부에 가새를 넣어 보강한 튜브방식
- 이중튜브방식
  내부 코어를 가새나 전단벽으로 배치하는 방식의 튜브구조
- 묶음튜브방식
  골조튜브와 트러스튜브를 한평면상에 2개 이상 사용하는 구조형태

⑦ 스파인구조(spine structure)

고층건물의 연속적인 부분에 스파인(척추와 같은 형상)구조물을 국부적으로 설치하여 건물의 횡력저항구조의 연속성을 유지하는 구조시스템

⑧ 다이아그리드구조(diagrid structure)

초고층 풍하중의 와류현상을 고려하여 그 영향을 최소화한 공기역학적인 디자인을 구현한 시스템이다.

- 건물의 모서리를 둥글게 한 형태
- 상층으로 갈수록 평면의 크기를 줄이는 형태
- 층마다 평면에 변화를 도입하는 형태
- 높이에 따라 나선형을 도입한 형태
- 상층부에 개구부를 두어 와류를 통과하게 하는 형태

⑨ 메가구조(mega structure)

초고층의 하중과 횡력을 저항하기 위해 대형 슈퍼기둥과 전달보형식의 트러스를 사용하는 구조시스템으로 슈퍼프레임 형식과 스페이스 트러스 형식이 있다.

- 슈퍼기둥과 슈퍼보에 의한 스페이스 트러스 형식
- 슈퍼기둥과 슈퍼보에 의한 슈퍼프레임 형식

6.7.4 대공간 건물

1. 대공간 건물의 종류

① 케이블구조

현수선을 이용한 서스펜션구조

② 막구조

공기막(공기 지지, 공기팽창구조)과 비공기막구조(현수막구조, 골조막구조)로서 막 내의 압력을 사용하거나 막 면의 장력을 도입하여 구조체를 형성한다.

③ 개폐 돔구조

케이블에 막을 매달아 개폐시키는 형태의 구조물

④ 하이브리드구조

무주 대공간구조물을 형성하기 위한 구조체로서 기둥 없이 대공간을 형성하는 구조형식으로 베이징올림픽 주경기장과 런던 올림픽주경기장 등이 있다.

용어정리

철근콘크리트공사

피복두께	철근을 콘크리트로 감싼 두께로 콘크리트 표면에서 가장 가까운 철근까지의 최단거리(순 간격)
온도조절 철근 (temperature bar)	온도변화에 따른 콘크리트의 수축으로 생긴 균열을 최소화하기 위한 철근으로 하중지지와는 관계없이 주로 1방향 슬래브의 장변방향에 배근된다.
나선철근 (spiral hoop)	기둥에서 좌굴이나 전단력을 받아 주는 hoop 대신 철근을 이음 없이 나선상으로 감아 시공하는 철근을 말하며 전단보강, 좌굴 방지, 내진에 유리하다.
클램프(cramp iron)	양끝이 구부러진 꺾쇠 모양의 접합용 철물로 거푸집, 석재 등에 사용되며 거멀쇠, 은장, 꺾쇠라고도 한다.
박리재(form oil)	콘크리트 표면에서 거푸집널 떼내기를 쉽게 하기 위하여 미리 거푸집널을 바르는 물질
서포트(support)	장선받이, 멍에 등을 받아 그 하중을 지반 또는 밑층의 바닥판에 전달하는 지주로 동바리라고도 한다.
보우 빔(bow beam)	강재의 장력을 이용하여 만든 조립보로서 무지주공법에 이용되는 수평지지보
페코 빔(pecco beam)	단 사이에 따라 신축이 가능한 무지주공법의 수평지지보
캠버(camber)	(1) 높이 조절용 쐐기(솟음) (2) 처짐을 고려하여 미리보, 슬래브의 중앙부를 $l/300$ 정도 치켜 올림한 부분
요크(york)	슬라이딩 폼에서 거푸집을 수직으로 끌어올리는 기구
절건상태	일정 중량이 될 때까지 110℃ 이하의 온도로 가열 건조한 상태, 노건조상태라고도 한다.

잔골재율	잔골재와 굵은골재의 절대용적 합에 대한 잔골재의 절대용적의 백분율.
포졸란	물 속에서 용해하여 수산화칼슘과 화합하여 불용성의 화합물을 만드는 실리카물질을 함유하는 미세분의 재료
플라이애시	분탄이 보일러 내에서 연소할 때 부유하는 회분을 전기 집진기로 채집한 표면이 매끄러운 구형의 미세립 분말
수화열	시멘트가 물과 수화작용을 하면서 발생되는 열
레이턴스(laitance)	콘크리트를 부어 넣은 후 블리딩수의 증발에 따라 그 표면에 나오는 백색의 미세한 물질
애지데이터 트럭 (truck agitator)	믹싱 플랜트로부터 콘크리트를 받아 수송 도중 애지데이터(회전드럼)로 교반하여 운반하는 레미콘 중 central mixed concrete를 운반하는 트럭
truck mixing	레미콘 중 shrink mixed concrete 및 transit mixed concrete에 사용되는 트럭으로 약간 혼합됐거나 미리 계량된 재료를 운반 중 비빔할 수 있는 설비
dry mixing(건비빔)	모르타르 또는 콘크리트에 물을 가하지 않고 시멘트와 골재만 비빔한 것을 말하며, 마감공사나 건식 레미콘에서 사용된다.
인트레인드 에어 (entrained air)	연행공기. AE 사용에 의한 독립된 미세기포로서 볼베어링 역할을 한다. 3~6% 정도 들어있는 균일한 분포의 공기기포이다.
인트렙트 에어 (entrapped air)	갇힌 공기, 일반 콘크리트에 자연적으로 1~2% 정도 함유된 상호 연속된 부정형의 기포
배처 플랜트 (batcher plant)	물, 시멘트, 골재 등의 콘크리트 각 재료를 정확하게 중량으로 계량하는 batching plant와 1회분 콘크리트를 생산하는 mixing plant로 구성되어 있다.
공기량	부어넣기 직후의 콘크리트의 시멘트 페이스트 속에 포함된 공기의 콘크리트에 대한 용적 백분율

시공연도(workability) 비빔, 타설, 다짐 및 마감과 같은 일에서 작업의 난이도와 재료의 균질 정도를 나타내는 굳지않은 콘크리트 및 모르타르의 성질

슬럼프 콘 (slump test cone) 콘크리트의 슬럼프시험을 할 때 사용되는 높이 300mm, 하단 안지름 200mm, 상단 안지름 10mm의 원추형의 철제 통

소요 슬럼프 콘크리트를 부어넣을 때 요구되는 슬럼프값

펌프크리트 (pumpcrete) 콘크리트를 펌프의 피스톤으로 혼합장소에서 치는 곳까지 관을 통하여 보내어 타설하는 콘크리트

크리프(creep)현상 콘크리트에 일정한 하중이 계속 작용하면 하중의 증가 없이도 시간과 더불어 변형이 증가하는 현상

※ 크리프 변형은 탄성변형보다 크며 지속응력의 크기가 정적강도의 80% 이상이 되면 파괴현상이 일어나는데 이것을 크리프 파괴라 한다.

크리프(creep)의 증가원인

① 초기재령 시	② 하중이 클수록
③ W/C가 클수록	④ 부재의 단면치수가 작을수록
⑤ 부재의 건조 정도가 높을수록	⑥ 온도가 높을수록
⑦ 양생, 보양이 나쁠수록	⑧ 단위 시멘트양이 많을수록

재료가 응력일정의 상태로 유지되고 있더라도 시간과 함께 변형이 증가할 때 이 현상을 크리프라 한다. 강재가 항복점을 넘은 응력을 받을 경우 등에도 이 현상은 나타나지만 일반적으로 콘크리트의 경우에 고려해야 할 때가 많다.

트레미관 (tremie pipe) 안정액을 시공하거나 수중콘크리트 타설 시 쓰이는 안지름 250~300mm 정도의 철관으로서 재료분리를 방지하고, 콘크리트 중량에 의해 안정액을 치환하는 역할도 한다. ※ 종류 : 밑뚜껑식, 플런저식, 개폐문식

슈미트 해머 (schumidt hammer) 콘크리트의 압축강도 측정용 비파괴시험기로서 콘크리트 표면에서 눌러 그 반발치에 의하여 강도를 측정한다.

진공콘크리트 (vaccum concrete) 콘크리트가 경화하기 전에 진공매트(vaccum mat)로 수분과 공기를 흡수하고 대기의 압력으로 다진 콘크리트

콜드 조인트 (cold joint)

대량의 콘크리트를 타설할 경우, 이미 타설한 콘크리트가 경화를 시작하여 그 위에 새로이 타설하는 콘크리트와 일체가 되지 못해 형성되는 불연속면

건조수축 현상 (drying shrinkage)

건조수축이란 콘크리트가 공기 중에서 수분의 증발로 인해 나타나는 수축으로서 콘크리트의 단위수량, 단위시멘트양, 콘크리트의 질 등에 다라 다르며 특히 양생방법에도 큰 영향이 있다. 즉, 습한 공기는 수축을 감소시키며 바람, 일사에 노출시키든가 습도가 낮으면 수축은 증가된다. 또한 수축변형은 건조 초기에 크며 시간에 따라 감소한다.

고압증기양생(high pressure steam curing)

고압증기양생용 압밀용기인 오토클레이브에 시멘트 제품이나 콘크리트 제품, 콘크리트 제품을 놓고 170℃~215℃ 사이의 온도에서 8.2kg/cm^2 정도의 증기압을 가하여 강도를 조기 발현시키는 양생방법으로, 오토클레이브 양생(autoclaved curing)이라고도 하며 양생과정에 따라 일단계 양생과 이단계 양생으로 나뉜다.

중공슬래브 (hollow core slab)

건물의 경량화를 목적으로 슬래브 내부에 일방향으로 연속한 구멍이 있는 프리스트레스 슬래브(prestress slab)를 말하고, 경량이며 휨 저항성이 크다. 프리스트레스 방식에 의해 제작되며 증기양생한다.

휨응력 (bending stress)

휨모멘트에 의해 단면 안에 생기는 수직응력을 말하는 것으로 부재가 휨모멘트를 받으면 휘어서 부재의 중심축으로부터 위쪽은 압축력을 받고, 아래쪽은 인장력을 받게 된다. 이런 응력을 휨응력이라 하는데 부재가 휘면 전단응력도 동시에 생긴다.

휨전단균열 (flexure-shear crack)

(1) 정상적인 보에 충분한 배근이 된 곳에서는 휨균열이 복부 전단균열보다 먼저 발생한다.
(2) 주철근의 배치에 의해서 이들의 균열폭과 길이가 작게 되도록 조절할 수 있으나, 이들 균열의 상단에서 사인장 강도를 초래할 때 균열은 방향을 바꾸어서 사방향으로 계속적으로 확대되고 그 폭도 넓어진다.

휨철근(bent bar)

(1) 정철근 혹은 부철근을 굽혀서 만든 복철근으로 사인장응력에 저항하는 철근이다.
(2) 사인장응력의 방향에 나란히 배치하는 것이 가장 효과적이지만 가공 및 조립을 간단하게 하기 위해서 휨 철근의 간격은 보의 유효높이 이하가 되게 배치해야 한다.

현장계량

(1) 현장에서 골재를 자연습윤상태로 삽으로 큰 용기에 담은 정도의 것을 측정하는 용적(m^2)계량법이다.
(2) 현장의 용기에 의한 계량방법으로 표준계량에 대하여 현장계량이라 한다.
(3) 콘크리트의 각 재료의 양을 현장계량에 의한 용적으로 표시한 배합이다.
(4) 콘크리트 비벼내기 $1m^3$에 소요되는 각 재료 중 시멘트는 포대 수로, 골재는 현장계량에 의한 용적(m^3)으로 표시된다. 단, 시멘트는 42.637kg(94lb)을 1포대로 하고 포대의 용적은 약 $0.027m^3$(약 1입방척=1절), 35.2포대의 중량은 약 1,500kg, 즉 1의 m^3 용적이다.

항복점(yield point)

(1) 탄성한도 이상으로 변형시켰을 때 변형과 응력의 비가 갑자기 커지는 점이다.
(2) 응력변형도 곡선에 있어서 재료에 외력을 가할 때 응력의 증가됨이 없이 갑자기 큰 변형을 나타내는 점의 응력도를 그 재료의 항복점이라고 한다.

피아노선 (piano wire)

(1) PS콘크리트에 쓰이는 PC강선 중 지름 10mm 이하의 강선을 말한다.
(2) 탄소함량 0.6~1.05%의 고탄소강을 반복냉간인발 가공하여 가는 줄로 만든 것이다.
(3) piano string music wire.
(4) 처음엔 피아노, 기타 등의 악기줄로 사용하였다.
(5) 강철선 중 인장강도가 최대(1,500~3,500MPa)이다.
(6) 고급 스프링재로 쓰이며 PC강선의 소재가 된다.

프리팩트 콘크리트 (prepact concrete)

(1) 구축할 콘크리트구조물의 거푸집 속에 미리 굵은골재만으로 채우고 그 공간을 모르타르로 채우는 것으로 소요강도, 불투수성 및 내구성을 갖도록 한 시공법으로 만들어진 콘크리트이다.
(2) 보통콘크리트를 치기 곤란한 장소에서도 쉽게 사용할 수 있다.

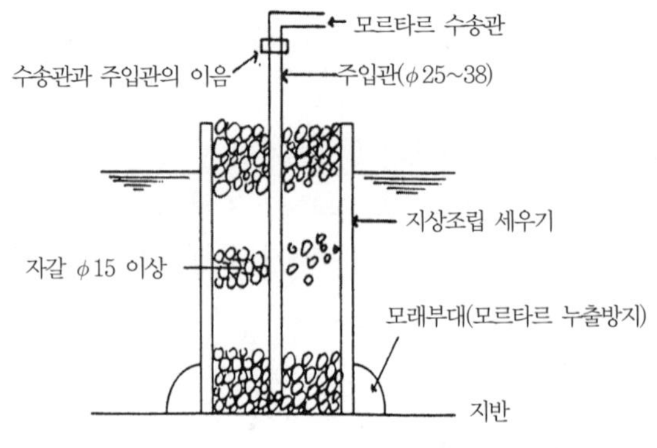

(3) 그라우팅 하는 모르타르, 즉 그라우트는 가는 모래, 시멘트, 포졸란, 진충제 및 일종의 약제를 포함하고 있다. 모르타르에는 혼화제(주입보조제)와 플라이애시(주로 fly ash)를 혼합한다.

프리캐스트 콘크리트 (precast concrete)

(1) 공장에서 고정시설을 가지고 기둥, 보, 바닥판 등의 소요부재를 철재 거푸집에 의하여 제작하고 고온 다습한 증기보양실에서 단기 보양하여 기성 제품화한 것이다.
(2) 공장 생산된 제품을 공사장에 운반하여 조립구조로 시공할 수 있다.
(3) 약자인 PC(precast)는 미리 구운이란 뜻으로 공장에서 만든 부재를 말한다.
(4) 육교나 고가도로의 보가 그 일례인데 기둥, 슬래브 등도 PC로 하여 건물 전체를 조립하는 경우도 있다.
(5) 현장에서 인방보 등을 미리 만들면 그것도 PC콘크리트이다.

프리스트레스 콘크리트 (perstressed concrete)

(1) 외력에 의해 발생하는 부재 내의 응력에 대응하여 미리 부재 내에 응력을 넣어 줌으로써 외력에 대응토록 하는 원리로 만든 콘크리트이다.
(2) 약칭 PC, PSC, PS콘크리트
(3) 피아노선 등의 특수고강도에 인장력을 주어 미리 콘크리트 부재에 인장력을 압축력으로서 도입하여 하중에 의해서 생기는 인장응력의 일부를 없앰으로써 큰 하중에 견딜 수 있게 만든 콘크리트이다.
(4) 공법은 강선의 인장작업에 따라 프리텐션법, 포스트텐션법이 있다.
(5) 장경간의 구조물(교량, 보)과 고층건축, 널말뚝, 철도침목 등에 많이 이용된다.
(6) 장점
  ① 설계하중 내에서 균열이 생기지 않는다.
  ② 탄성, 가소성, 가소성이 풍부하다.
  ③ 강의 양이 적게 들고 부재 단면이 절약되어 경제적이다.
  ④ 같은 거푸집으로 다량 제작이 가능하다.
  ⑤ 내구적이다.
(7) 단점
  ① 숙달을 요한다.
  ② 장치, 제작비가 높다.
  ③ 피아노선이 고가여서 콘크리트 제품으로서 단가가 비싸다.

평판(flat slab)

(1) 평바닥판구조, 무량판구조

(2) 건축 등의 바닥 또는 지붕구조로서 보가 없고 슬래브만으로 된 바닥을 기둥으로 받치는 철근콘크리트 슬래브를 말한다.

(3) 지지점 부근에 큰 모멘트와 전단력에 대응키 위해 dropped panel 또는 column head 등을 둔다.

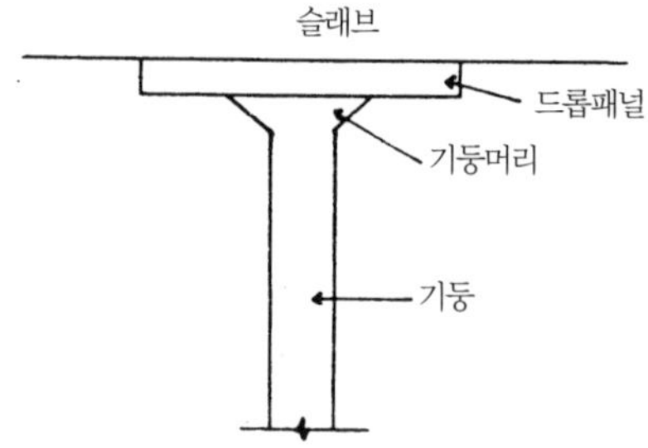

탄성계수 (modulus of elasticity)

(1) 재료 재축방향의 응력도와 세로 변형도와의 비

(2) 응력과 변형이 비례하는 훅(hook)의 법칙에 있어서 비례정수

(3) 재료에 외력이 작용할 때 비례한도 내에서 재료의 단면적 a에 p라는 수직응력이 작용하여 처음 길이 l이 e만큼 길이의 변화를 일으켰다고 할 때 훅의 법칙에 의해 단위 응력 σ와 단위변형도 ϵ와의 비(E)를 말한다.

$$E = \sigma / \epsilon = p / A \times l / e = pl / Ae$$

(4) 탄성계수는 단위변형도($\varepsilon = 1$)를 일으키는 수직응력도의 크기이다.

(5) 응력이 수직응력(압축, 인장)일 때 영계수라 한다. 단위는 MPa이다.

캔틸레버 (cantilever)

(1) 한쪽만 고정시키고 다른 끝은 돌출시켜 그 위에 하중을 지지하도록 한 구조이다.

(2) 공중에 떠있는 듯한 동적인 공간효과와 햇빛을 막거나 경쾌하게 보이기 위하여 근대건축뿐만 아니라 의자 디자인에 채용함으로써 종래의 의자와는 전혀 다른 새로운 구조를 탄생시켰다.

(3) 응력에 많이 견딜 수 있는 구조, 즉 철골구조, 철근콘크리트구조 등을 쓰는 현대 구조법에 많이 쓰이는데 캔틸레버식 교량, 공장건축, 상점건축은 물론 주택에도 많이 쓰인다.

(4) 석조에서는 매우 육중한 벽을 형성하게 되고 재료가 많이 든다.

조립률 (finess modulus)

(1) 콘크리트에 있어서 골재의 입도를 표시하는 하나의 지표이다.

(2) 규정된 일조의 체(0.15, 0.3, 0.6, 1.2, 2.5, 5, 10, 20 및 40mm 등 9개)를 사용하여 체가름시험을 했을 때 각체를 빠지지 않는 전부의 시료의 중량 백분율 합을 100으로 나눈 값이다.

(3) 골재의 적부를 판단하는 입도를 표시하는 하나의 방법이며 잔골재에서는 2.6~3.1, 굵은재에서는 6~8이 적당하다.

응결촉진제

급결제로서 모르타르나 콘크리트의 경화작용을 촉진시키는 약제이며 염화칼슘, 식염, 규산나트륨 등이 이용된다.

응력(stress)

(1) 외력(하중, 반력 등)을 받는 부재나 구조물의 내부에 생기는 외력에 저항하는 힘이다.
(2) 크기는 단위면적의 값으로 표시한다.
(3) 단위 : MPa
(4) 재료가 잘린 단면 전체에 대한 응력은 전응력, 단위면적에 대한 응력을 단위응력 또는 응력도, 응력이라고도 한다.

응결지연제

(1) 시멘트의 응결시간을 늦추기 위해 쓰는 재료이다.
(2) 고온에 의한 경화 촉진을 방지하고 콘크리트를 칠 때의 워커빌리티를 보유하며 거푸집의 변형에 의한 콘크리트의 균열의 발생을 방지하는 등의 이점이 있다.
(3) 서중콘크리트에는 지연제를 적당히 쓰는 것에 의해 수송 중에 있어 슬럼프의 감소를 적게 할 수 있다.
(4) 지연제로는 수산기를 포함하여 산 또는 염류

와플 슬래브 (waffle slab)

(1) 하중을 감소하기 위하여 함지를 엎어놓은 듯한 거푸집을 이용해서 공동을 형성하여 두 방향 장선구조를 만들고 이것이 응력에 저항하는 것으로 계산한 무량판 철근콘크리트구조의 바닥판이다.
(2) 기둥의 상부에는 직교하는 주간 대에 지판을 구성하여 바닥판 지지 부분을 보강한다.

와플 플랫 슬래브 (waffle flat slab)

(1) 장선바닥판의 장선을 직교하여 구성한 우물반자 형태로 된 2방향 장선바닥구조이다.
(2) 작은 돔(dome)형의 거푸집이 사용되고 이 모양이 와플과 같다 하여 붙인 이름이다.
(3) 2방향 장선 바닥판 구조라고도 할 수 있으며 보통 바닥판 구조보다 기둥의 간사이를 더 크게 할 수 있다.
(4) 무량판구조 또는 플랫 슬래브와 같이 주열대와 주간대로 나누어 +자형의 장선이 응력에 저항하는 것으로 계산된다.

경량골재 (lightweight aggregate)

(1) 콘크리트를 경량화 하기 위하여 쓰인 비중이 작은 골재이다. 일반적으로 절건 비중이 굵은골재에서 1.6, 잔골재에서 2.0 미만의 것으로 천연과 인공의 것이 있다.
(2) 천연의 것은 화산석이나 경석으로 흡수성이 크고 강도도 작다. 인공 경량골재는

혈암, 점토, 플라이애시 등을 원료로 하여 소성한 것으로 가격은 높지만 기포가 있어도 흡수성이 적고 강도도 상당 정도 기대할 수 있다.

계면활성제 (surface active agent)

(1) 계면이란 기체, 액체, 고체 간의 혼합하지 않은 두 개 사이 접면으로서 계면에는 표면장력 또는 계면장력이 움직이고 있는데, 계면활성제는 이 힘을 줄이는 작용이 큰 것의 총칭으로 거품 일음, 젖음, 유화, 세정, 침투 등의 작용을 일으키게 한다.
(2) 토목용에서는 AE제, 감수제, 아스팔트 유화제와 박리제로서 쓰인다.
(3) 표면활성제라고도 부른다.

극한강도설계

현재 일반적으로 행해지고 있는 설계는 탄성체로서의 응력계산을 하여 재하할 수 있는 하중상태 중에서 가장 위험한 상태에서의 최대응력이 재료의 항복응력과 재료안전율로 정한 허용응력을 초과하지 않도록 행한다. 그런데 국부적인 응력에 관계없이 그 구조물 전체에 저항할 수 있는 최종적인 하중상태, 즉 붕괴하중을 구하여 설계하중에 일정한 비율로 곱한 것이 붕괴하중이 되는 설계법이 근년에 연구되고 있다. 이것은 극한설계 또는 소성설계라 불리며 모든 외국에서는 이미 실용되고 있다. 이 일정 비율, 즉 붕괴하중과 설계하중과의 비를 하중계수 또는 하중안전율이라 한다.

내화콘크리트 (fire-proof concrete)

골재에 화산암질골재, 슬러지 등을 사용하여 철근의 머리를 크게 하여 콘크리트 표면 아래 20mm 정도의 곳에 철망 등을 배치한 콘크리트. 필요에 의해 표면에 플라스터 등의 단열재로 표면을 보호하면 보다 더 내화성이 커진다.

부정정구조물

정역학에서의 힘의 균형만으로 그 응력상태를 구할 수 없는 구조를 부정정구조라 한다. 연속보, 3인치 이외의 아치, 라멘, 격자구조 등이 그것에 해당된다. 비렌딜거더 등과 같이 지승의 반력은 정정 균형조건에 의하여 구할 수 있지만 구조물 내의 응력이 그것만으로 결정되지 않는 것을 내적 부정정구조, 또 지승반력까지도 정정조건에서 구할 수 없는 것을 외적 부정정구조라 한다. 외적 부정정구조물을 구축함에 있어서는 기초지반의 양부가 큰 문제가 되어있다. 부정정구조물을 푸는 데에는 그 부재의 단면값을 가정하여 변형량을 구하지 않으면 안 된다. 미지량의 수에서 정정 균형조건의 수를 뺀 것을 부정정 차수라 한다.

연결보(tie beam)

(1) 기둥의 부등침하나 이동을 막기 위하여 독립기초부에 두는 지중보
(2) 주각에서 전달되는 휨모멘트를 받고 라멘계산에 있어 주각고정이라는 조건 등에 의해 계산상의 단면보다 큰 것으로 해야 한다.

안전율 (safety factor)

(1) 재료가 파괴될 때까지의 최대응력, 즉 극한강도를 허용응력으로 나눈 값
안전율 = 극한강도 / 허용응력

(2) 하중 및 응력의 성질 또는 재료의 성질 및 그의 신뢰도, 공작 정도, 사용상태 등에 따라서 좌우되고 적당히 정해진다.

(3) 보통강재에서는 3~3.5 정도이고 콘크리트에서는 3~4 정도이다.

(4) $\text{구조안전율} = \dfrac{\text{붕괴하중}}{\text{설계하중}}$

(5) $\text{재료안전율} = \dfrac{\text{재료의 강도}}{\text{허용응력도}}$

슬럼프 테스트 (slump test)

(1) 콘크리트의 반죽 질기를 파악, 물-시멘트비를 조절하여 시공연도를 좋게 하고 성형성 및 마무리의 용이성을 평가한다.

(2) 방법은 슬럼프 콘을 수밀성의 평판 위에 놓고 평판과 콘 사이에 물이 새지 않게 하고 콘크리트를 3층으로 나누어 넣고 각 층마다 다짐막대를 3회에 걸쳐 25회 균등히 다진다.

숏크리트(shotcrete)

(1) 조립된 철근과 철강에 시멘트 건으로 콘크리트나 모르타르를 여러 번 뿜어 붙여서 얇은 슬래브를 형성하는 공법이다.

(2) 시멘트, 잔골재, 물을 압축공기로 뿜어서 만든 모르타르층, 콘크리트층을 일컫는다.

(3) 여러 재료의 표면에 시공하면 밀착이 잘 되며 수밀성, 강도, 내구성이 커지며 표면 마무리뿐 아니라 얇은 벽마름, 감재의 녹막이 등에도 유효하다.

(4) 균열이 생기기 쉽고 다공질이며 외관이 좋지 못한 것이 결점이다.

(5) 종류 : 시멘트 건, 본닥터, 제트크리트

(6) 뿜기 기계가 건(gun)과 비슷한데서 건나이트의 명칭이 붙는데 건나이트는 상표명이다.

서모콘 (thermo-con)

(1) 골재를 사용하지 아니하고 시멘트, 물, 발포제를 혼합하여 만든 일종의 경량콘크리트이다.

(2) 물-시멘트비 : 약 43%

① 강도 : 4~4.5MPa

② 밀도 : 0.8~0.9(물보다 가벼움)

③ 건조수축 : 보통콘크리트의 5배, 벽의 1단 부어넣기 높이 : 200mm 정도 발포제의 사용 시 2배로 팽창, 경화된다.

(3) 팽창 소요시간은 여름의 경우 20분, 겨울에는 60분 정도 소요된다.

(4) 경화 소요시간은 여름의 경우 1시간, 겨울에는 1.5시간 정도 소요된다.

(5) 공법

① 자갈, 모래 등의 골재를 사용하지 않고 시멘트, 물, 발포제를 혼합한 것을 틀에 부은 것이며, 기포를 가진 극히 가벼운 구조물을 만들 수 있는 공법이다.

② 특징은 기포가 많아서 물이 스며들지 않고 단열성이 우수하며 건물이 가벼워서 기초도 간단하게 끝날 수 있고 내화성, 내진성이 우수하다.

셸(shell structure)

(1) 곡면바닥판의 역학적 특질을 써서 하중을 지지하는 구조물이다.

(2) 건축구조의 구성형식에 의한 분류의 하나로서 하중은 축선에 따라 압축력으로 하부에 전달되므로 휨모멘트가 작고 작은 단면으로 큰 간사이를 구성할 수 있다(극장, 경기장, 창고, 체육관 등).

(3) 셸구조는 복곡면으로 된 회전셸과 단곡면으로 된 추동셸로 대별되고 이밖에 H.P셸, 코노이드가 있다.

(4) 회전셸은 곡면의 회전시켜서 된 것으로 돔(dome)이 대표적이고 추동셸은 곡선을 평행이동시켜 만든 곡면셸로 토형 지붕이 대표적이다.

선팽창계수

(1) 물체의 길이가 온도 1℃의 상승에 따른 선장과 원래의 길이와의 비를 말한다.

(2) 한 개의 물체 내에서 임의의 2점(A, B) 사이의 거리가 0℃에서 l_0이고, θ℃에서 l_0라고 하면 B= $1/l_0(d/d\theta)$를 θ℃에서의 AB방향의 선팽창계수라 하고 등방성 물체에서는 이 계수의 값은 방향과 관계가 없다.

푸아송 비 (poisson's ratio)

재료에 인장 또는 압축을 가한 때는 그 힘의 방향으로 신축함과 동시에 힘과 직각방향에도 변형이 발생한다. 가로변형과 세로변형의 비를 푸아송 비라 하며 푸아송 비의 역수를 푸아송수라 한다. 푸아송 비는 연강으로 약 0.3이다.

빈배합(lean mix)

콘크리트에 시멘트의 단위량이 적은 배합이다.

물-시멘트비 (water cement ration)

(1) 콘크리트 또는 모르타르에 있어서 시멘트 페이스트 속에 있는 물과 시멘트와의 중량비를 말한다.

(2) 물-시멘트비가 지나치게 크면 콘크리트의 강도가 저하되므로 좋은 효과를 얻을 수 없다. 따라서 물-시멘트비를 적당한 수치로 고정시키고 콘크리트 재료를 엄선하여 혼합작업을 잘 해야 한다.

(3) 골재의 알 모양이 좋고 입도가 적당하고 조합비가 알맞으며, 혼합 후의 경과시간을 짧게 하여 거푸집에 넣어야 효과를 얻을 수 있다.

이방향 슬래브

(1) 철근콘크리트 슬래브의 사변이 지지되어 서로 직각으로 섞이는 방향에 주철근을 갖는 것을 말한다.

(2) 슬래브의 단스팬을 lx, 장스팬을 ly로 하면 $lx / ly < 0.4$의 슬래브로 등분포하중이 작용하는 경우는 단스팬 lx의 방향에 대하여 단위 폭의 슬래브를 보라고 생각하며 모멘트를 구한다.

(3) $lx / ly < 0.4$인 경우는 탄성판의 이론을 적용하여 슬래브의 풀이를 구한다.

스터럽(stirrup)

(1) 정철근 또는 부철근을 둘러싸고 이것에 직각 또는 직각에 가까운 각도를 이룬 복철근을 말한다.

(2) 스터럽은 경사 방향에 균열의 발생을 완화시키고 균열이 발생하더라도 들보의 파괴를 방지하는 데 유효하다. 또 인장 측과 압축 측의 철근을 결합시킴으로써 압축 측의 철근의 좌굴을 방지하는 역할을 갖고 있다.

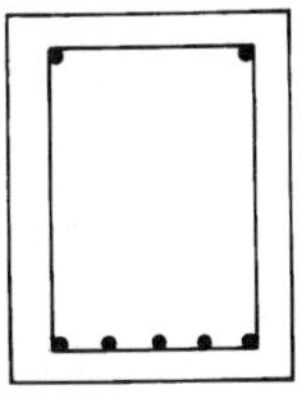

절곡철근 (bent-up bar)

철근콘크리트보 등의 단부 가까이에 휨모멘트가 감소하는 경우에 정철근 또는 부철근을 휘어 올리고, 또는 휘어 내려서 경사 인장력에 저항하도록 한 복철근을 말한다.

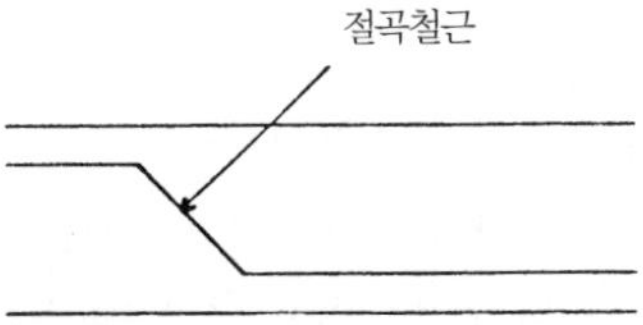

전단응력 (shearing stress)

(1) 부재의 축과 직각방향으로 전단하는 힘을 전단력이라 하고 단위면적당의 전단력의 크기를 전단응력이라 한다. 전단응력에 의한 변형은 전단변형이라 하여 그림에 나타난 것 같은 각변화이다. 단위의 각 변위를 발생케 하는 데 필요한 전단응력의 크기를 전단 탄성계수라 부르며 통상 G로 표시한다. 단위는 kg/cm^3, t/m^2 등으로 된다.

(2) $G = \frac{\tau}{\gamma}$

τ : 전단응력, γ : 전단변형이다.

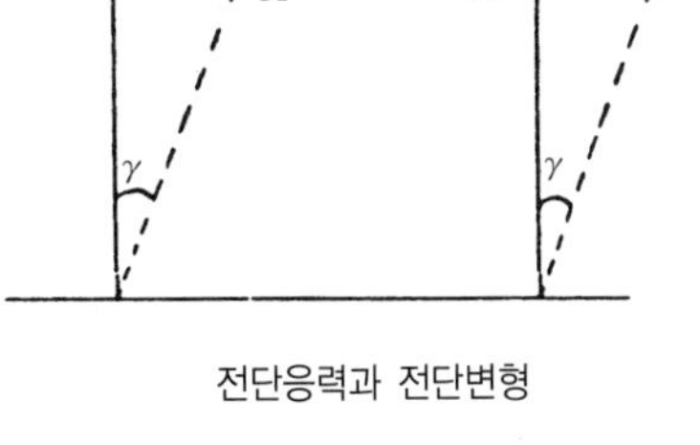

전단응력과 전단변형

플로 테스트 (flow test)

시멘트의 성질을 판단하기 위하여 시험하려는 시멘트와 표준사로 모르타르를 만들고 flow cone과 flow table을 사용하여 모르타르의 퍼지는 지름을 재서 flow값 몇 mm 표시하는 콘크리트의 컨시스턴시 측정의 한 방법으로, flow cone과 flow table을 사용하여 콘크리트의 퍼지는 직경과 cone 저면내경비의 백분율을 flow로서 표시한다.

헌치(haunch)

(1) 보 슬래브 단부의 단면을 중앙부의 단면보다 크게 한 부분, 폭·높이를 크게 하여 그 부분의 벤딩 모멘트나 전단력을 견디게 히기 위해 단부의 단면을 증가한 부분이다.

(2) 키(depth)를 크게 한 것을 수직헌치, 너비를 크게 한 것을 수평헌치라 하고 슬래브 단부 두께를 경사지어 증가시킨 것을 드롭헌치라 한다.

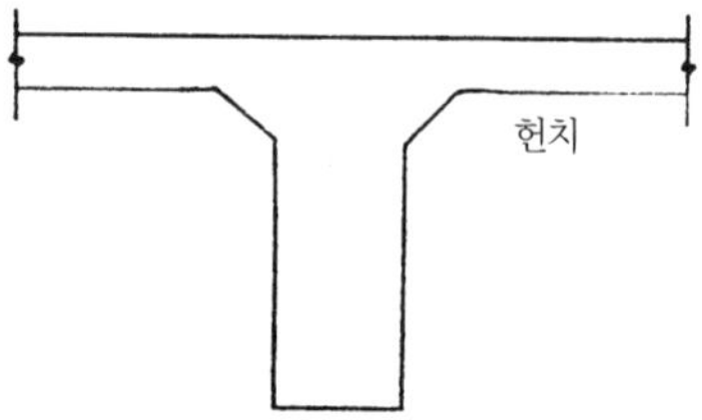

슬립폼 (slip form construction)

(1) 슬립폼을 써서 실시하는 공법이다.

(2) 콘크리트를 부어 넣어가면서 그 콘크리트가 경화하기 전에 거푸집을 요크로 서서히 끌어올리는 공법이다.

(3) 공기를 1/3 정도로 단축이 가능하다.

갱폼(gang form)

(1) 개표

① 표면피복강화 합판과 각재, 철골을 사용한 특수거푸집으로 옹벽 또는 기둥을 일체식으로 제작

② 중기(tower crane)작업에 의해 설치 및 해체

(2) 특성

① 장점

- 가설비계공사 불필요
- 미장공사 생략 가능
- 공기단축 및 인건비 절약

② 단점

- 제작기간이 길고 기능이 숙련되어야 한다.
- 기본계획 및 계획안의 한계성

half slab 공법

일체성 확보	전단철근	dubel 철근	
		spiral 철근	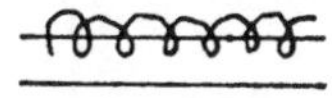
		truss 철근	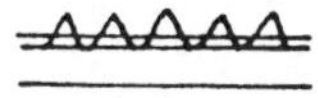
	타설경계면 처리	거친면 마감	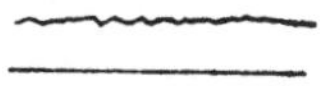
		shear cutter	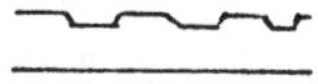

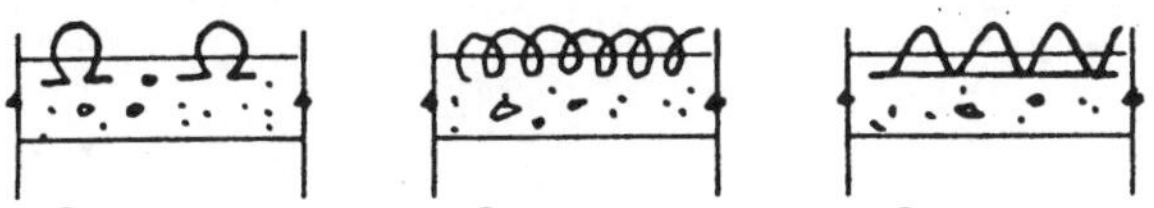

① dowel bar ② spiral bar ③ truss bar

(1) 개요

얇은 PC판 또는 반 PC판 공법으로 불리는 이 공법은 하반부분은 PC화 하고, 상반부분은 타설 콘크리트로 하여 바닥슬래브를 완성시키는 공법이다.

(2) 특징

① PC의 장점을 살리고 결점을 보완

② 천장면 마감 단순

③ 거푸집 불필요

④ 접합부 일체성 확보

⑤ 성력화

⑥ 공기단축

(3) 설계 및 시공 시 고려사항

① 현장타설 콘크리트와의 일체성

② PC판 보강

- 얇은 판 거동에 대처
- 탈형 운반, 조립 시 균열 방지
- 현장콘크리트 타설 시 균열 방지
- 보강방법(철근 및 단면형성에 의한 보강)

고로 슬래그(slag)

(1) 각종 광석으로부터 금속을 채취할 때의 잔재로 보통은 제철의 용광로에서 선철을 뽑아내고, 용선철의 윗면에 남는 찌꺼기를 말한다.

(2) 비금속성으로 수경성이 있다.

(3) 고로시멘트, 광재벽돌, 광재면 등의 원료로 쓰인다.

(4) 광재(slag) = 고로수재 = 수재 = 고로슬래그 = 슬래그

제 7 장
철골구조

7.1 개 론

철골구조란 건물의 골조(frame, frame work)를 각종 형강과 강판을 볼트접합, 고력볼트접합, 용접접합으로 조립하거나 단일형강을 사용하여 구성하는 구조물을 말하며, 강구조라고도 한다.

건축물의 주요구조부인 기둥, 벽체, 바닥, 보, 지붕, 계단 등을 모두 철강재로 구축한 것을 철골구조라 하며, 대규모 교량, 아치, 트러스, 탑, 대규모 고층건축물은 이 구조법을 사용한다.

1. 철골구조의 장·단점

■ 장점

대규모 건축물인 큰 스팬의 구조물이나 고층건물에 적당하고, 내력이 크고, 불연성이며, 수평력에 대하여 강하고, 피복을 적당한 두께로 잘하면 내화적이고 내구적이다.

강재는 다른 재료에 비하여 균질도가 높고 강도가 커서 철근콘크리트 구조보다 건물의 중량을 가볍게 할 수 있으며, 현장상태나 기상조건, 시공기술에 관계없이 정밀도가 높은 구조물을 구축할 수 있다.

■ 단점

고열에 약하고, 비교적 고가이며, 단면에 비하여 부재길이가 길고, 두께가 얇아 좌굴되기 쉽고, 일반강재는 녹슬기 쉽다. 용접하는 외에는 일체화로 보기 어렵다.

7.2 철골 재료

1. 철강재의 종류

철골구조용의 철강재는 탄소함유량에 따라 철(pigiron), 철강(steel), 주철(cast iron), 연철(wrought iron)로 나누며, 철골구조용으로 사용하는 구조용 강재(structural steel)는 원광석을 고로에서 용융하여 선철을 만들고, 다시 평로법, 전로법, 전기로에서 정제하여 강괴(ingot)로 만든 것을 소요형태의 구조용 강재로 압연성형한 압연강재가 많이 사용된다.

2. 압연강재의 종류

구조용 압연강재는 열처리, 기계에 의한 표면처리를 거치지 않고 압연한 상태로 사용할 수 있는 것이며, 모양에 따라 강판, 봉강, 형강, 강관 등이 있다.

■ 강판(steel sheet)

강판은 일반적으로 두께가 0.29~0.90mm인 것을 박강판이라 하고, 중강판은 두께가 1.00~5.50mm이며, 후강판은 두께가 6.00~50.00mm를 말하고, 철골구조용은 후강판이 주로 사용되고, 형강과 조립하여 부재를 구성한다.

■ 봉강(steel bar)

봉강의 단면은 원형, 사각형, 육각형, 팔각형이 있고 철골구조에는 원형철근(round bar)이 주로 사용된다.

■ 형강(shape steel)

형강은 여러 가지 단면형이 있는데, 건축구조용으로 가장 많이 사용되는 것은 ㄱ형강(unequal angle steel), I형강(I beam joist), H형강(H shape steel), ㄷ형강(channel steel) 등이 있고, T형강(structural tee), Z형강(Z shape steel)도 사용된다.

■ 강관(steel pipe)

건축구조용 강관은 강판을 원형으로 가공하여 만든 것이 대부분이고, 주철을 원심력으로 성형하여 만든 주철관은 기둥·보·재로 사용하며, 주철관은 녹이 슬지 않아 급수·배수관으로도 사용한다.

■ 경량형강(light gauge shape steel)

경량형강은 형강의 단면크기에 비하여 판의 두께를 얇게 하여 보통 3mm 이하의 두께로 만든 형강으로서 단면성능을 좋게 한 것으로, 하중이 적은 구조물에 사용된다.

그림 7-1

강재 단면형상과 표시방법

(단위 : mm)

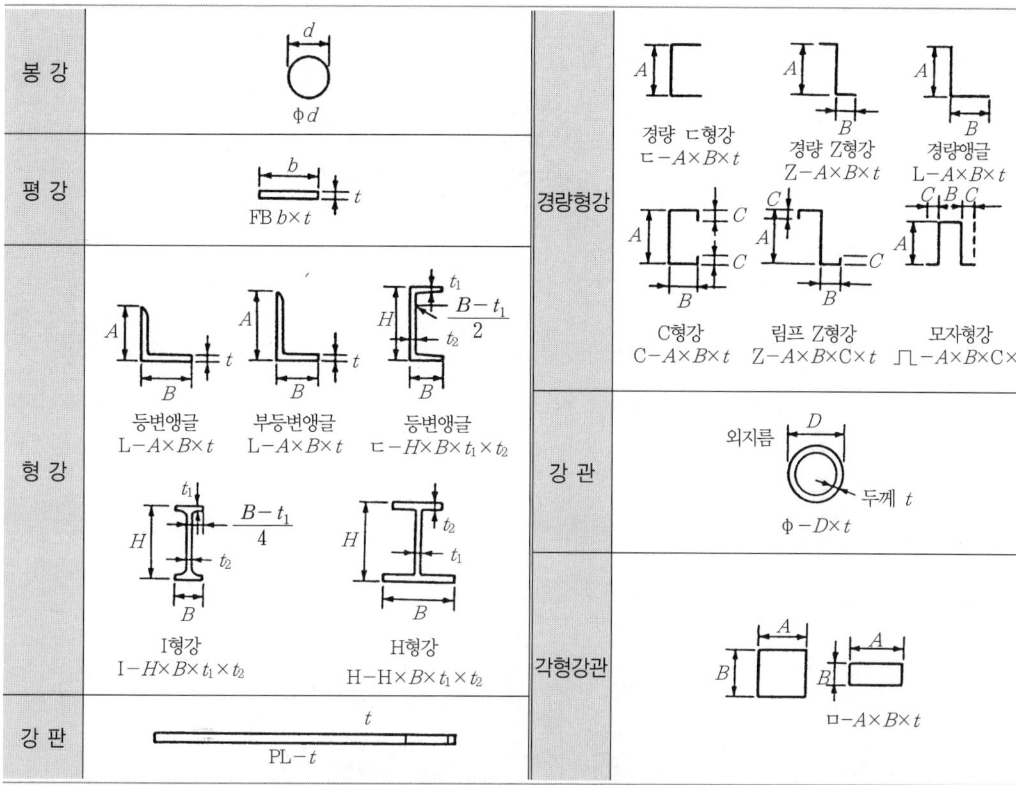

표 7-1

철골구조재의 정수

재 료	영계수 (MPa)	전단탄성계수 (t/cm^2)	푸아송 비	선팽창계수 (1/℃)
강·주강	210000	810	0.3	0.000012

7.3 볼트접합

그림 7-3
그립(grip)

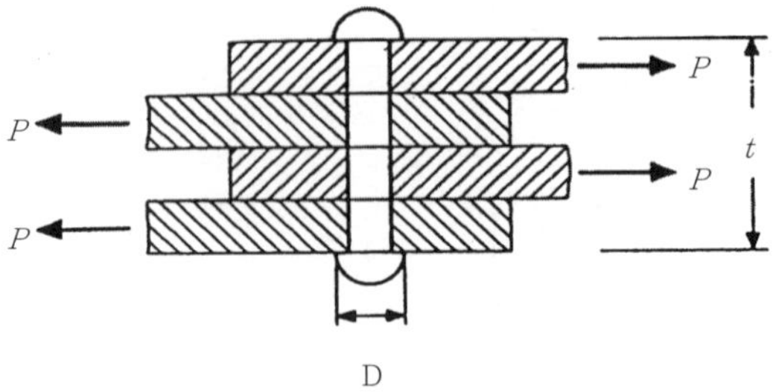

① 게이지 라인(gauge line, gage line) : 재축방향의 리벳 중심선

② 게이지(gauge) : 각 게이지 라인간의 거리, 게이지 라인과 부재면과의 거리

③ 피치(pitch) : 게이지 라인상의 리벳 간격

그림 7-4
게이지 라인(gage line)

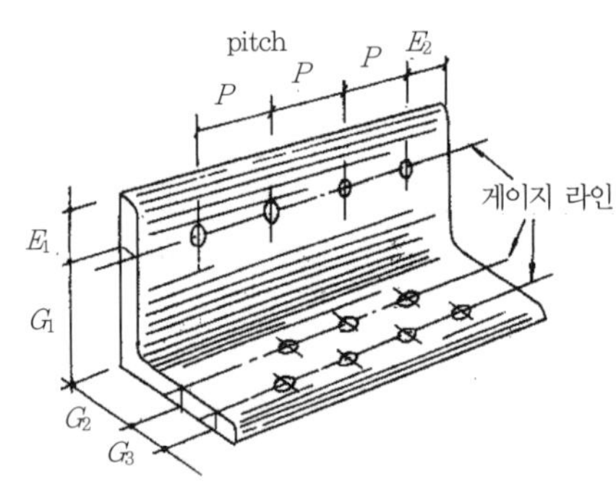

C: 클리어런스, P: 피치, G_1, G_2, G_3: 게이지
E_1, E_2: 연단거리

④ 클리어런스(clearance) : 리벳과 수직 부재면과의 거리

⑤ 부재의 중심선 : 재단면의 중심선

⑥ 부재의 기준선 : 구조체의 역학상의 중심선

⑦ 그립(grip) : 리벳으로 접합하는 부재의 총 두께

7.3.1 볼트(bolt)접합

보통볼트를 의미하고, 마무리 정도에 따라 3가지 종류가 있는데, 첫째 흑 또는 흑피 볼트(unfinished bolt)이다. 이것은 나사부(thread) 이외의 부분이 흑피로 된 것으로 가조임용이고, 다음은 중볼트인데 머리부 턱 밑면과 축부를 마무리한 것으로 구조용으로 많이 쓰이나, 진동이나 충격을 받는 부분의 접합부에는 쓸 수 없다. 상볼트는 볼트 표면을 모두 연마 마무리한 것으로 핀(pin)접합부에 사용한다. 와셔(washer)는 볼트를 죔으로써 생기는 인장력을 균등하게 분배시키고 나사부분이 접합재에 의하여 지압되지 않도록 한다.

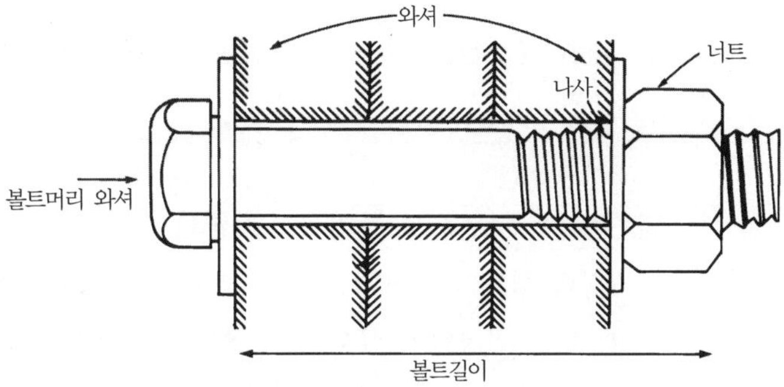

그림 7-5
볼트접합의 형태

볼트는 본격적인 접합부를 만들기 전에 임시 가조임용이나 가설 건물용으로 사용된다. 건축물의 구조내력상 주요부분에는 볼트를 사용하지 못하도록 규정하고 있다. 그러나 리베팅이 불가능한 곳에는 볼트를 사용할 수밖에 없는데, 이때의 볼트구멍 지름은 볼트 지름보다 0.5mm 이상 크면 안 된다. 진동·충격 등을 받는 부위의 너트는 느슨해질 수 있으므로 너트를 이중으로 죄거나 스프링 와셔(spring washer)를 끼우거나 너트를 용접해야 한다.

7.3.2 고장력(high tension)볼트 (H.T.B)

고장력 볼트 접합부는 앞의 리벳 또는 볼트접합에서와 같은 내력 외에 고장력 볼트를 강하게 죔으로써 얻어지는 초기 인장력(inital tension)을 응력전달에 이용하는 것이다. 그러나 구조물 설계에서 고장력 볼트에 내력이라고 하면 후자, 즉 초기 인장력만을 접합부의 응력전달에 이용한다.

고장력 볼트접합은 강한 초기 인장력 때문에 너트의 풀림이 없고 반복응력에 의한 영향도 거의 받지 않는다.

설계미끄럼강도

$$\phi R_n = \phi \times \mu \times h_f \times T_o \times 접합면수$$

$$(F10T, M22,\ T_o = 200kN/EA\ \ F10T, M20,\ T_o = 165kN/EA)$$

실제 시공에는 오차를 감안하여 설계볼트 장력을 10% 증가시키고 있는데, 이것을 표준볼트 장력이라고 한다.

고장력 볼트가 인장력을 받게 되면 부재 접촉면에서의 마찰저항은 줄어들며, 외부 인장력이 점차 커져 볼트가 죄어진 장력보다 커지면 접합된 부재의 접촉면은 벌어지고, 그 후부터 증가하는 인장력은 볼트가 받게 된다.

그림 7-6
보통볼트 및 고력볼트 접합

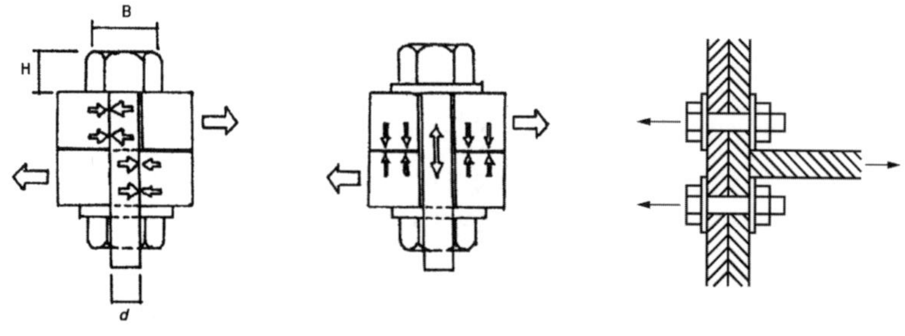

(a) 보통볼트접합(볼트강성) (b) 고력볼트접합(마찰력) (c) 인장접합

7.3.3 용접(welding)접합

용접은 금속재를 열과 압력에 의해 접착하는 것을 말하며, 접합법에서 점용접은 스틸 새시(steel sash)나 스틸 도어(steel door)에 사용되고 아세틸렌 가스용접(acetylene gas welding)은 강재에 사용한다.

가스용접은 좋은 강도는 기대할 수 없으나, 절단용으로는 극히 중요하며, 금속접합법에서 기계적 접합은 리벳접합, 볼트접합, 핀접합이고 납땜접합은 납땜, 기타 금속납에 의한 접합이다.

표 7-2

건축에 사용되는 용접의 분류

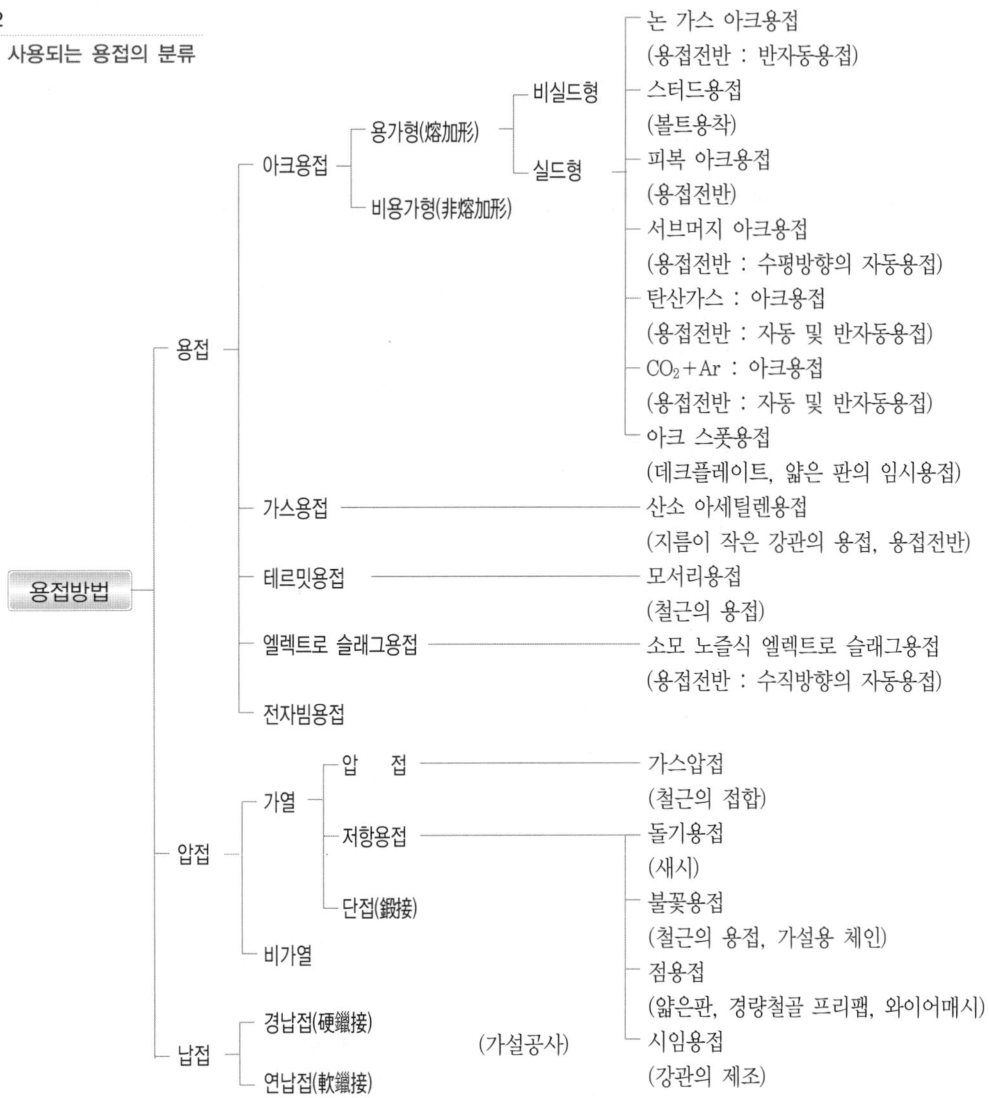

1. 용접의 특징

① 철골구조 각 부재의 접합부를 강력하게 하고 연속된 설계, 시공을 하기가 용이하다.

② 접합부에 덧판이나 보조판을 댈 필요가 없고 단면에 구멍을 뚫지 않아도 되므로 강재량을 절약할 수 있다.

③ 굴곡면의 접합도 자유롭게 할 수 있다.

④ 시공 시에 소음이 나지 않는다.

⑤ 손용접인 경우 용접기술자에 일임하는 부분이 많고, 용접부의 검사가 다른 용접법에 비하여 어려우므로 사전준비 단계에서 세심한 주의가 필요하다.

2. 용접의 종류

■ 전기저항 용접(resistance welding)

기밀을 요하는 공작기 등의 제작에 사용되고, 점용접(spot welding)과 솔기용접(seam welding)이 있으며, 이것은 접합하고자 하는 부재를 서로 맞대어 낮은 전압의 전류를 많이 통하면 그 접촉면에 생기는 전기저항에 의하여 용융온도까지 고열을 내어 연화용융되고 동시에 압력을 가하여 접착하는 것으로 용접작업은 간단하다.

■ 아크용접(arc welding)

모재(base metal)와 용접봉(electrode)에 전류를 통하면 그 사이에 전기불꽃(spark)이 계속 생기며, 3,500℃의 고열을 내는 아크를 발생시켜 그 열에 의하여 모재의 일부와 용접봉의 끝이 녹아내려 모재의 틈새에 채워져서 용접하는 방법이다. 모재의 두께는 6~35mm의 범위로 하며 용접방법은 수동, 반자동, 자동이 있다.

① 용접봉의 종류

- 민 아크용접봉 : 보통 강봉을 사용하거나 합금강을 사용하는데, 합금강은 접합부의 재질변화를 방지하는 목적으로 사용한다.
  용접부는 고열에 탄소가 없어져서 연철이 되고 공기중의 질소가 잠입하여 강도를 저하시키므로 합금강을 사용하는 것이다.
- 피복 아크용접봉 : 외기의 영향을 받는 일이 적으므로 재질의 변화를 방지할 수 있는 것으로, 전호를 안정시켜 작업을 용이하게 한

다. 피복재로는 합금원소를 배합시킨 것과 아스베스트(asbest)재가 있으며 합금원소는 심선과 피복재 중의 원소를 결합시켜 소요의 강재를 얻을 수 있다. 아스베스트는 단순한 피복을 목적으로 하는 것이다.

② 용접 이음

- 맞댄용접 : 접합부를 홈(groove) 모양으로 만들고, 이 홈 안에 용착부를 만드는 용접이며, 축방향력이나 모재와 동일한 면 내에 작용하는 힘을 전달할 때 사용한다.
- 모살용접 : 모재를 직각으로 맞닿는 두 개의 면을 결합하는 삼각형 모양의 용착부 단면이 있는 용접이며, 전단력은 때로는 작은 축방향력을 전달할 때 사용한다.
- 부분용입용접 : 맞댄용접의 모재의 전두께를 용접하지 않고, 일부분을 남기는 용접으로, 용접봉과 직각방향으로 인장력이 작용할 때나 반복하중을 받는 부분에는 사용하지 않는다.

③ 맞댄이음(butt welding)

이것의 개선(groove)형식은 I형, V형, X형, V형, K형, U형, H형, J형, 양면 J형이 있다.

④ 접합부의 명칭

- 앞벌림홈(groove, beveling) : 접합하는 두 부재 사이에 만든 홈
- 다리길이(leg length) : 용접하는 두 부재의 변교차점에서 측정한 용입의 너비
- 모살 크기(size of fillet weld) : 모살의 횡단면에 포함되는 삼각형 중 두 부재의 변에 각각 접하는 길이
- 이론 목두께(theorical throat) : 모살용접의 경우 용접 단면에 포함되는 삼각형의 빗변을 저변으로 했을 때의 높이
- 용접의 유효길이(effective length of weld) : 응력을 전달하는 모살용접의 유효길이는 모살 크기의 10배 이상이고, 또 40mm 이상으로 함을 원칙으로 한다.

그림 7-7
용접이음의 종류

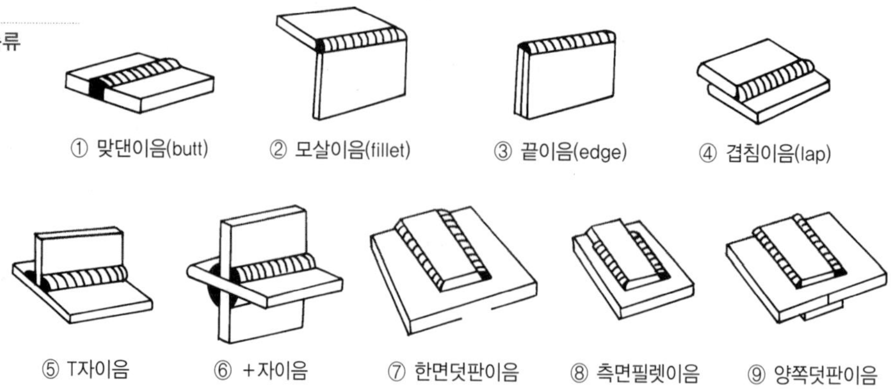

그림 7-8
용접부의 명칭

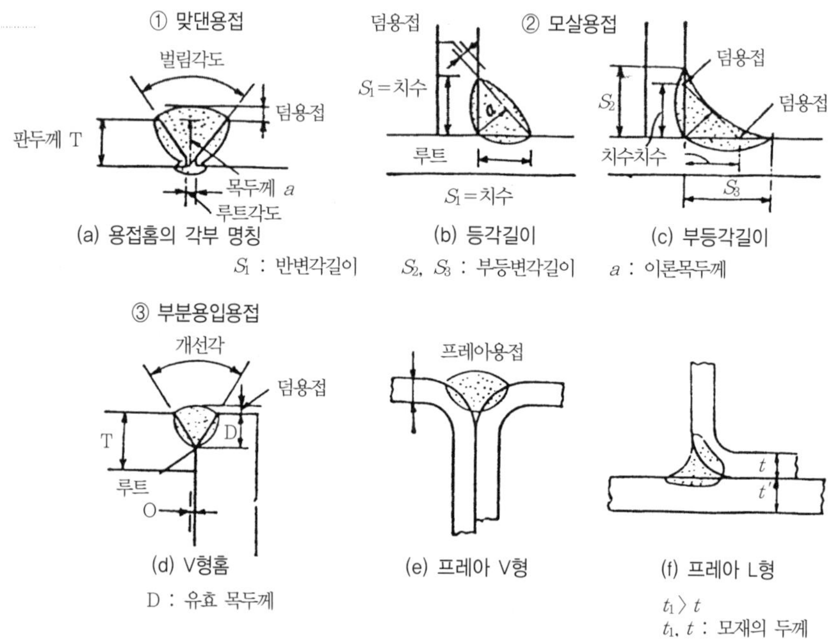

그림 7-9
그루브의 형식

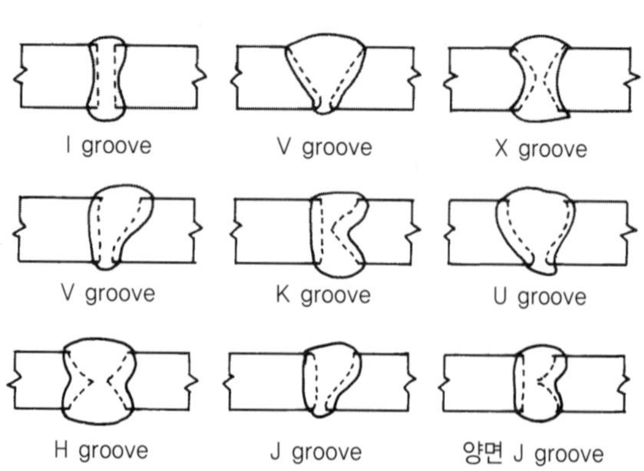

3. 용접기호

용접 기본기호와 보조기호는 표와 같으며, 용접 홈의 종류, 치수 등에 관한 도면상의 표시방법 및 사용 예는 다음과 같다.

표 7-3

용접기본기호

용접의 종류		기본기호	비 고
홈용접	양플랜지형		
	편플랜지형		
	I형		
	V형 X형		
	レ형 K형		
	J형, 양면 J형		
	U형, 양면 U형(H형)		
	플레어 V형 플레어 X형		
	플레어 レ형 플레어 K형		
모살용접			병렬  엇모 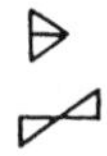

용접의 종류		기본기호	비 고
플랫 또는 슬롯용접			
비 드			
덧 살			
저항용접	접용접		기선양측에 대칭으로 기입
	프로젝션 용접		기선양측에 대칭으로 기입
	심용접		기선양측에 대칭으로 기입
	플래시 또는 업셋용접		

표 7-4
용접보조기호

구 분		보조기호	비 고
용접부의 표면상화	平	—	
		⌒	기선바깥을 향하여
		◡	기선바깥을 향하여
용접부의 마무리 방법	치핑	C	마무리 방법을 특별히 구별하지 않을 때는 F라 함
	연삭	G	
	절삭	M	
현장용접		●	기호 없이도 확실할 때는 생략함
전주용접		○	
주현장용접		◎	

그림 7-10
용접기호

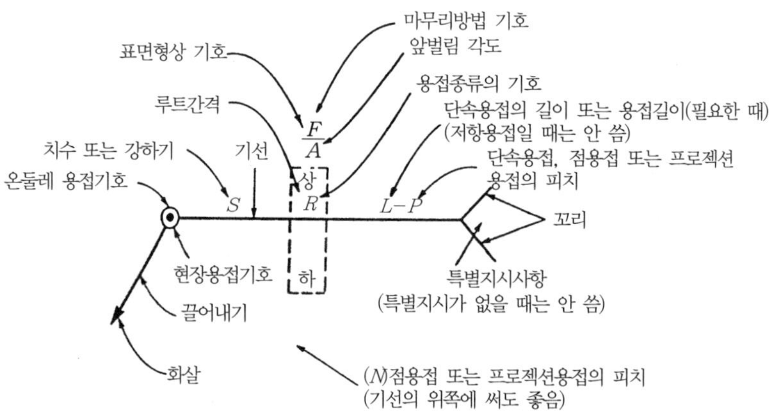

(a) 용접하는 측이 화살표 반대쪽 또는 맞은편 쪽일 때

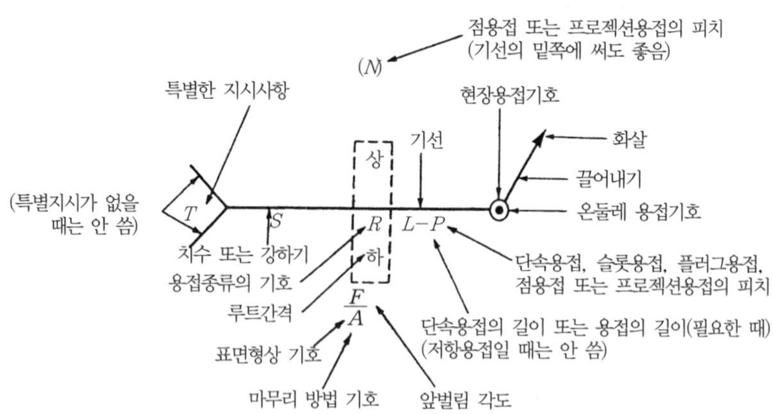

(b) 용접하는 측이 화살표가 있는 편 또는 앞쪽에 있을 때

그림 7-11
용접기호의 예

	실형	도지
V형 홈용접 판두께 19mm, 홈길이 16mm, 홈각도 60° 루트간격 2mm의 경우	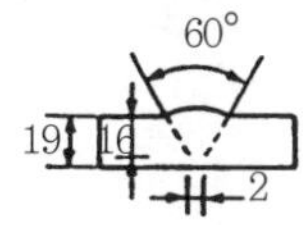	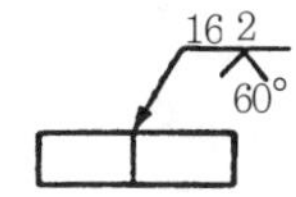
X형 홈용접 홈길이 화살쪽 16mm, 화살과 반대쪽 9mm, 홈각도 화살쪽 60°, 화살과 반대쪽 90° 루트간격 3mm의 경우	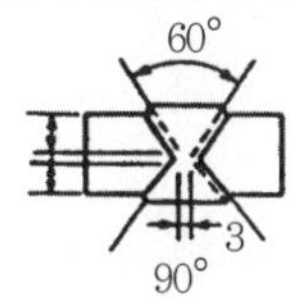	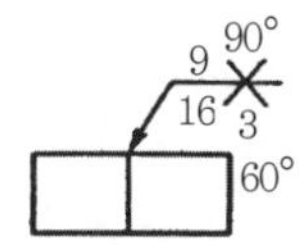
⊬형 홈용접 T이음, 뒤 덧판 사용 홈각도 45° 루트간격 6.4mm의 경우	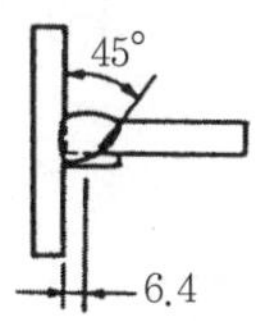	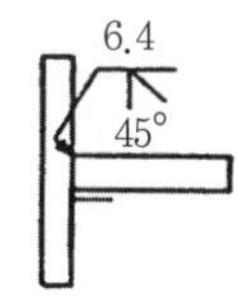
모살용접 양쪽 다리길이가 틀릴 때	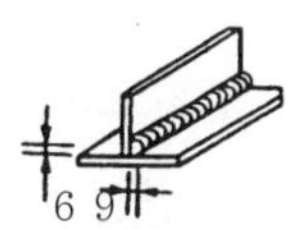	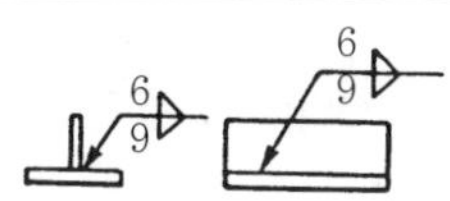
모살용접 병렬용접 용접길이 50mm, 피치 150mm의 경우	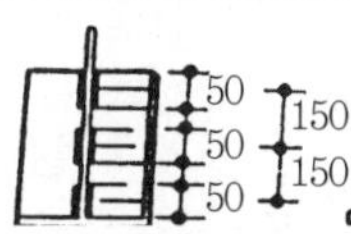	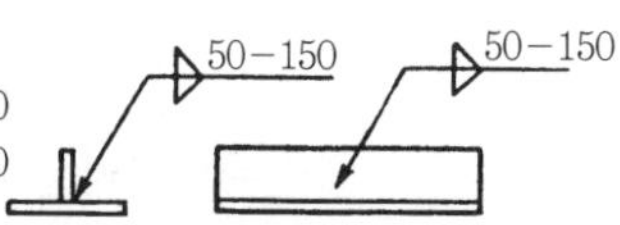
엇모용접 전면 다리길이 6mm, 후면 다리길이 9mm, 용접길이 50mm, 피치 300mm의 경우	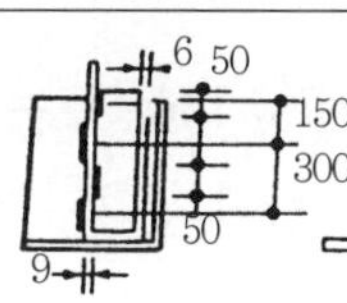	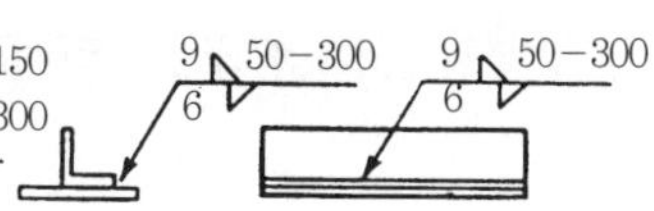

그림 7-12
용접기호의 사용 예

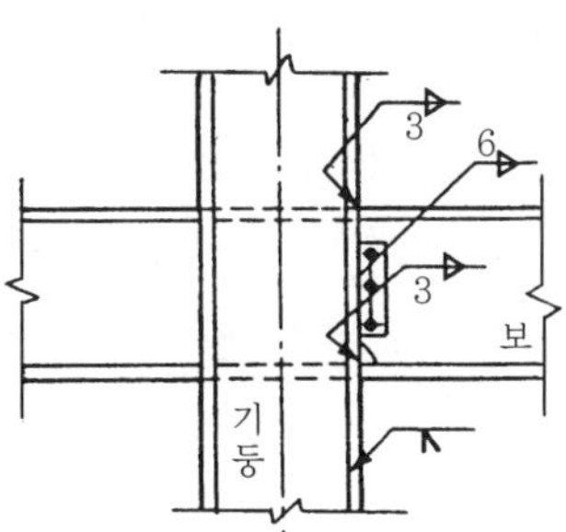

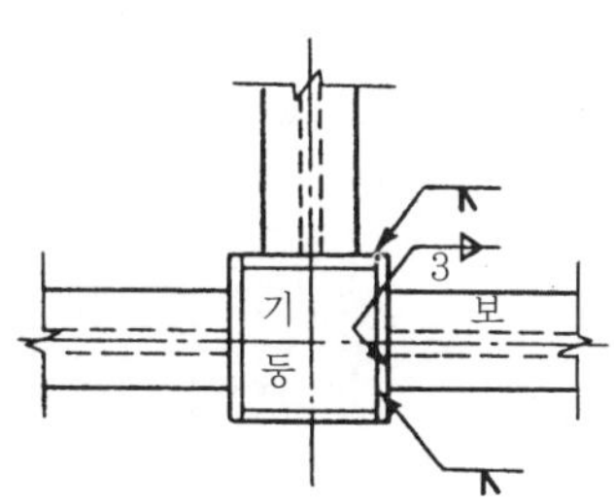

4. 불완전용접의 종류

용접한 부분은 각종 결함이 발생하여 소기의 필요 강도를 얻지 못할 경우가 많다.

■ 언더 컷(under cut)

용접금속이 홈에 차지 않고 홈 가장자리가 남아 있는 것이다.

■ 슬래그 섞임(slag inclusion)

용접한 부분의 용접금속 속에 슬래그가 섞여 있는 것이다.

■ 피트(pit)

용접부분 표면에 생기는 작은 구멍이며 블로 홀이 표면에 부상하여 생긴 것이다.

■ 피시 아이(fish eye)

용착금속 단면에 생기는 지름 2~3mm 정도의 은색 원점이며, 수소의 영향으로 생긴 것으로서 100℃로 가열하여 24시간 방치하면 수소가 방출되어 회복된다.

■ 블로 홀(blow hole 또는 gas pocket)

용접부분 안에 생기는 기포이다.

■ 오버랩(over-lap)

용접금속이 모재에 완전히 붙지 않고 겹쳐 있는 것이다.

■ 용착 부족(incomplete penetration 또는 lack of penetration)

홈 각도가 협소하든가 전류가 낮고 용접봉의 각도 및 속도가 부적당하기 때문에 발생하며, X선 사진으로 완전히 녹아 붙지 않은 부분을 알 수 있다.

■ 크레이터(creater)

용접길이의 끝부분에 우묵하게 파진 부분으로서, 이를 방지하기 위하여 모재 단부에 엔드탑(endtop)을 설치하기도 한다.

그림 7-13
불완전용접

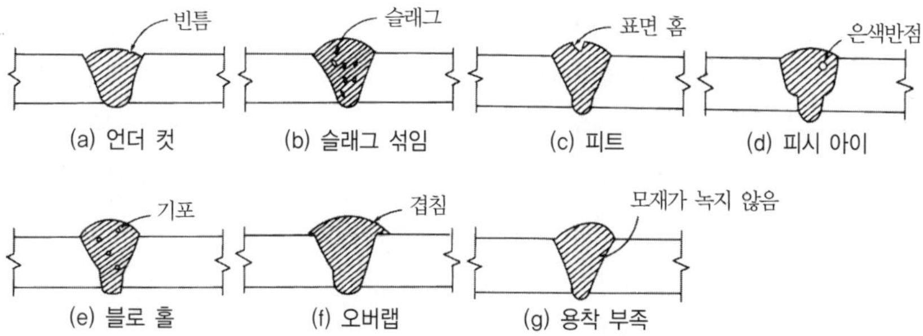

그림 7-14
크레이터 및 엔드탭

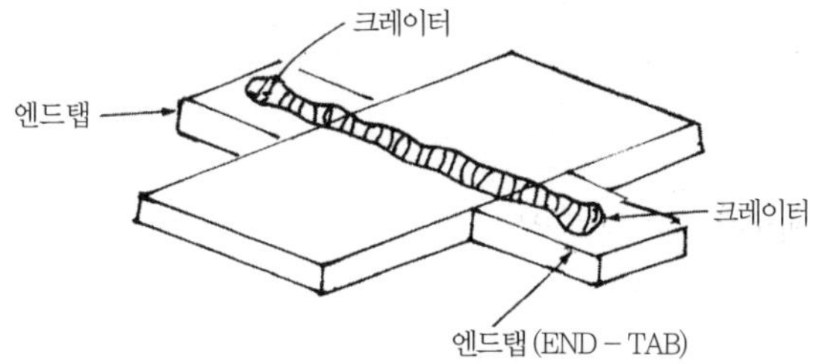

4. 용접 검사

용접은 작업자의 숙련도, 기상 및 현장여건 등에 따라 품질이 크게 좌우된다. 이러한 용접부의 결함 유무를 검사하는 데 있어 외관 평가를 통해 확인할 수 있는 부분도 있으나 그렇지 못한 경우가 훨씬 많다. 따라서 용접부 검사는 초음파탐상검사(U.T), 자분탐상검사(M.T), 방사선투과시험(R.T), 침투탐상시험(PT) 등을 통하여 불완전용접의 유무를 판정한다.

7.4 철골라멘구조

7.4.1 철골 라멘구조 개요

라멘구조(뼈대구조)는 각종 형강을 사용하여 기둥 및 보로 이루어지는 격자형의 골조를 만드는 구법이다. 골조 구성재는 기둥, 보, 가새, 샛기둥, 띳장 등이며 구조상의 명료함, 시공상의 간편함 등의 장점으로 고층건물에서 널리 쓰이고 있다.

과거에는 큰 단면의 형강이 생산되지 않아서 불가피하게 작은 앵글 등을 조립하여 큰 보나 기둥 등을 만들고 거싯 플레이트(gusset plate)를 통하여 리벳(rivet)으로 접합하는 공법을 많이 사용하였으나, 최근에는 H형강을 사용하여 용접 또는 고장력볼트로 접합하는 공법이 주로 쓰이고 있다. 횡력에 대한 보강요소로서 바닥판이나 수평가새가 사용되며, 전단벽을 필요에 따라 적절하게 배치한다.

1. 장점

① 구조가 간단해지므로 노력과 시간이 절약된다.
② 고장력볼트 및 용접접합은 리벳접합에 비하여 소음이 적어 도심지 공사에서 소음으로 인한 공해가 적다.

2. 단점

① 접합공사에 대한 사전지식을 필요로 한다.
② 불완전 접합검사에 기술을 요한다.

7.4.2 기둥(column)

기둥은 압축재이지만 길이가 길면 압축력에 대해 좌굴(buckling)현상을 일으키고, 또 수평력에 의해 휨을 받는 경우도 있으므로 휨작용에 대한 저항력이 큰 단면형을 선택해야 한다. 기둥은 형강을 그대로 사용한 단일부재 기둥, 형강과 강판 등을 조립하여 만드는 조립기둥이 있다.

1. 단일부재 기둥

■ H형강 기둥

H형강을 사용한 기둥으로서 단면상 높이 30cm 내외가 되는 것이 고층 사무소 건축 등에 많이 쓰인다. 길이는 10m 내외이다. 간혹 용접 H형강 기둥도 쓰인다.

■ I형강 기둥

힘을 많이 받지 않는 기둥으로 쓰이는 소형 기둥이다.

■ 강관기둥

각형강관과 원형강관이 있다. 일반적으로 경량에 많이 쓰인다.

그림 7-15
단일부재 기둥

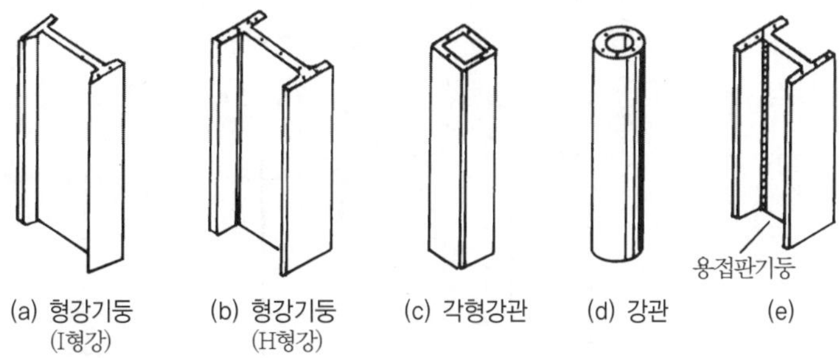

2. 조립 기둥(built-up column)

형강, 강판, 평강 등을 사용하여 리벳, 용접, 볼트조립의 방법으로 조립한 것이 있다.

■ 리벳볼트조립 기둥

리벳 또는 고장력볼트 등으로 조립한 기둥으로 단일 부재가 생산되지 못한 시기에 주로 사용되던 형식이다.

■ 용접조립 기둥

H형강, I빔, 채널, 앵글 등을 주로 용접조립한 기둥이다.

■ 박스형 용접조립 기둥

초고층 건물에 주로 사용되며 철판이 두꺼워서 부분녹임 홈용접으로 접합한다.

그림 7-16
용접조립 기둥의 예

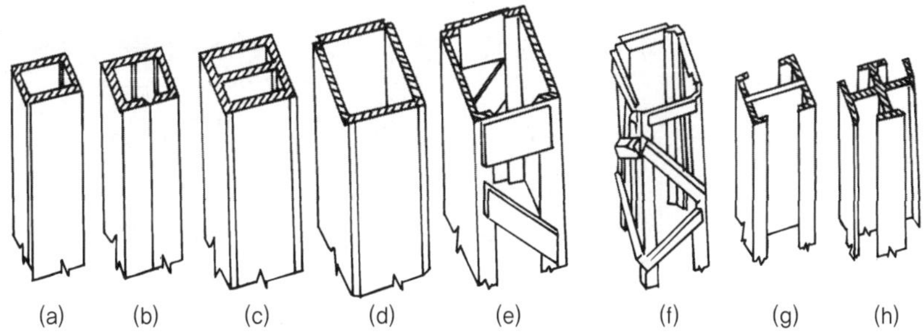

3. 기둥의 설계 : 한계상태설계법

압축재인 기둥은 기둥의 좌굴길이에 영향을 받아서 기둥설계 시 기둥의 지지조건에 따른 좌굴길이를 계산하여 설계에 반영한다.

① 기둥의 지지조건(L_k=좌굴길이)

양단힌지	일단고정 타단힌지	양단고정	일단고정 타단자유
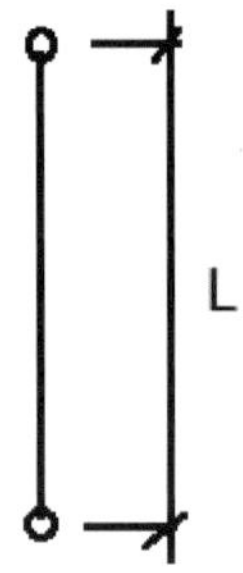	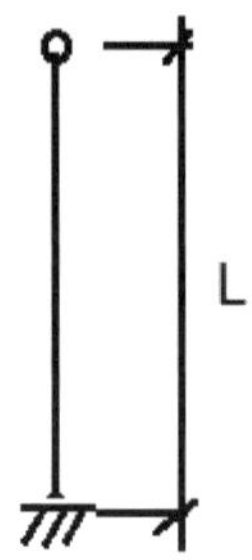	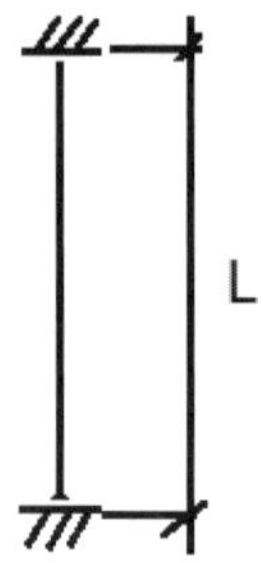	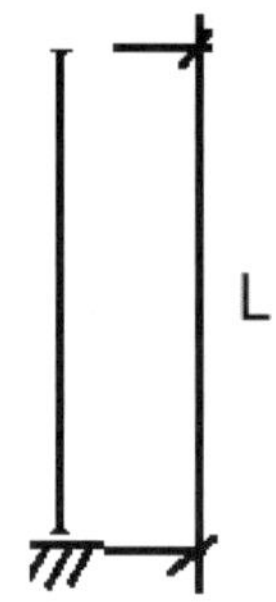
L_k=L	L_k=0.7L	L_k=0.5L	L_k=2L

② 오일러의 좌굴하중

기둥은 좌굴길이에 따라서 부담할 수 있는 하중이 달라진다. 즉 하중을 받을 수 있는 한계값이 달라짐을 의미한다. 좌굴이라 함은 일정량의 하중을 분담하기 전에 기둥이 옆으로 꺾여버리는 현상을 의미한다.

길이가 긴 기둥들은 같은 크기의 단면이라도 먼저 꺾어지게 되는데 그 이유는 좌굴길이 때문이다.

$$P_{cr} = \frac{\pi^2 \times E \times I}{L_k^2}$$ -- 오일러 좌굴하중식

(E=탄성계수, I=단면2차모멘트, L_k=좌굴길이)

③ 계수하중을 받는 기둥의 설계방법

1) H형강의 폭두께비 검토 – 다음 조건을 만족해야 한다

플랜지의 폭두께비 $b/t_f \quad < 0.56\sqrt{\frac{E}{F_y}}$

웨브의 폭두께비 $h/t_w \quad < 1.49\sqrt{\frac{E}{F_y}}$

2) 세장비 검토

$\lambda_x = \frac{L}{r_x} \quad \lambda_y = \frac{L}{r_y}$ (x, y축 세장비)

3) $F_e = \frac{\pi^2 \times E}{\lambda^2}$ $(\lambda = \lambda_x,\ \lambda_y$중 큰값 대입)

4) $\frac{F_y}{F_e} < 2.25$ 비탄성좌굴, $\frac{F_y}{F_e} > 2.25$ 탄성좌굴

$F_{cr} = 0.658^{(\frac{F_y}{F_e})} \times F_y$ −(비탄성좌굴응력)

$$F_{cr} = \frac{C_b \times \pi^2 \times E}{(\frac{L_b}{rts})^2} \times \sqrt{1 + 0.078(\frac{Jc}{s_x h_o}) \times (\frac{L_b}{rts})^2}$$ −(탄성좌굴응력)

$\phi P_n = \phi(0.9) \times F_{cr} \times A_{g(단면적)}$ − (비탄성 좌굴하중)

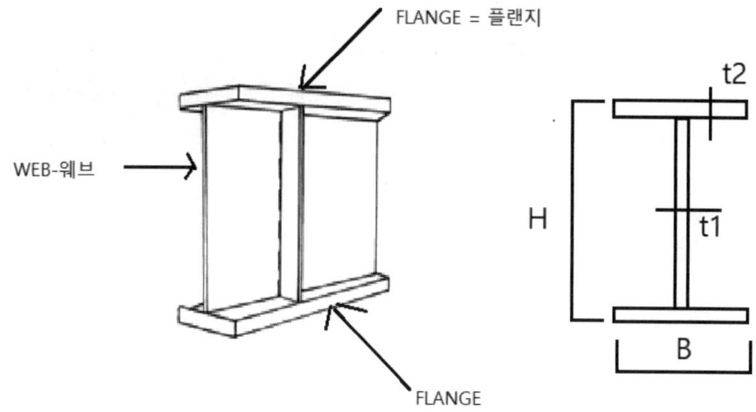

H− 400 × 200 × 8 × 13 (H × B × t1 × t2)

7.4.3 보(beam 또는 girder)

철골보도 기둥과 같이 형강보와 조립보의 구별이 있으며, 조립보에는

플레이트보, 래티스보, 트러스보 등이 있다. 또한 H형강 웨브부분을 어긋나게 맞대고 용접한 허니콤보나, 보의 높이를 높여서 조립하는 용접조립보가 있다.

■ 형강보(wide-flange shape beam)

보나 기둥을 H형강보를 사용한 구조체는 일반적으로 H형강을 보로 사용한다. 보의 춤은 보통 스팬의 1/10~1/20로 하되, 힘을 더 많이 받게 할 때에는 플랜지 중앙 상하부에 커버 플레이트(cover plate)를 더 붙이기도 한다.

■ 용접조립보=조립판보(built up of plate girder)

철판을 잘라서 플랜지와 웨브를 제작하고 이음부분을 용접하든가 또는 앵글을 대고 리베팅한다. 웨브 플레이트가 좌굴(buckling)하는 것을 방지하고, 때에 따라서는 집중하중을 전달시키기도 하고 전단보강을 돕기 위하여 스티프너(stiffener)를 수직으로 앵글을 사용하여 설치한다. 스티프너는 보의 춤이 웨브판 두께의 60배 이상일 때 보통 설치하며, 그 간격은 보 춤의 1.5배 이하로 여러 개를 앞뒤로 설치한다.

■ 래티스보(lattice girder)

평강 또는 강판을 사용하여 웨브재는 60° 각도로 조립한다. 타 부재와의 접합을 위하여 단부 웨브 플레이트를 대며, 웨브재의 접합을 위해 상·하 플랜지에 각각 거싯 플레이트를 대는 경우도 있다.

그림 7-17
보

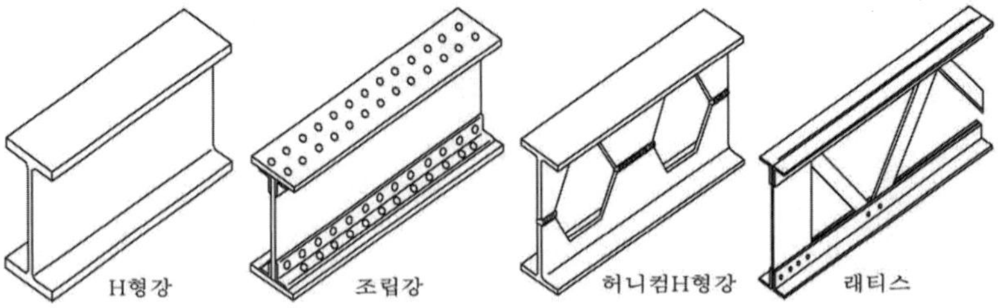

H형강 조립강 허니콤 H형강 래티스

■ 허니콤보(honey comb beam)

H형강의 웨브(web)를 잘라서 웨브에 6각형 구멍을 여러 개가 생기도록 다시 웨브를 용접하여 만든 보이다. 보의 춤이 높아지므로 단면 2차 모멘트가 커져서 힘을 더 받을 수 있을 뿐 아니라, 허니콤보를 구조체 보로 사용할 경우는 덕트 등을 구멍을 통하여 설치하므로 천장높이를 줄일 수 있는 장점이 있다.

그림 7-18
허니콤보와 조립판보

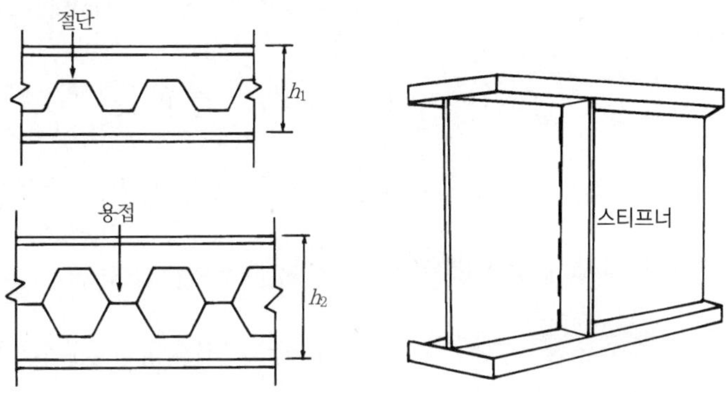

1. 보의 설계-한계상태설계법

휨재인 보는 보의 유효지지길이(Lb)에 영향을 받아서 설계시 보의지지길이에 따른 횡좌굴 강도 또는 국부좌굴강도를 계산하여 설계에 반영한다.

① 보의 폭두께비 검토

1) H형강의 폭두께비 검토-다음 조건을 만족해야 한다.

플랜지 폭두께비 $b/t_f \quad < 0.38\sqrt{\dfrac{E}{F_y}}$

웨브의 폭두께비 $h/t_w \quad < 3.76\sqrt{\dfrac{E}{F_y}}$

플랜지, 웨브 폭두께비 조건 만족 시(조밀단면) 횡좌굴강도 지배, 불만족시 국부좌굴 발생이므로 국부좌굴강도 검토 진행

② 횡좌굴강도 검토

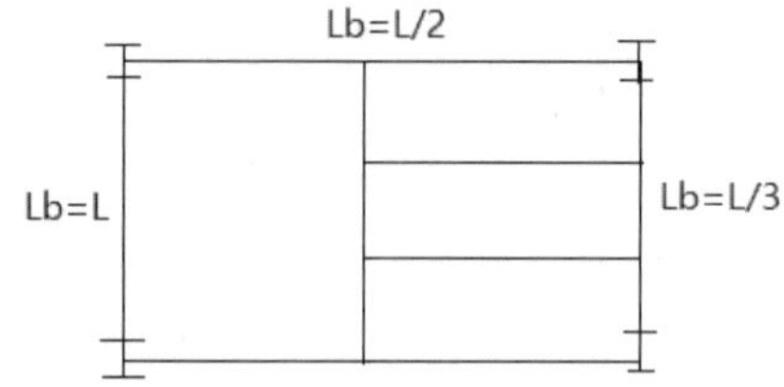

보의 중간에 지지가 없으면 Lb=L (횡지지길이)
보의 중간에 한곳이 지지되면 Lb=L/2
보의 중간에 두곳이 지지되면 Lb=L/3

1) 보의 비지지길이(횡지지길이) Lb

소성한계 비지지길이 $L_p = 1.76 \times r_y \times \sqrt{\frac{E}{F_y}}$

탄성한계비지지길이

$$L_r = 1.95 \times rts \times \frac{E}{0.7F_y} \times \sqrt{\frac{Jc}{S_o h_o}} \times \sqrt{1+\sqrt{1+6.76(\frac{0.7F_y}{E}\frac{S_x H_o}{Jc})^2}}$$

2) 휨모멘트 보정계수 Cb

$$C_b = \frac{12.5 \times M_{\max}}{2.5M_{\max} + 3M_A + 4M_{B+}3M_C}$$: Mmax=휨모멘트 최대값

횡지지길이를 4등분하여 1/4지점 = M_A, 2/4지점 = M_B, 3/4지점 = M_C

2) 횡좌굴강도 (Mp=소성모멘트)

$L_b < L_p$의 경우 $M_n = M_P = F_y \times Z_p$

$L_p < L_b < L_r$의 경우 $M_n = [M_P - (M_p - 0.7F_y\ S_x)(\frac{L_b - L_p}{L_r - L_p})] \times C_b \le M_p$

$L_b > L_r$의 경우 $M_n = F_{cr} \times S_x \le M_p$ → 탄성횡좌굴

$$F_{cr} = \frac{c_b \times \pi^2 \times E}{(\frac{L_b}{rts})^2} \times \sqrt{1+0.078(\frac{Jc}{S_x\ H_o})(\frac{L_b}{rts})^2}$$

7.4.4 기둥과 보의 접합부

1. 개요

철골구조용 형강 제품은 일정한 길이로 제조되는데, 이것을 표준길이라고 한다. 예를 들어 H형강의 표준길이는 6.0m, 6.5m, 7.0m, 8.0m, 9.0m, … 등이다. 이와 같은 이유로 실제의 철골구조물의 설계와 시공에서는 구조부재의 어느 위치에 접합부를 설치하게 된다. 정척이라는 문제 말고도 부재의 운반, 적치, 세우기(erection) 등 작업의 원활이라는 면에서도 접합부를 검토해야 한다.

구조역학적인 면에서는 응력이 작은 위치에 접합부를 설치함이 원칙이나 응력이 큰 위치에 설치해야 할 경우도 있다. 접합부는 부재의 존재응력에 충분히 저항할 수 있어야 한다. 또한 중요한 부재의 접합은 접합되는 부재 유효단면의 극한응력에 충분히 저항할 수 있어야 한다.

이때 보의 플랜지는 휨모멘트에 저항하고, 웨브는 전단력에 저항하게 된다.

2. 기둥과 기둥의 접합

기둥과 기둥의 수직방향의 이음은 H형강의 단일재를 사용한 경우, 각층 바닥에서 1.0~1.5m 높이로 하는 것이 휨응력도 작고 작업하기도 쉽다. 접합방법은 플랜지와 웨브에 각각 이음판을 대고 고장력볼트를 사용하는 경우가 가장 많으며 용접으로도 접합한다.

그림 7-19
기둥의 용접접합

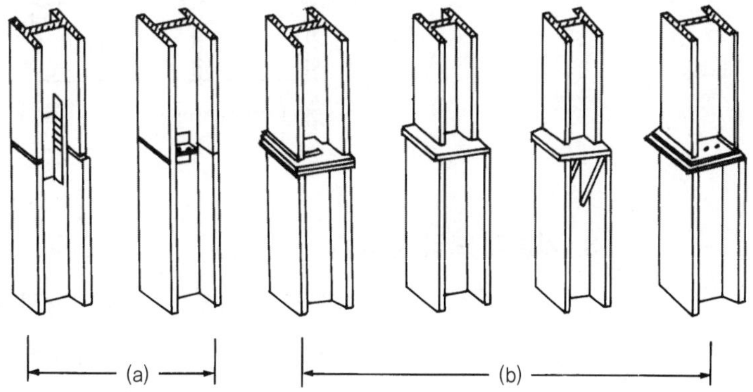

(a) 상·하 기둥의 크기가 큰 차이가 없을 때의 용접으로 접합한 경우

(b) 상·하 기둥의 차가 큰 경우 베이스 플레이트를 사용한 용접접합

상·하 기둥의 치수가 같을 경우 기둥 마구리는 기계가공을 하여 완전 밀착되어 힘을 전달할 수 있게 한다. 위 기둥과 아래 기둥의 크기가 서로 다를 때에는 끼움판(filler plate)을 설치하지만 크기의 차가 많으면 내력판(bearing plate)을 마구리에 깔고 웨브에도 앵글을 붙인다.

그림 7-20
기둥의 접합(고력볼트)

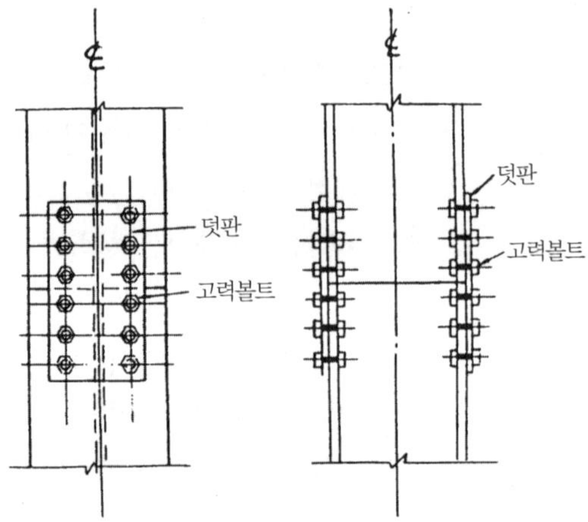

그림 7-21
기둥의 접합
(베어링 플레이트)

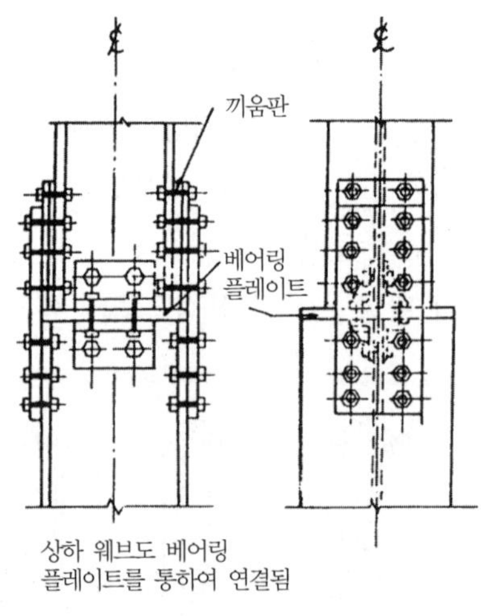

3. 기둥과 보의 접합

철골구조에서 기둥과 보의 접합은 전체 구조체에 미치는 영향이 크므로 힘의 전달방법을 충분히 고려해야 한다. 접합에는 핀접합과 강접합이 있는데 기둥과 보의 접합은 주로 강접합을 한다.

H형강의 기둥과 보의 접합은 복잡하고 기둥이 약간만 기울어도 오차가 생길 염려가 많으므로 보는 휨모멘트가 적은 곳에서 좌우 두 곳을 고력볼

트를 사용하여 현장접합으로 하고, 보가 기둥에 접합한 브래킷 부분은 공장용접으로 하여 현장에 반입하여 시공한다.

그림 7-22
기둥과 보의 접합부

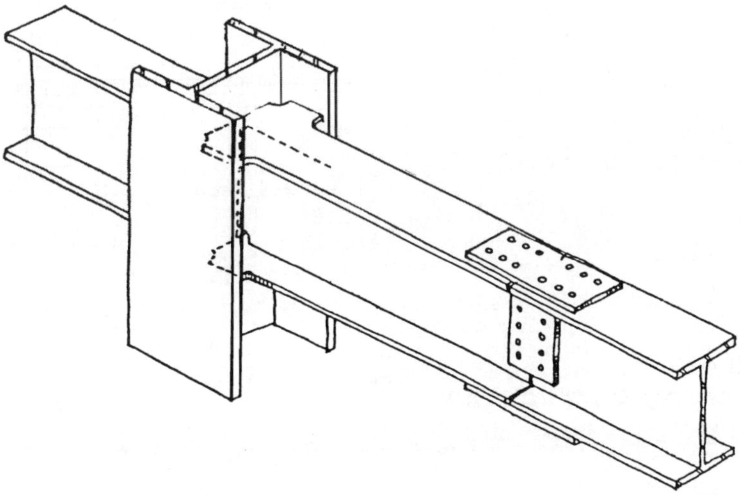

4. 보와 보의 접합

간사이가 큰 경우 일체로 된 보 부재의 사용이 강재의 규격 및 운반 등의 사유로 불가능한 경우 이음을 해야 하는데, 이때 보와 보의 접합은 되도록 응력이 작은 곳을 선택해야 한다.

공장에서 조립하여 생산할 경우에는 플랜지와 웨브의 이음자리를 엇갈리게 하여 플랜지는 보 끝에서 간사이의 1/4 위치에, 웨브는 중앙에 둔다. 그러나 현장이음에서는 다 같이 간사이의 1/4 위치에서 실시한다.

이음의 방법은 그림에서와 같이 플랜지와 웨브에 강판을 덧대어 고력볼트로 접합하거나 용접한다. 이때 강판의 두께는 플랜지와 웨브의 두께와 동등 이상의 것을 사용한다.

그림 7-23

보와 보의 접합(고력볼트접합)

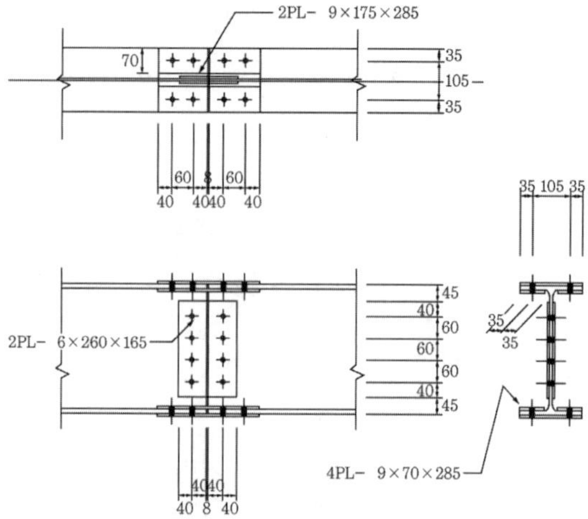

그림 7-24

큰 보와 작은 보의 접합(고력볼트접합)

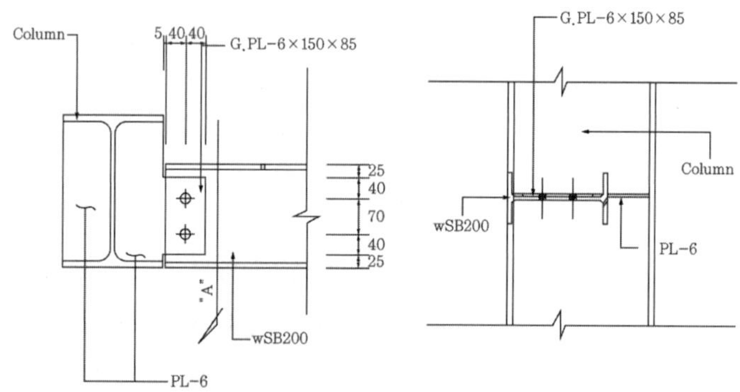

7.4.5 주 각

1. 개 요

주각은 철골기둥의 응력을 철근콘크리트의 기초(footing)에 전달시키는 역할을 한다. 기초에 전달되는 기둥의 응력에는 축방향력, 전단력, 휨모멘트 등이 있을 수 있다. 기둥의 큰 축방향력을 기초콘크리트에 직접 전달시키려고 하면 기둥 부재와 콘크리트와의 접촉면(contact surface)에서의 콘크리트 지압응력도가 대단히 커져 파괴될 우려가 있으므로 저판(base plate)을 붙여서 지압응력도를 분산시킨다. 주각을 고정으로 할 경우 주각의 휨모멘트가 크면 저판의 한쪽에는 인장력이 생기게 되는데, 이와 같은 인장력은 앵커볼트(anchor bolt)가 저항하도록 한다.

2. 주각 고정과 주각 핀인 경우

주각을 고정(fix)으로 하고자 할 때는 그림과 같이 윙 플레이트(wing plate)나 리브(rib) 플레이트로 베이스플레이트의 변형을 막도록 한다. 또는 콘크리트 기둥(페데스탈)속에 묻히도록 하여 고정시키기도 한다. 또한 주각을 철근콘크리트로 피복하는 경우도 있다.

주각을 단순지점으로 하면 완전한 핀 형식이 된다. 그리고 비교적 경미한 구조에서 정착볼트를 배치하면 정착볼트의 휨저항이 적으므로 핀접합에 가까워진다. 즉, 주각 모멘트가 없도록 한다. 이와 같은 경우에는 완전한 핀접합이 아니고 다소의 고정도가 있으므로 주각의 저항 휨모멘트를 기초에 부가하여 그 안전성을 확인할 필요가 있다.

그림 7-25
주각의 형태

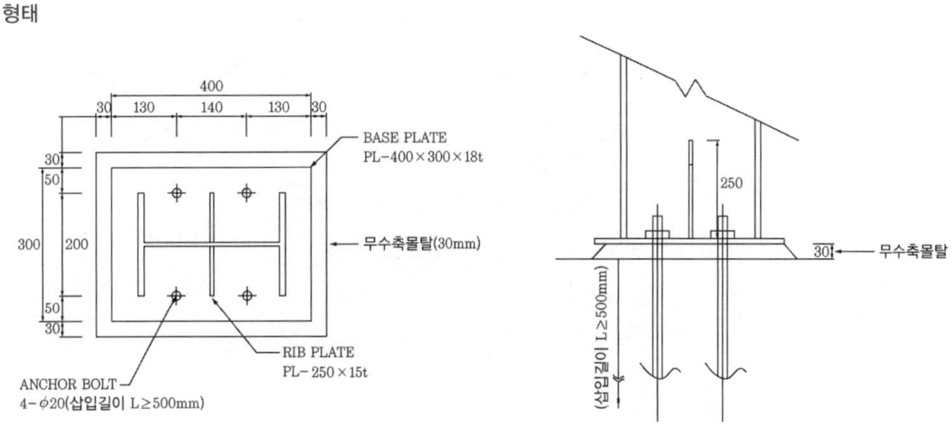

7.4.6 기 타

1. 바닥판(슬래브)

철골구조에서도 바닥은 일반적으로 콘크리트를 주재료로 한다. 이에 따라 철골보와 바닥판을 일체화 시켜 휨모멘트에 견딜 수 있도록 하는 것이 중요하다. 이때 보와 콘크리트 바닥을 긴결하는 방법으로는 쉬어 커넥터(shear connector, stud bolt)를 사용한다.

① 데크 플레이트를 사용한 슬래브

골함석 모양의 큰 홈을 가진 철판바닥판을 데크 플레이트(deck plate)라 한다. 철골구조체에서 철골로 데크 플레이트를 깔고 콘크리트를 타설하면 바닥공사용 형틀(거푸집)이 필요 없을 뿐 아니라 공사를 신속 용이하게 할 수 있고, 바닥수평면 강성을 높일 수 있는 장점이 있다.

② PC슬래브

PC판, ALC판〔석탄 또는 시멘트에 규산분(규사, 슬래그 분말, 플라이애시 등)과 발포제로서 알루미늄 분말 등과 물을 결합하여 제작한 다공질 바닥판〕 등을 철골보 위에 깔고 그 위에 시멘트 모르타르를 약 3cm 이상 발라 마무리하되, PC판 사이의 줄눈에는 9mm 이상의 철근으로 보강을 하고 철골보에는 쉬어 커넥터를 설치해야 한다.

그림 7-26
PC 슬래브판과 철골보의 연결

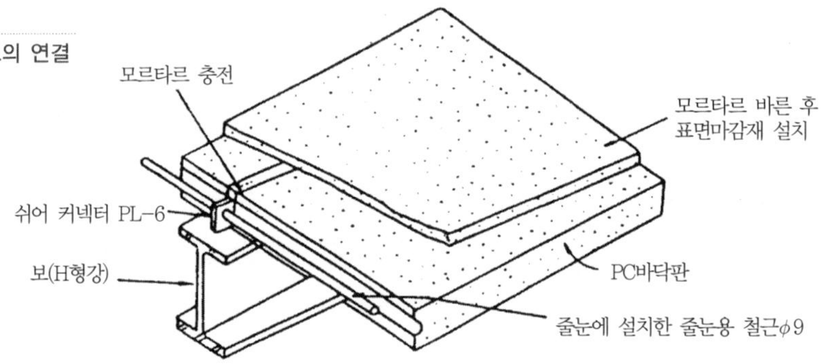

2. 벽체

철골구조에서는 수평력에 대한 보강을 위하여 가새 및 철근콘크리트의 내진벽을 설치한다. 내진벽을 설치할 경우 기둥이나 보와 같은 뼈대에 비하여 내진벽의 강성이 지나치게 높게 되면 구조체의 뼈대에 나쁜 영향을 줄 수 있으므로 강성조절장치를 사용하기도 한다.

3. 가새(brace)

가새는 수직재인 기둥과 기둥 사이 또는 트러스의 격점과 격점 사이를 대각선방향으로 설치하여 풍하중, 지진력 등의 수평력을 인장력 및 압축력으로 바꾸어 보나 기둥의 응력을 줄이는 역할을 한다. 가새의 보·기둥 접합부에는 통상 거싯 플레이트를 사용하고 부재 절점 사이에 형강이나 조립재를 대고 보·기둥과 함께 트러스 구조와 같이 만든다.

7.5 기타 철골구조

7.5.1 철골철근콘크리트구조

철골조 뼈대 주위에 철근배근을 하고 콘크리트를 부어서 일체가 되게 한 구조를 철골철근콘크리트구조(steel framed reinforced concrete stru- cture, SRC)라 한다.

이 구조방식은 비교적 작은 단면 속에 많은 강재를 들어 있어 단면에 비해 강성이 크고 인성이 있어 내진적이고, 콘크리트로 강재를 덮음으로써 내화·내구적이고 기둥이 차지하는 면적을 줄일 수 있으므로 고층 건축물이나 초고층 건물에 있어서도 하층부의 복합구조로 쓰인다. 그러나 휨모멘트를 받을 때는 완전한 철골과 콘크리트의 부착을 기대하기 힘들므로 이러한 복합작용을 기대하지 않는 설계방식을 취하고 있다.

■ 형태

철골부분은 H형강 단일재 또는 H형강 가공재 등이 많이 쓰인다. H형강 가공재로서는 허니콤 및 십자형으로 H형강을 용접해 만든 것들이 많이 쓰인다. 철골 주변에 철근배근 및 거푸집을 짠 후 현장타설 콘크리트로 일체화 한다.

철골과 철근의 상호간섭 부분에서 교차부 처리 및 콘크리트 타설 시 충진에 어려움이 있다.

그림 7-27
철골철근콘크리트 구조

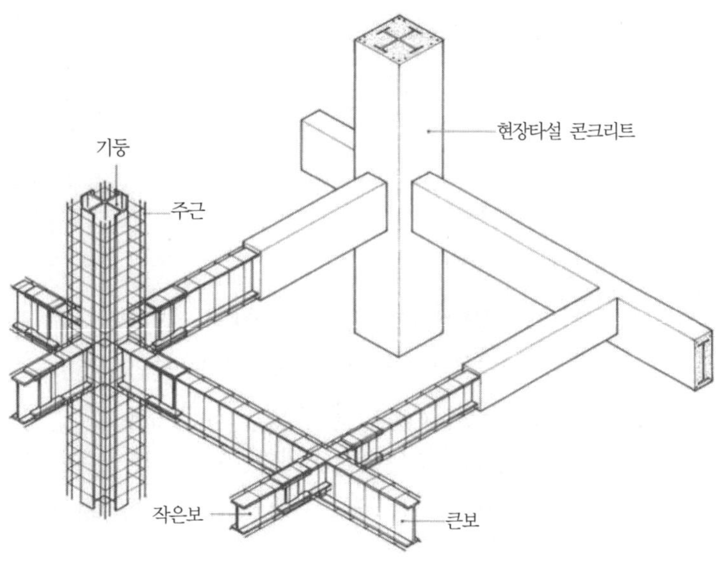

■ 기둥

기둥의 심재로 I형강이나 H형강을 사용하거나 형강을 +형 및 상자형의 조립재, 원형·각형의 강관을 사용한다. 기둥은 어느 것이나 콘크리트를 부어넣을 때 지장이 없는 구조로 해야 한다.

그림 7-28
철골철근콘크리트 기둥의 형식

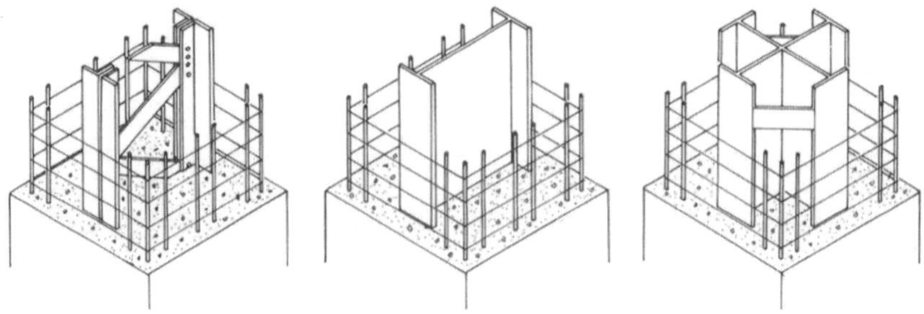

(a) 래티스 기둥　(b) H형강 기둥　(c) +형 조립기둥

■ 보

I형강이나 H형강을 단독으로 사용하거나 형강을 조립하여 래티스보를 주로 사용한다.

그림 7-29
철골철근콘크리트 보의 형식

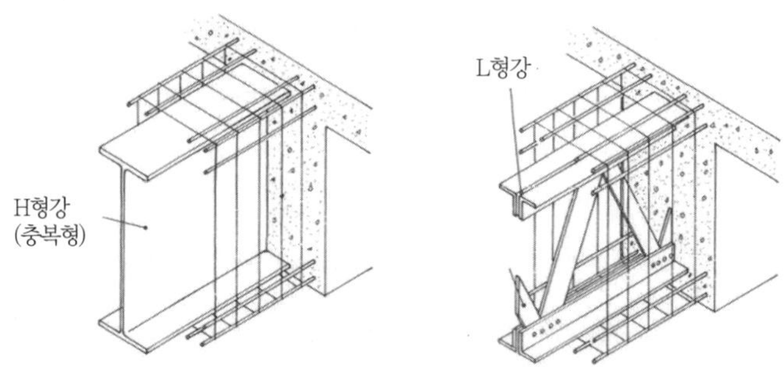

(a) H형강　(b) L형강 + 래티스

■ 기둥과 보의 접합

기둥과 보의 접합은 충분한 내력과 강성을 가지고 콘크리트 주입이 용이하며, 철근배근을 잘 할 수 있도록 해야 한다.

H형강보를 사용할 때 커브를 가진 수평 스티프너를 설치한 경우로서, 응력전달에는 좋은 구조이지만 콘크리트를 부어넣을 때에 장애가 되므로 3각 스티프너 또는 밴드 플레이트를 설치한 것이 많이 쓰인다.

그림 7-30
철골철근콘크리트 기둥·보의 접합

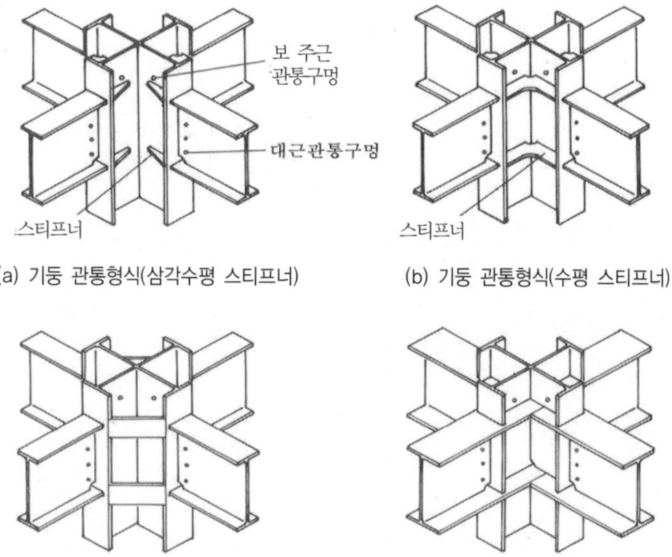

(a) 기둥 관통형식(삼각수평 스티프너)　(b) 기둥 관통형식(수평 스티프너)

(c) 기둥 관통형식(연직 스티프너)　(d) 보 플랜지 관통형식

그림 7-31
철골철근콘크리트 강관기둥 및 접합

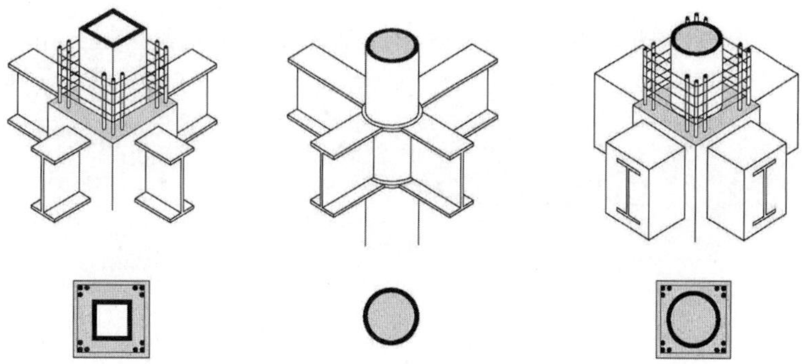

(a) 피복형 각형강관 콘크리트　(b) 충전형 강관 콘크리트　(c) 충전피복형 강관 콘크리트

■ 주각

철골철근콘크리트구조도 일반 철골구조와 같이 기초는 철근콘크리트구조로 한다. 이에 따라 주각부 철골재는 단절되고 전 응력을 철근콘크리트가 받게 되므로 구조적으로 연속성이 없도록 해야 한다.

그림 7-32
철골철근콘크리트 주각

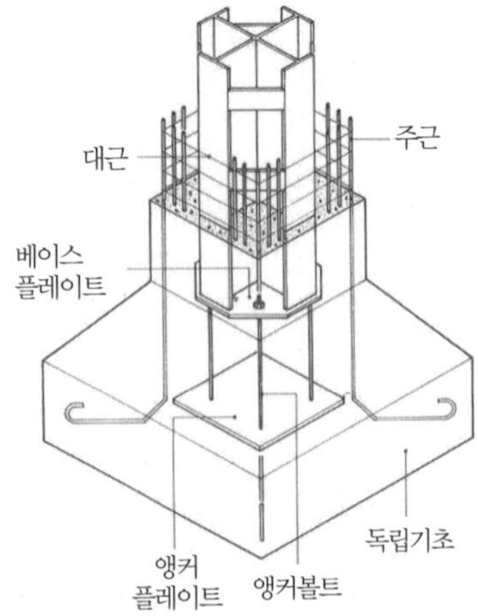

■ 피복두께

철근에 대한 콘크리트의 피복두께는 건축공사표준시방서에 기재된 철근 콘크리트공사에 준한다. 철골에 대한 피복두께는 최소 5cm 이상으로 하되 실제로는 시공성을 고려하여 10cm 이상으로 하는 경우가 많다.

7.5.2 트러스(truss)구조

1. 개요

트러스란 비교적 가늘고 긴 부재를 연결하여 핀(pin)절점 형태가 되도록 배열한 구조물이다. 부재가 만나는 점을 격점(panel point) 또는 절점(joint)이라고 한다. 트러스의 구조해석에서는 모든 격점이 마찰이 없는 힌지(hinge)라고 가정하고, 또한 트러스면에 가해진 하중은 격점에 집중하중으로 작용한다고 가정하므로 부재의 내력은 축방향력만으로 된다.

그림 7-33
트러스 각부의 명칭

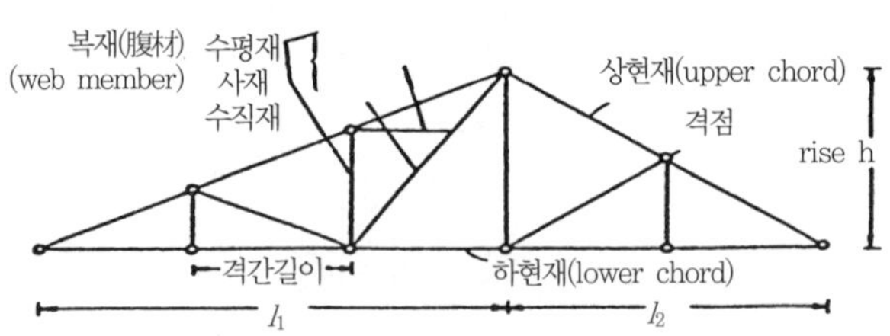

그림 7-34
지붕트러스의 종류

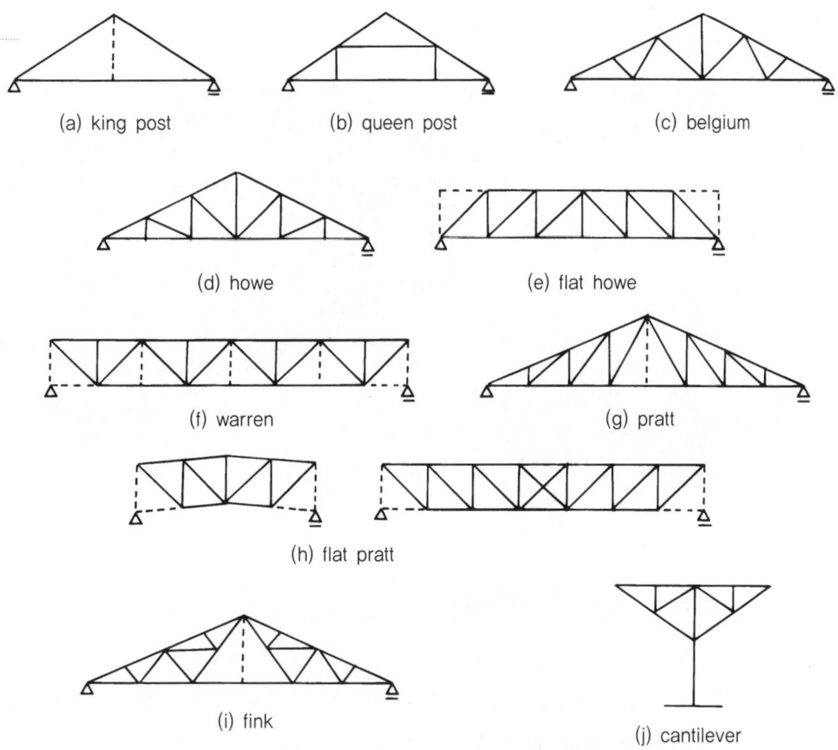

일반적으로 트러스에 연직하중이 작용하면 상현재는 압축재, 하현재(흔히 평보라고 함)는 인장재로 된다. 복재(web member)는 배치방법에 따라 압축재 또는 인장재로 된다. 철골트러스에서는 압축재의 경우 좌굴 우려가 많으므로 복재의 배치에 특별한 주의가 요망된다.

트러스는 주로 지붕, 수평부재로 사용되는데 철골구조물에서는 기둥, 기초 기타와 일체로 된 트러스와 함께 풍하중(wind load)이나 지진하중(seismic load)과 같은 수평하중에 효과적으로 저항시키기 위하여 벽면의 가새, 처마도리, 지붕면 가새 등이 함께 사용되어야 한다.

그림 7-35
철골트러스구조의 각부 명칭

중도리 연결대(sag rod)
마루대(ridge strut)
중도리(purlin)
가새(bracing)
트러스(truss)
귀잡이 가새(knee brace)
띠장(girth)
베이(bay, 기둥과 기둥의 사이)
간사이(bent)
처마도리(evae strut)

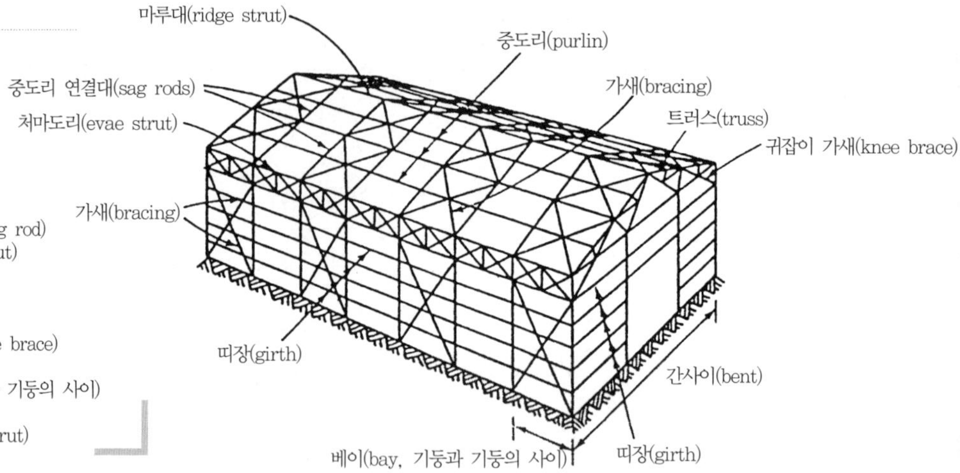

2. 중도리(purlin)

중도리는 지붕의 마감 정도에 따라 골함석, 골슬레이트와 패널(insulation panel) 등의 장기하중과 적설하중과 같은 단기하중을 휨 작용에 의하여 트러스 상현재에 전달한다. 바꾸어 말하면 중도리는 일종의 보로, 휨내력과 전단내력에 의하여 외력에 저항한다.

그림 7-36
중도리 배치

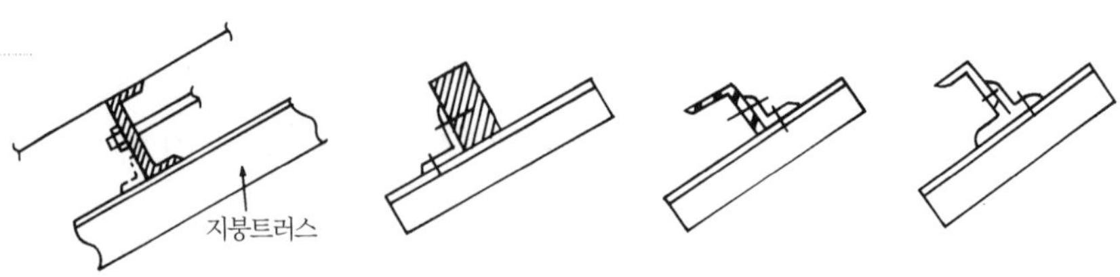

3. 거싯 플레이트(gusset plate)

거싯 플레이트는 부재의 응력을 충분히 전달할 수 있는 두께로 하되 보통은 6mm 이상으로 보통은 부재의 강판과 유사한 두께의 강판이 사용된다. 거싯 플레이트의 크기는 볼트의 축지름, 사용개수 등에 따라 달라지는데 게이지 라인에서 축력과 휨모멘트에 대하여 응력전달이 잘되도록 중심을 맞춰서 설치 한다.

그림 7-37
거싯 플레이트

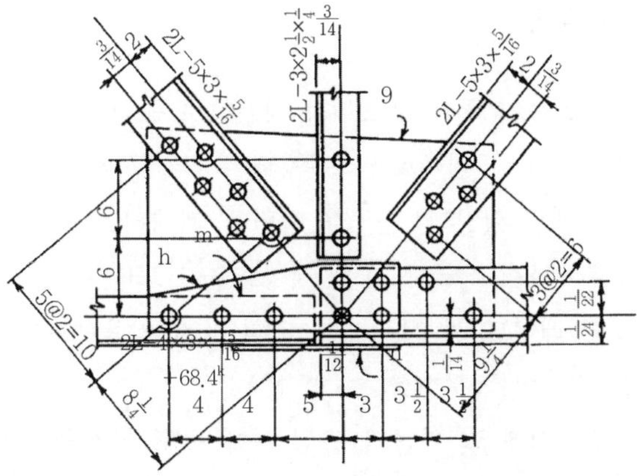

4. 가새(brace)

가새는 수직재인 기둥과 기둥 사이 또는 트러스의 격점과 격점 사이를 대각선방향으로 설치하여 풍하중이나 지진하중과 같은 수평력에 저항하는 역할을 한다.

가새의 길이가 길면 압축력에 대하여 효과적으로 저항하지 못하므로(압축력에 의해 가새가 좌굴하게 됨) 특별히 단면성능이 큰 부재가 아니면 인장 가새를 위주로 설계한다.

그림 7-38
가새의 종류

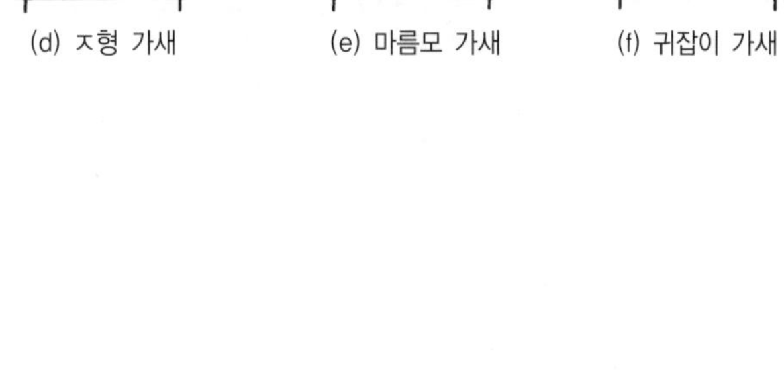

7.5.3 강관구조

건축물의 주요 구조부를 강관으로 구성한 것을 강관구조라 하며 최근에 지붕트러스, 입체트러스 등 넓은 공간구성에 많이 쓰인다.

강관은 형강과는 달리 단면이 폐쇄되어 큰 간사이 건축물에 적합하며 압축재로서 좌굴에 대한 저항효율이 크다. 또한 용접접합을 할 때에는 거싯 플레이트 등 보조재를 거의 쓰지 않음으로써 단순하고 명쾌한 아름다운 구조미를 구현할 수 있다.

단, 설계 및 가공과 용접 등에 고도의 기술이 필요하며 강관 자체의 가격이 비교적 비싸다는 단점이 있다.

① 원형단면이므로 강성 및 휨강도가 크다.
② 길이를 알면 절단기로서 경사된 접합부 단면을 용이하게 절단할 수 있다.
③ 거싯 플레이트 없이 용접 또는 고장력 볼트접합 등의 방식으로 접합할 수 있다.

그림 7-39
강관구조 접합부 상세

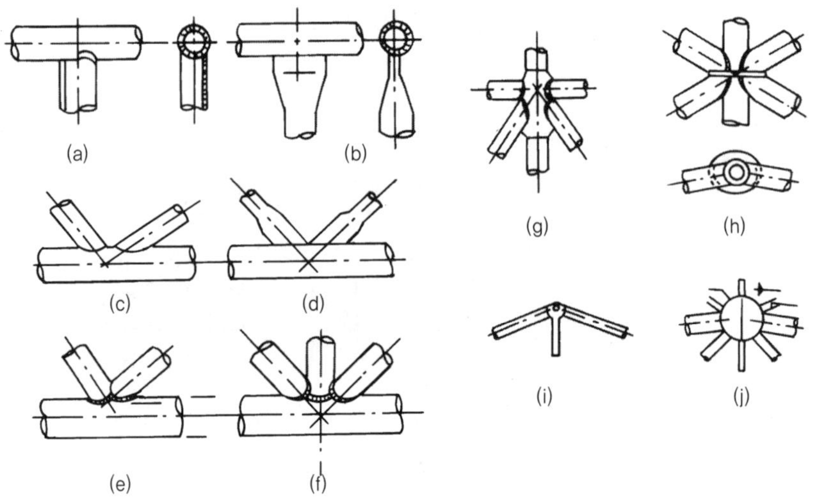

7.5.4 경량철골구조

두께 2.3~4.5mm의 박강판의 경량형강이 사용되며, KS에 규정한 일반 구조용 경량형강의 규격에 따라 냉간압연(cold roll)한 것이다. 이것으로 뼈대를 조립한 건축물을 경량철골구조라 한다.

▪ 경량형강의 특징

① 일반형강에 비해 두께가 얇고 단면치수는 동일하게 하여 힘을 많이 받을 수 있고 경제적인 구조를 만들 수 있다.

② 성형가공이 용이하며 볼트·리벳·용접 등의 방법을 자유로이 사용할 수 있다.

③ 단면이 비대칭 상태로 되지 않도록 하며 중요 기둥·보 등은 부재를 대칭되게 조합하여 사용한다.

그림 7-40 경량철골구조에 사용되는 강재

	경U형강	경Z형강	경L형강	립프U형강	립프Z형강	헤드형강
형강	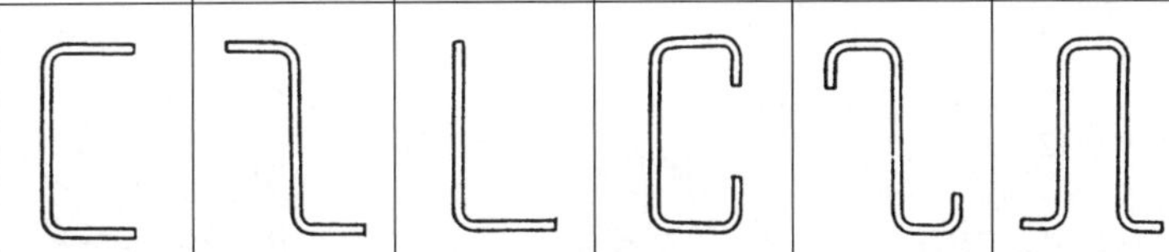					

▪ 부재의 접합

경량철골부재의 접합은 일반 철골구조와 같이 리벳, 볼트, 용접 등 접합법이 쓰인다.

살두께가 얇기 때문에 뒤틀림이나 국부좌굴이 생기기 쉬워 인장재에 대한 리벳과 볼트접합 시 국부변형의 방지를 위해 4mm 정도의 보강판을 덧대어 사용한다. 용접에 있어 온도가 너무 높으면 경량형강에 구멍이 뚫리거나 변형할 우려가 있으므로 주의해야 한다.

▪ 기둥 및 주각

경량철골구조에서는 주부재인 기둥과 샛기둥(stud)을 사용한다. 기둥의 경우 단일부재로 응력이 부족한 경우 복합재 또는 조립재로 사용된다. 주각부는 물이 원활히 빠질 수 있도록 폐쇄형 기둥의 경우 하부에 물빼기 구멍을 설치하는 등 내부부식에 대한 처리를 해야 한다.

그림 7-41
경량철골 기둥 및 주각

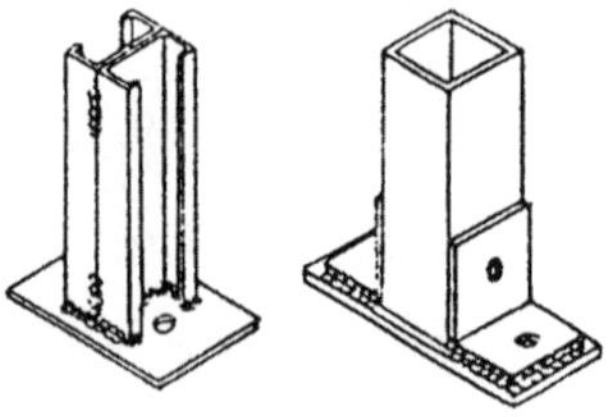
① ②

■ 보

작은보에는 보통 경량형강 단일재가 쓰이고, 큰보에는 경량형강을 조립한 조립보를 쓴다.

■ 구조재의 접합

일반적으로 복잡하여 가공에 정확성과 시간이 많이 걸리는 접합부 등은 공장에서 제작하여 현장에서 고장력볼트 등으로 간단한 조립작업만 하는 경우가 많다.

그림 7-42
경량철골 상세
(기둥과 보의 접합)

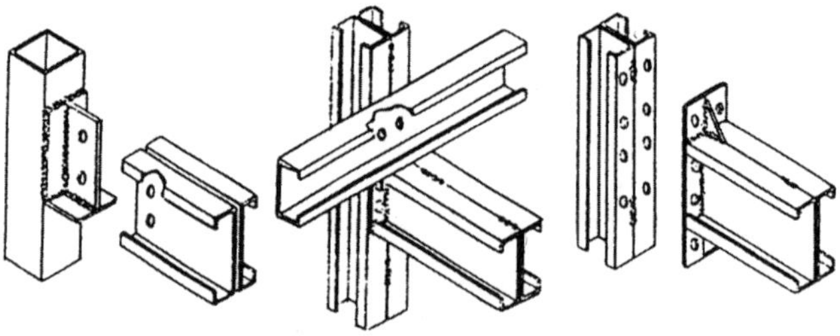
① ② ③

용어정리

철골공사

노치(notch)
개스 절단 시 전단선이 곧지 못하여 생기는 잘록한 거치렁이 부분이나 단면 중 다른 부분보다 단면이 적게 들어간 부분

리머(reamer)
뚫은 구멍의 지름을 정확하고 보기 좋게 가심하는 공구

슬래그(slag)
용접 비드의 표면을 덮은 비금속 물질, 피복제 중의 가스발생 물질 이외의 플럭스나 분해생성물이 슬래그가 된다. 슬래그의 적당한 화학반응에 의해 용접금속을 제련하거나 보호하는 역할을 한다.

hybrid beam
플랜지(flange)와 웨브(web)의 재질을 다르게 조합시켜 휨 성능을 높인, 일종의 조합보로서 휨을 부담하는 플랜지는 고강도강을 사용한다. 전단력을 부담하는 웨브는 연강을 사용하며 체육관, 강당 등 넓은 공간을 기둥 없이 보로 지지되어 보가 과도한 집중하중을 받는 경우 사용된다.
※ 보춤이 낮고 진동, 충격에 강하며 예상외의 하중에 대한 안전성이 높다.

스티프너(stiffener)
철골보 웨브 부분의 전단보강과 좌굴 방지를 위해 사용하는 보강재로서 수직, 수평 스티프너가 있다.

토크(torque)값
토크 렌치(torque wench)로 필요한 볼트(bolt) 장력에 대한 토크 모멘트(torque moment)를 구한 값
너트(nut)를 조이는 회전 모멘트(토크)로 추정한다.

쉬어 커넥터(shear connector)
콘크리트와의 합성구조에서 콘크리트와 철골부재 간에 발생하는 전단력(剪斷力)의 전달, 보강 및 일체성 확보를 위해 설치하는 연결재

엔드 탭 (end tab = run-off tab)
용접 결함의 발생을 방지하기 위해 용접의 시발부와 종단부에 임시로 붙이는 보조 강판으로, 엔드 탭 사용 시 유효 용접길이는 전체길이를 인정한다.
용접의 시발부와 종단부에 임시로 붙이는 보조판을 말하는 것으로 피용접재를 구속하고, 용접할 때 또는 아크의 시발부에 생기기 쉬운 결함을 없애기 위해서 용접을 끝낸 다음 떼어낼 목적으로 붙이는 버팀판

비드(bead)
용착금속이 모재 위에 열상을 이루어 이어진 용접층

스페이스 프레임 구조 (space frame)
절점을 중심으로 여러 개의 부재가 입체적으로 결합되어 있는 구조로서 대공간, 장스팬구조가 가능한 입체구조이며, 경량형강이나 파이프 등을 이용한다.

허니콤 보 (haney comb beam)
보의 웨브 부위를 육각형 단면 등으로 잘라내어 만든 유공보로 설비배관을 고려하여 만든 철골보를 말한다.

column shortening (기둥의 축소변위)
(1) 철골조의 초고층 건물 축조 시 내·외부의 기둥구조가 다를 경우, 또는 철골재료의 재질, 응력 차이로 발생하는 신축에 의한 것과 기둥, 벽 등의 수직부재가 많은 하중을 받아 발생하는 기둥의 축소변위를 말한다.
(2) 축소변위량을 조절하기 위해 전체 층을 몇 구간으로 나누어 가조립 상태에서 변위량을 조절한 후 본 조립을 완성한다.

층간변위 (side sway)
풍압력·지진력 등에 의해 생기는 건물구조체의 서로 인접하는 상하 2층간의 상대변위를 말하며, 상대변위란 어떤 부재를 기준으로서 측정한 다른 부재의 변위를 말한다. 변위의 처리방법은 자체흡수형과 슬래브흡수형 등을 사용한다.
※ 층간 변위 허용차
유연구조(고층철골) : 20mm 전후·강구조(중·고층) = 10mm 전후

서스펜션구조 (cable dome구조)
현수 다리, 지붕, 바닥 등과 같이 건축물의 주요 부분이 고장력 케이블(cable) 등의 장력재를 사용하여 기둥, 내민보, 아치구조 등에 매달린 형태의 구조로서 현수구조(suspension structure)라고도 한다.

공기막 구조 (air membrane structure)

내·외부의 기압차(공기압 차이)에 의해 막면에 인장 혹은 압축력이 가해져서 지지되는 구조물로서 공기지지방식과 공기팽창방식이 있다.
※ 경량으로 장스팬(span)구조 가능, 높은 투광성, 내화·단열성능은 약함

고장력볼트 (high strength bolt)

(1) 강도가 높은 볼트로 조여 철골부재를 강력하게 압착하고 그 단면에 생기는 마찰력에 의하여 응력을 전달하는 데 쓰이는 것이다.
(2) 소음이나 현장용접의 불편을 피하기 위하여 쓰이는 볼트접합의 하나이다.

필러(filler)

(1) 아스팔트, 콘크리트 표층 및 시트, 아스팔트에 사용되는 전충재
(2) 세골재의 공극을 전충하여 치밀한 혼합물을 만들어 표층의 내수성과 강인성을 더하여 마모를 경감하고 안전한 포장을 만들기 위하여 혼합하는 미립자로서 보통 석회분이 사용된다.

피로한도 (fatigue limit)

응력의 최대치와 최소치와의 차가 어떤 한도 이하이면 무한회수 하중을 되풀이하여 작용시켜도 파괴되지 않는다. 이 한도를 피로한도라 말하고 피로한도 이상의 응력을 되풀이하면 재료는 파괴된다.

용접조립보 (plate girder)

(1) 강판과 ㄴ형강 등을 리벳 또는 용접으로 I자형의 단면으로 만든 도리 또는 보를 말한다.
(2) 최소의 단면으로 비교적 큰 강성을 갖도록 제작할 수 있으나 목부는 얇기 때문에 압궤될 우려가 있으므로 지지점이나 집중하중점에는 보강재를 필요로 한다.
(3) 조립보의 하나이다.
(4) 보통 플레이트 거더와 용접에 의한 용접 플레이트 거더로 분류한다.

토크 렌치 (torque wrench)

(1) 볼트를 연결할 때 토크 힘이 명시될 수 있도록 된 렌치이다.
(2) 고력볼트와 같이 일정한 값 이상의 연결력을 요하는 볼트의 연결 또는 검사에 사용한다.
(3) 수동식
고장력 볼트를 조여 붙이는 데 사용되는 기구로 고장력 볼트를 조여 붙인 후 설계상 필요한 볼트 장력을 얻도록 규정량의 토크를 주는 구조를 가진 것이다. 토크 렌치에는 손으로 조이는 것과 임팩트 토크 컨트롤 렌치가 있다. 전자는 보통 스패너의 긴 자루 같은 모양을 하고, 자루의 휨에서 토크가 알 수 있는 지침과 눈금판이 부착되어 있고 후자는 일정한 토크가 가해지면 충격회전을 중지하는 기구를 비치하고 있다.

테이퍼 스틸 (taper steel)

(1) 기둥과 지붕틀을 붙여 만들어 간단히 조립하게 된 철골구조부재

(2) 제품 중에는 아치형(A형), 각형(W, L형), 크레인용(C형), 2층용(H형) 등이 있고 반자틀재, 칸막이벽재 등의 조립식 제품도 있다.

(3) 창고, 공장 등에 손쉽고 빠르게 경제적, 실용적인 건물 공사용 스틸 등에 쓰인다.

탄소강 (carbon steel)

(1) 철(강)에 탄소가 함유된(1.7% 이하) 것의 총칭이다.

(2) 탄소강은 수천 년 동안 인류가 사용하여 온 것이다. 이러한 철은 탄소 함유량에 따라 인장강도, 경도, 연신율 등의 성질이 달라지며 사용 목적에 따라 우수한 성질의 재료로 만들 수 있다.

(3) 탄소강은 탄소의 함량에 따라 연강, 경강, 단강, 주강 등으로 분류된다.

(4) 저탄소강은 담금질 효과는 나쁘지만 전성과 연성이 풍부하므로 못, 철판, 파이프, 철대 막, 형강 등을 만드는 데에 쓰인다.

(5) 0.3~0.9% 탄소의 강철은 목적에 따라 열처리하여 쓰이며 일반적으로 볼트, 너트, 레일 등에 쓰인다.

(6) 0.6% 이상의 탄소 강철은 해머, 톱, 정, 칼, 줄, 다이스 등 공구에 쓰인다.

클리어런스 (clearance)

(1) 리베팅 여유간격은 리벳의 중심부터 장애물까지의 거리, 꾸미기 여유간격은 부재를 모아 꾸미기를 쉽게 하기 위한 부재들 사이에 남기는 간격이다.

(2) 철골접합에서 리벳과 수직재 면과의 거리

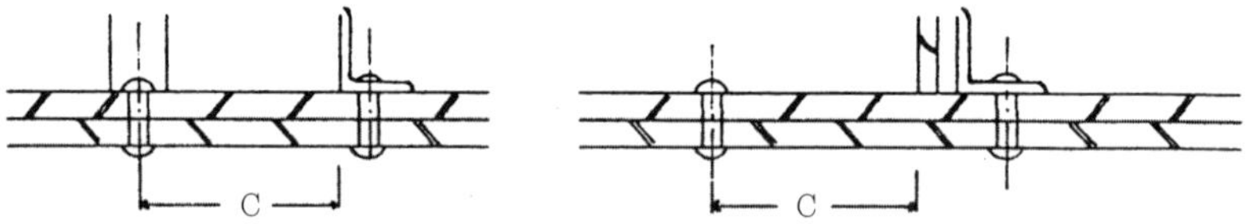

좌굴(buckling)

(1) 가는 기둥이나 얇은판 등을 압축하면 어떤 하중에 이르러 갑자기 가는 방향으로 휘어지며 이후 그 휨이 급격히 증대하는 현상이다.

(2) 좌굴을 보통 단면적에 비해 재장이 긴 경우 일어나기 쉽다.

(3) 곧은 기둥에 축방향의 압축력을 작용시켜 이 힘을 점점 증가시킬 때에는 비교적 세장한 기둥에서는 압축보다도 미리 휘어져서 파괴된다. 이 휨에 의한 파괴를 좌굴이라 한다.

은점(fish eye)

(1) 용접금속을 인장 또는 굽힘으로 파괴해 보면 단면의 중심부에 보이는 비금속 개재물을 포함하는 은백색 결함

(2) 크기는 보통 0.5~5mm 정도이며 사용하는 용접봉의 종류와 용접조건에 따라 그 수와 크기가 달라진다.

(3) 원인은 기공 또는 틈 비금속 개재물의 주위에 수소가 모여서 취화를 일으켜 외력에 의해 그 부분만이 늘어나지 않고 판단되기 때문이다.

(4) 수소원이 적은 용접봉을 사용하거나 용접물을 수일간 방치하는 경우 용접 후 500~600℃ 전후로 가열하면 은점의 발생을 방지할 수 있다.

위핑(whipping)

(1) 일반적으로 용접봉의 운봉은 용접방향에 대하여 가로로 왔다 갔다 움직여 용착 금속을 녹여 붙인다.
(2) 아크가 끊어지지 않을 정도로 용접봉을 수시로 띄었다 붙였다 하여 풀을 냉각시키며 과열을 방지하는 용접봉의 운봉 조작방법이다.
(3) 용접 금속이 너무 쳐져 흐르거나 도장한 철판을 용접할 때에 하는 방법이다.

강관비계 (steel support)

콘크리트의 하중을 받는 강재의 양재 및 주재 소스팬이 양재로서는 래티스형과 플레이트형 및 이것을 조합한 것 등이 있다. 대스팬의 양재로서는 삼각형 트러스를 턴버클에 의하여 긴결하는 형식이 있다. 소형 지주로서는 강관지주, 대형 지주로서는 삼각주와 사각주 등이 있다. 또 틀식 비계도 쓰인다.

격점(panel point)

트러스구조물 등에서 축력부재의 집합점을 격점이라 한다. 일반적으로 힌지로 생각되어 계산되고 있으므로 축방향력의 수수는 있으나 모멘트의 수수는 없는 것으로 하고 있다. 또 플레이트 거더 등에 있어서 하중이 종보, 횡보를 거쳐서 주 들보에 전달되도록 한 구조인 경우, 주 들보와 횡보의 결부점을 격점이라 한다.

겹친 이음매 (lap joint lapping)

접합할 재편을 겹쳐서 잇는 것을 겹친 이음매라 한다. 리벳접합의 경우 겹친 이음매는 단선구조가 된다. 철근을 겹쳐서 주위 콘크리트의 부착력을 통하여 철근의 응력을 전달하는 이음매이다.

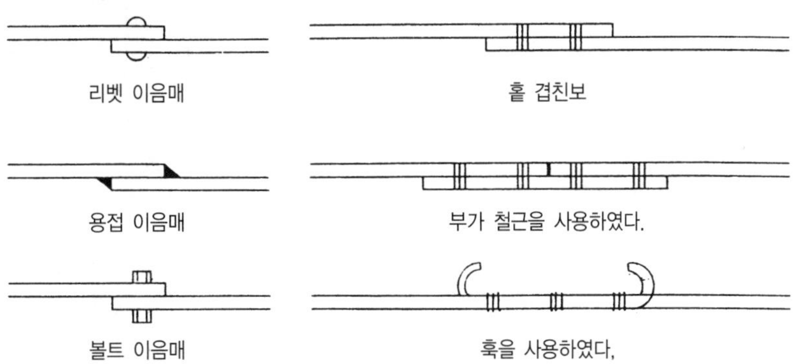

고장력 볼트 (high strength bolt)

고장력 볼트에 의한 마찰접합은 이음 편재를 고장력 볼트에 의하여 강하게 조여서 접촉면에 발생하는 마찰저항력에 의한 접합방법이다. 종래의 리벳접합에 대신하여 최근 많이 사용되기 시작하였다. 볼트 장력은 직접으로 측정할 수 없으므로 너트를 회전하는 데 필요한 토크와 볼트 장력의 관계를 미리 조사해둔 다음 볼트 장력을 추정하는 방법이다. 볼트의 장력과 볼트 늘음과의 관계를 조사해 두고 너트의 회전조각에서 늘음을 고려하여 장력을 추정하는 방법이 있다. 전자의 경우는 수동 토크 렌치, 토크 조절장치가 달린 인파크로 렌치 등을 사용한다. 어느 것이든 시공이 간단하고 기구의 간소함과 방음 등의 이점에 의하여 리벳접합보다 유리하지만 볼트 장력을 추정하는 데 애매한 점이 있다.

보강재(stiffener)

플레이트 거더 복판의 좌굴을 방지하기 위하여 설치되는 것이다. 보강재료는 단보강재, 중간보강재, 수평보강재의 3종이 있다. 단 보강재는 지점반력에 의한 복판이 좌굴을 방지하는 것으로 지점반력에 대하여 충분하도록 설계되지 않으면 안 된다. 중간보강재는 거더가 받은 휨모멘트와 전단력과에 의한 복판의 좌굴을 방지하는 것으로, 전단력의 큰 부분 또는 전단력과 휨모멘트가 함께 큰 부분에 대하여는 그 간격을 작게 하고 충분히 좌굴에 대하여 안전하게 하지 않으면 안 된다. 또 수평보강재는 복판 높이가 높아진 경우의 복판좌굴을 방지하기 위하여 설치하는 것이다.

앵커(anchor)

(1) 커튼월 또는 그 제품을 건축구조체에 고정하는 모든 장치를 말한다.
(2) 앵커는 일반적으로 3방향으로 조정될 수 있어야 한다.
(3) 돌을 긴결하기 위한 철물
(4) 조인트용의 steel plate angle에 용접되어 PC 속에 매설되는 볼트나 철근의 앵커
(5) 프리스트레스의 긴장선을 PC재의 단부에 고정하는 것
(6) 콘크리트에 다른 재를 정착하기 위하여 묻어 두는 볼트 따위 또는 그를 묻어두는 일

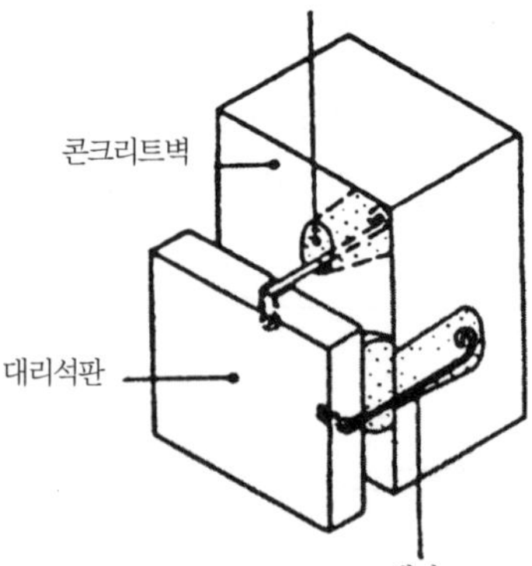

아크용접

(1) 전기용접에 있어서 아크의 열을 이용한 용접법
(2) 용접하고자 하는 금속과 전극에 전류를 통하면 그 사이에 아크를 발생시켜 그 열에 의하여 모재의 일부와 용접봉염단을 용융 접합시킨다.
(3) 전극봉이 용접봉을 겸하는 소모식과 탄소 또는 텅스텐을 전극으로 하는 비소모식이 있다.

(4) 용접기에는 직류용접기와 교류용접기가 있는데 교류용접기가 취급이 간단하므로 널리 쓰인다.
(5) 조선, 철공 등에 광범위하게 이용되며 불활성 가스로 아크를 외부에서 차단하는 이너스트 가스 아크용접이 보급되었고, 전 작업이 자동화 된 자동용접도 행해지고 있다.
(6) 철골구조의 접합부에 주로 쓰인다.

모살용접 (fillet weld)

(1) 거의 직각을 이루는 두 면의 구석을 용접하는 것이다.
(2) 모살을 덧붙이는 용접으로 한쪽 모재의 끝을 다른 모재의 면에 맞대거나 한쪽 모재의 면을 다른 모재의 면에 겹치고 그 접촉부분의 모서리부를 용접하는 것이다.
(3) 맞댄용접과 함께 용접접합 2대 공법 중 하나로서 힘의 작용방향에 대한 용접부분이 위치에 의하여 앞면 모살용접, 측면 모살용접, 경사 모살용접 등이 있다. 또한 용접의 연속성에서 연속용접, 병렬용접, 엇갈림용접 등의 구별이 있다.
(4) 용접하려는 모재 간의 각도가 60° 이하 또는 110° 이상인 경우의 모살용접에서는 응력을 부담시켜서는 안 된다.

연단거리 (edge distance)

리벳에서 모재 단부까지의 거리를 연단거리라 한다. 연단거리가 너무 적으면 리벳의 강도보다 모재 단부 쪽이 약하게 되고 또 연단거리가 너무 크면 부재의 상호밀착이 나빠져서 약점이 되기 쉽다. 따라서 시방서에서는 연단거리의 최소와 최대를 정하고 있다.

연화점 (softening point)

(1) 아스팔트 같은 고체 또는 반고체는 따뜻하게 하면 점차로 연해져서 결국 흘러내리게 된다. 이 변화는 서서히 진행되며 어름에서 물이 되는 것처럼 명료한 변위는 없으므로 어떤 상태를 정하여 그 상태에 달한 때의 온도를 연화점이라 한다.
(2) 시험방법에 따라서 결과도 달라진다.
(3) 시험은 링 속에 시료를 채우고 그 한가운데에 강구를 올려놓고 물 또는 글리세린 중탕 속에 넣는다. 중탕의 온도를 일정비율로 상승시켜서 시료가 연해져서 밑으로 늘어지고 볼이 25.4mm(1inch) 밑 저판에 닿은 때의 온도를 연화점으로 한다.
(4) 침입도의 값과 조합하여 아스팔트의 특성을 판단하는 데 적용된다.

임팩트 렌치 (impact wrench)

보통, 볼트 및 고장력 볼트의 부착시킴과 떼어내는 작업에 사용되며 손 작업의 경우에 비하여 10배 이상의 능력이 있다. 충격에 의한 회전을 부여하여 너트에 필요한 충격과 토크를 주어 신속 정확히 힘껏 조일 수가 있다. 또 토크 조절장치가 딸린 임팩트 렌치는 고장력 볼트를 조이는 데 적합하다.

크레이터(crater)

용접의 종료점에 생기는 항아리형의 요철부를 크레이터라 한다. 용접 종료점 부근은 가장 온도경사가 급하기 때문에 열이나 용융금속의 보급이 행해지지 않은 이 부근의 최후 냉각부에 요철부가 생긴다. 이 크레이터에는 수축응력이 집중되어 다른 부분에 비하여 응력이 크다. 따라서 크레이터의 형이 부정한 경우에는 응력이 극단으로 집중하여 금이 가는 경우가 있으므로 충분한 주의가 필요하다.

메탈 터치 (metal touch)

기둥 이음부분이 가공되어 있어 위 기둥과 아래 기둥이 밀착되게 하여 축압력과 휨모멘트의 25% 정도까지 두 기둥부재가 맞닿는 면에서 직접 전달시키는 이음방법을 메탈 터치(metal touch)라 한다.

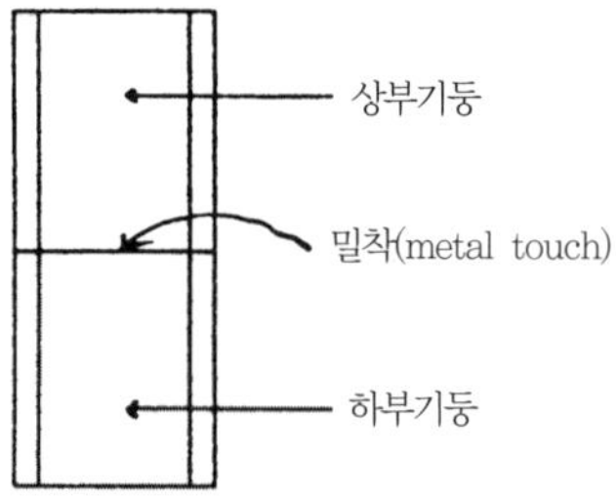

- 휨모멘트가 축압력에 비해 작아 이음면에 인장력이 생기지 않은 경우 메탈 터치 허용
- metal touch + htb or 용접

스캘럽(scallop)

철골부재의 접합(다른 부재의 연결 : 보 + 기둥 등) 및 이음(동일 부재 연결 : 보 + 보, 기둥 + 기둥) 중 용접에 의한 방법으로 접합(또는 이음)할 때 H형강의 용접부가 재용접되어 열영향부(heat affected zone)의 취약화를 방지하기 위해서 모따기를 하는 것을 스캘럽이라 한다.

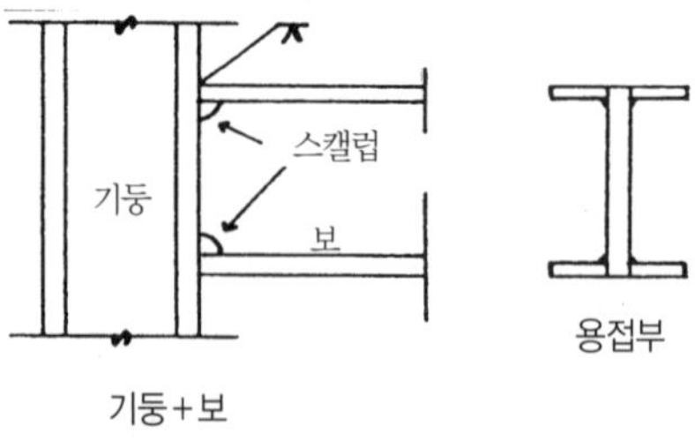

가동매입공법

(1) 고정매입공법과 함께 앵커볼트 매입공법이다.
(2) 나중매입공법이라고도 한다.
(3) 기초 콘크리트에 앵커볼트를 묻을 구멍을 내두었다가 나중에 고정하는 공법이다.
(4) 앵커볼트의 지름이 작은 것을 쓰는 소규모 공사와 경미한 철골공사에 쓰이고, 대규모에는 절대로 채용이 불가하다.
(5) 앵커볼트의 지름이 비교적 큰(25mm 이상) 것인 경우, 앵커볼트의 위치를 조정할 수 있도록 볼트의 주위를 엷은 철판으로 깔때기 통을 만들어 씌우고 위치 및 높이를 정확히 정한 후 콘크리트를 부어넣는다.

고정매입공법

(1) 철골공사의 기초 콘크리트 시공 시 앵커볼트를 정확한 위치에 묻어두고, 콘크리트가 경화되면 앵커볼트를 수정하지 않는 앵커볼트 매입법이다.
(2) 앵커볼트의 기능이 완전히 발휘되는 우수한 공법이나 그만큼 시공정밀도가 요구된다.

가새(bracing)

4각형으로 싼 뼈대에 대각선상으로 빗대는 경사재로 수직, 수평재의 각도 변형을 막기 위해 설치한다.

(1) 수평력의 작용방향에 따라 인장·압축 가새, 위치에 따라 수직·수평 가새 그리고 굵은 가새 등이 있다.
(2) 건축법시행령 제33조의 규정
  ① 인장력을 부담하는 가새에는 이에 접하는 기둥 단면적의 1/5 이상의 단면적을 가지는 목재나 지름 9mm 이상의 철근 또는 이와 동등 이상의 내력을 가지는 기타의 철재를 사용해야 한다.
  ② 압축력을 부담하는 가새에는 이에 접하는 기둥 단면적의 1/3 이상의 단면적을 가지는 목재 또는 이와 동등 이상 내력을 가지는 재료를 사용해야 한다.
  ③ 가새는 그 끝부분을 기둥과 보 기타의 횡가새와의 맞춤 부분에 주어서는 안 된다.
  ④ 가새는 파내거나 기타의 결손을 만들어 구조내력상 지장을 주어서는 안 된다.
  ⑤ 가새는 수평력에 견디게 하고 안정한 구조로 하기 위한 목적으로 쓰이며 버팀대보다 강하다.
  ⑥ 가새의 경사는 45°에 가까울수록 유리하다. 가새는 힘의 방향에 따라 인장 또는 압축력을 받게 되므로 힘이 교체되는 곳은 압축력을 기준으로 가새를 설치해야 한다.

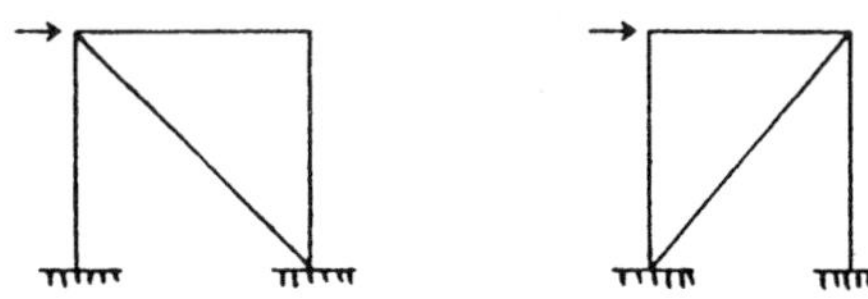

가스압접

(1) 가스불꽃을 이용하는 압접법이다.
(2) 가스압착용접이라고도 한다.
(3) 접합하려는 부재의 면에 축 방향의 압축 압력을 가하고, 접합부위를 가스불꽃으로 가열하여 접합한다.
(4) 닫힌 방법과 열린 방법의 두 가지 방법이 있다.
  ① 닫힌 방법 : 모재를 처음부터 서로 가압하면서 가열하는 방법이다.
  ② 열린 방법 : 모재의 압접면을 따로따로 가열해서 면이 적당히 용융되었을 때에 양쪽에 충격 압력을 가해서 접합시키는 방법이다.
(5) 가열에는 보통 산소 아세틸렌 불꽃이 사용된다.
(6) 각종 금속의 용접에 이용되지만 이음형식은 현재에는 맞대기 용접에 한정되어 있다.

가이 데릭 (guy derrick)

(1) 철골공사의 세우기용 주요 기계설비의 하나이다.
(2) 가장 많이 쓰이는 기중기로서 능력이 크고 중량물의 장내 운반에도 쓰이며, 철골 세우기뿐만 아니라 공사 전체 운영에도 유효하게 쓰인다.
(3) 주요 구조부분은 mast, boom, bull wheel이고 붐의 행동범위는 360°이다.
(4) 7.5t 데릭의 1일 세우기 능력은 철골재 15~20t이고, 기계설비에 15일, 이설 해체에 각 7일 정도 걸린다.

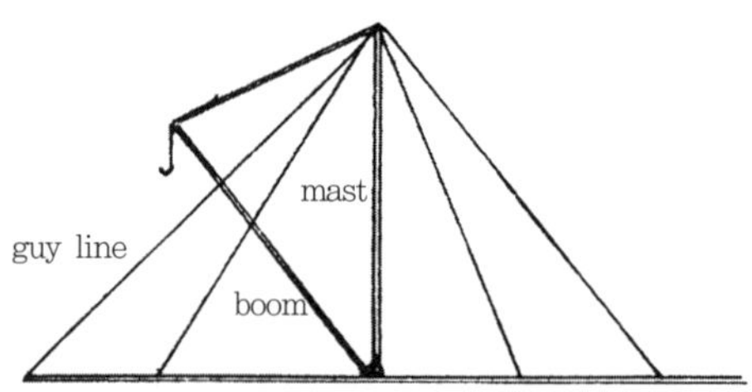

밀 시트(mill sheet)

밀 시트란 강재의 역학적, 물리적 시험을 통하여 성분을 나타내는 시험성적표로 공인된 시험소의 시험이어야 한다.

(1) 역학적 시험
  ① 압축강도
  ② 인장강도
  ③ 전단강도
  ④ 휨(bending)시험
  ⑤ 단위중량

(2) 성분시험

fe, c, p, s 등의 구성비

(3) 규격 표시

(4) 시험기준의 종류

시방서에서 요구하는 기준 AS, ASTM, JIS, DIN, BS

제 8 장
목구조

8

8.1 개 론

목재는 비중이 작은 데 비하여 압축강도와 인장강도가 크고 가공성이 좋으며 많은 공극을 포함하고 있어 열전도율이 낮고, 보온성·방한성·방서성이 우수하며 음의 흡수 및 차단성이 클 뿐만 아니라 온도에 의한 신축이 적은 등 많은 장점을 갖고 있어 인류가 건축물을 세우기 시작한 이래로 가장 오랫동안 사용되어 온 재료 중 하나이다.

목(木)구조는 이와 같이 많은 장점을 가지고 있는 목재를 사용하여 건축물의 중요부인 기둥, 보, 도리, 지붕, 벽체 등의 구조체를 가구식(架構式)으로 짜서 맞춘 것을 말한다.

목(木)구조의 건축물은 철근콘크리트조나 조적조의 건축물에 비하여 건축이 쉽고 따뜻하며 공사기간과 비용이 절감되고 외관이 수려하다는 장점이 있으나, 목재 자원의 부족과 무분별한 남벌로 인한 환경문제 유발, 재질의 불균질, 건조에 의한 변형, 방부성과 내화성 및 내구성이 좋지 않다는 등의 결점이 있어 많이 사용되지는 않고 있다.

그러나 최근 목재 가공기술과 방부기술의 발달로 어느 정도의 방부성과 내화성, 내구성을 갖는 목재의 가공이 가능해지고, 자연소재에 대한 요구가 증대되면서 전원주택 등에서는 그 사용이 점차로 증가하고 있다.

8.2 목재의 구조와 성질

1. 목재의 구조

나무는 뿌리·줄기·잎으로 구분되며, 줄기부분이 목재로 사용된다. 수목의 단면을 보면 제일 외측에 외피가 있고 그 다음에 형성층이 있으며, 이 형성층에서 모세포가 분열하여 새로운 목질이 형성되어 외측으로 성장한다. 형성층은 봄에 활발히 활동하며 여름과 가을에는 그 활동이 둔화된다. 봄에 형성된 목질, 즉 춘재는 조직이 비교적 연약하며 여름·가을에 형성된 목질, 즉 추재는 조직이 치밀하다. 추재와 다음 해의 봄에 생성된 춘재 사이의 조직구조의 차이에 따라 연륜, 즉 나이테가 형성된다.

수간의 목질부에는 변재와 심재부분이 있고 수간의 중심에는 수심과 수심에서 발달한 수선, 즉 수치구가 있다. 목질의 성분은 50% 정도의 탄소(C)와 40% 정도의 산소(O), 6% 내외의 수소(H) 원소로 구성되며, 이러한 원소가 결합하여 섬유소와 리그닌(lignin) 등 목재의 고형성분을 형성하고 있다. 섬유소는 목재 건조중량의 50~60%이고, 리그닌은 목질의 25~30%로 접착제 역할을 한다.

그림 8-1
목재의 구조

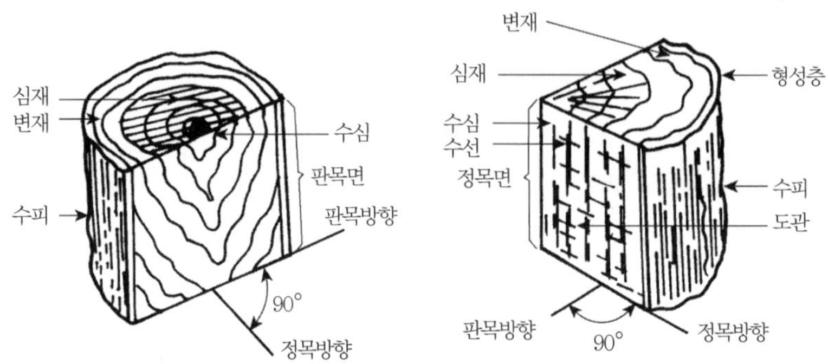

■ 나이테

나이테는 수간의 횡단면상에 나타나는 동심원의 조직으로서 춘재와 추재부로 이루어져 있다. 춘재의 세포는 형태가 크고 세포막이 없어 조직이 가볍고 연하며 무색이다. 추재의 세포는 세포막이 두껍고 조직은 비교적 치밀하며 무겁고 색이 진하다. 나이테는 매년 형성되어 수목의 생성과정을 나타내며 목재의 성질을 판별하는 데 있어서의 주요요소 중 하나이다. 평균 연륜폭은 수간의 횡단면상에 있어서 반경방향에 대하여 가능한 많은 나이테가 포함되도록 하여 그 길이를 측정한 다음 그 길이에 포함되는 연륜수로 나눈다.

$$\text{평균 연륜폭(mm)} = \frac{\text{나이테가 포함되는 길이}}{\text{나이테의 수}}$$

평균 연륜폭은 목재의 외관뿐만 아니라 비중, 강도와도 밀접한 관계가 있으며 수종에 따라서도 다르고 동일 수종일지라도 수령, 기상, 주위환경에 따라서도 차이가 난다. 단풍나무, 나왕, 티크 등은 나이테가 뚜렷이 나타나며 활엽수보다 침엽수가 뚜렷이 나타난다.

■ 심재와 변재

심재는 생활기능이 줄어든 세포의 집합으로 수액과 수분이 적으며, 변재는 생활세포의 집합으로 수액의 통로이며 생활세포의 조직이 불안정하여 변형·부패에 대한 저항이 적다.

수령이 증가할수록 변재의 세포는 그 원래의 성질을 잃고 세포내공에는 수액과 공기를 내장하고 세포막 내 혹은 내공에 리그닌질, 수지질, 고무질, 광물질, 색소류가 침적하여 변재는 점차 심재로 변한다. 따라서 심재는 변재보다 진한 색이 되며 부식에 대한 저항성도 증가한다. 재질면에서 심재는 변재보다 단단하고, 변형이 적고, 내구성이 있어 이용가치가 크다. 변재는 흡수성이 크고 내구성이 부족하여 변형이 잘 되나 가소성이 커서 둥글게 굽히는 용도의 재료로 사용된다.

■ 나뭇결(목리)

목재는 절취하는 방향에 따라 각종 세포의 종류와 배열, 형태 등이 달라진다. 수목의 생장방향과 직각으로 절취할 때 생기는 단면을 횡단면, 연륜(나이테)과 직각으로 수목의 생장방향에 따라 절취할 때 생기는 단면을 방사단면(곧은결면), 연륜(나이테)과 접선으로 수목의 생장방향에 따라 절취할 때 생기는 단면을 접선단면(무늿결면)이라 한다.

그림 8-2
제재에 따른 나뭇결

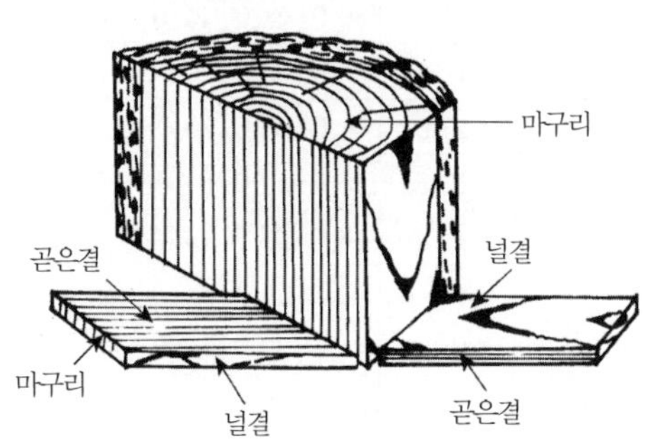

즉, 나뭇결에는 널결, 곧은결, 무늿결, 엇결 등의 종류가 있다. 널결은 연륜에 평행방향으로 켠 목재면에 나타난 곡선형의 나뭇결을 칭하며 결이 거칠고 불규칙하게 나타난다. 따라서 널결재는 장식재로 쓰이나 곧은결보다 변형과 마모율이 크다. 곧은결은 연륜에 직각방향으로 켠 목재면에 나타나는 평행선상의 나뭇결을 나타내며, 외관이 아름답고 수축변형과 마모율이 적다. 무늿결은 불규칙하면서도 아름다운 무늬를 나타내어 목재면이

라 하고, 나무섬유가 꼬여 나뭇결이 어긋나게 나타난 목재면을 엇결이라 한다.

2. 목재의 성질

▪ 압축강도

목재는 섬유의 배열방향에 하중이 작용하는 각도에 따라 강도가 달라진다. 목재의 섬유방향으로 하중이 작용할 때의 강도를 종압축강도, 섬유에 직각방향의 압축강도를 횡압축강도라 한다. 일반적으로 공기 중 건조목재의 종압축강도는 약 25~70N/mm^2 정도이며, 횡압축강도는 종압축강도의 약 10% 정도이다.

표 8-1에 목재의 섬유방향 압축강도의 표준적인 측정결과를 나타내었다.

표 8-1

주요 목재의 표준강도

수종	기건중량	휨에 의한 탄성계수	압축강도	인장강도	휨강도	전단강도	브리넬 경도	섬유 포화점
	g/cm^3	10^2N/mm^2	N/mm^2	N/mm^2	N/mm^2	N/mm^2	kgf/mm^2	%
삼나무	0.33~0.41	5.0~10.0	26.0~41.5	51.5~75.0	30.0~75.0	4.0~8.5	1.5~2.5	24.0
노송나무	0.34~0.47	5.5~11.5	30.0~40.0	85.0~155.0	51.0~85.0	6.0~11.5	1.8~3.3	24.6
화백나무	0.35	5.7	31.0		49.0	4.3	-	19.7
상록교목	0.44	8.2	39.0	68.0	69.0	5.6	-	24.0
낙엽송	0.41~0.62	6.0~10.5	30.0~61.0	32.5~64.0	32.0~82.5	3.0~11.0	2.05~3.05	25.8
전나무	0.36~0.59	5.0~12.0	28.5~55.0	70.0~142.0	55.0~95.0	4.5~9.0	-	29.2
솔송나무	0.47~0.60	6.5~12.0	42.0~69.0	70.0~140.0	45.0~105.0	5.5~10.0	1.7~2.1	26.0
적송	0.43~0.65	7.5~13.5	37.0~53.0	84.0~186.0	36.0~118.0	5.0~12.0	2.2~5.8	27.4
흑송	0.57~0.66	9.0~11.5	48.5~63.5	32.4~64.0	73.5~93.0	7.0~13.5	-	-
주목	0.50	8.6	44.0~71.0	36.0~62.5	57.0~112.0	6.0	-	-
노간주나무	0.30	4.9	24.7~39.0	29.0~54.0	40.0~60.0	5.5	-	23.0
분비나무	0.32~0.40	6.0~9.0	23.0~38.0	46.0~120.0	35.0~65.0	4.0~6.5	1.95~3.00	25.0
가문비나무	0.36~0.45	6.5~11.0	28.0~45.0	85.0~160.0	38.0~80.0	4.5~9.5	2.3~3.2	28.9
미송	0.55	12.7	43.0	105.0	72.0	7.3	1.7~2.3	26.0

▪ 인장강도

목재의 섬유방향의 인장강도를 종인장강도, 섬유에 직각방향의 강도를 횡인장강도라 한다. 공기 중 건조목재의 종인장강도는 침엽수의 경우 50~150N/mm^2, 활엽수의 경우 20~260N/mm^2 정도이다. 목재의 종인장강도는 횡인장강도보다 약 20배 정도 크다.

■ 휨강도

휨강도(f_r)은 단순보에 중앙집중 하중을 가하여 다음 식에 의해 구한다.

$$f_r = \frac{M_{max}}{Z} = \frac{Pl/4}{BH^2/6} = \frac{3Pl}{2BH^2} \text{ (사각형 단면)}$$

여기서 P는 최대하중(kgf), l은 목재의 길이(cm), B는 목재 단면의 폭(cm), H는 목재 단면의 높이(cm)이다. 목재의 휨강도는 섬유의 평행방향이 직각방향보다 약 15배 정도 크다.

■ 전단강도

목재가 구조부재로 사용될 경우 전단력을 받는 경우가 많으므로, 갈라지기 쉬운 목재의 약점을 수치적으로 나타내기 위해서는 전단강도가 매우 중요하다. 목재의 전단강도는 압축이나 인장강도에 비해서 아주 작고 접합부는 전단에 의해 파괴되는 경우가 많다.

■ 경도

경도는 물체의 단단한 정도, 즉 어떤 물체에 다른 물체를 압입시킬 때 저항하는 힘을 말한다. 목재에서는 강구(직경 10mm)를 목재의 표면에서 0.32mm 압입시킬 때 필요한 하중을 측정해서 나타낸다. 이를 브리넬(Brinell) 경도라 한다.

8.3 목재의 접합

목재는 천연재료이기 때문에 자연적으로는 사용목적에 적합한 규격과 크기의 재료를 얻는 것은 거의 불가능하다. 그러므로 목재는 그 사용목적에 따라 2개 이상의 재료를 잇거나 연결하여 사용하게 되는데 이것이 목재의 접합이다.

목재의 접합은 목재를 잇거나 연결하는 방법에 따라 크게 이음, 맞춤, 쪽매 등의 세 가지로 분류할 수 있다. 이음은 목재를 재축의 길이방향으로 잇는 방법을 말하며, 목재를 직선이 아닌 직각이나 경사진 방향으로 연결하는 방법을 맞춤이라 하고 쪽매는 폭이 넓은 판재를 옆으로 붙여 넓게 하는 것을 말한다.

목구조는 여러 규격의 목재를 접합하여 사용하므로 목재 자체의 강도도 중요하지만 접합부가 외력에 견딜 수 있는 충분한 강도를 갖는 것이 더욱 중요하며, 중요 접합부는 못이나 볼트 또는 보강철물 등으로 보강해야 한다. 또한 구조재에 작용하는 하중은 하나의 힘만이 작용하는 것이 아니라 압축이나 인장, 전단, 휨, 비틀림 등 여러 하중이 복합적으로 작용하는 경우가 많으므로 접합부를 만들 때에는 접합부에 작용하는 응력의 종류와 크기를 잘 판단하여 적당한 접합방법과 설치위치를 선정하여 사용해야 한다.

1. 목재의 이음

목재의 이음은 이음위치에 따라 심이음, 내이음, 베개이음, 보아지이음 등으로 구분할 수 있으며, 보강철물의 사용 유무에 따라 철물을 사용하는 이음과 철물을 사용하지 않는 이음으로 구분할 수 있다.

▪ 이음위치에 의한 구분

목재의 이음은 밑에 있는 부재의 중심을 기준으로 잇는 위치에 따라 분류할 수 있는데, 심이음은 이음부위의 밑에 있는 부재의 중심에 이음위치를 두는 이음이며, 밑에 있는 부재의 중심에서 15cm 정도 밖으로 이음위

그림 8-3
이음위치에 따른 이음의 종류

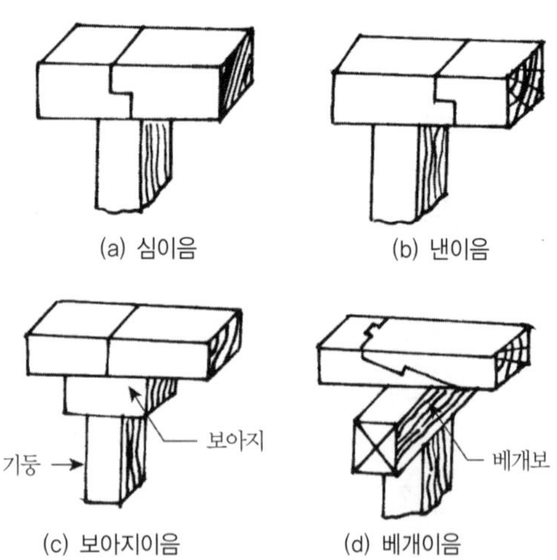

치를 내밀어 잇는 것이 내이음이다. 보아지이음이나 베개이음은 이음위치의 하부에 가로재를 설치하고 그 위에 이음위치가 오도록 하는 이음을 말한다. 그림 8-3에 이음위치에 따른 이음의 종류를 나타내었다.

■ 철물을 사용하는 이음

연결되어지는 두 부재를 가공하지 않고 단순히 맞대어 놓거나 겹쳐서 연결하는 방법으로, 힘의 전달은 모두 보강철물에 의하여 전달되도록 하는 이음으로 크게 맞댄이음과 겹친이음으로 구별할 수 있다.

① 맞댄이음

맞댄이음은 두 부재를 가공하지 않고 단순히 맞대어 놓고 연결부재의 위나 옆의 양쪽에 덧판을 대고 볼트나 큰 못으로 연결하여 잇는 방법으로 덧판이음이라고도 한다.

덧판으로는 철판이나 나무덧판이 사용되는데 나무덧판을 사용할 경우, 부재와 나무덧판 사이에 듀벨(dubel)이나 나무산지를 설치하여 이음을 강하게 하는 방법이 주로 사용된다.

그림 8-4
맞댄이음과 겹친이음

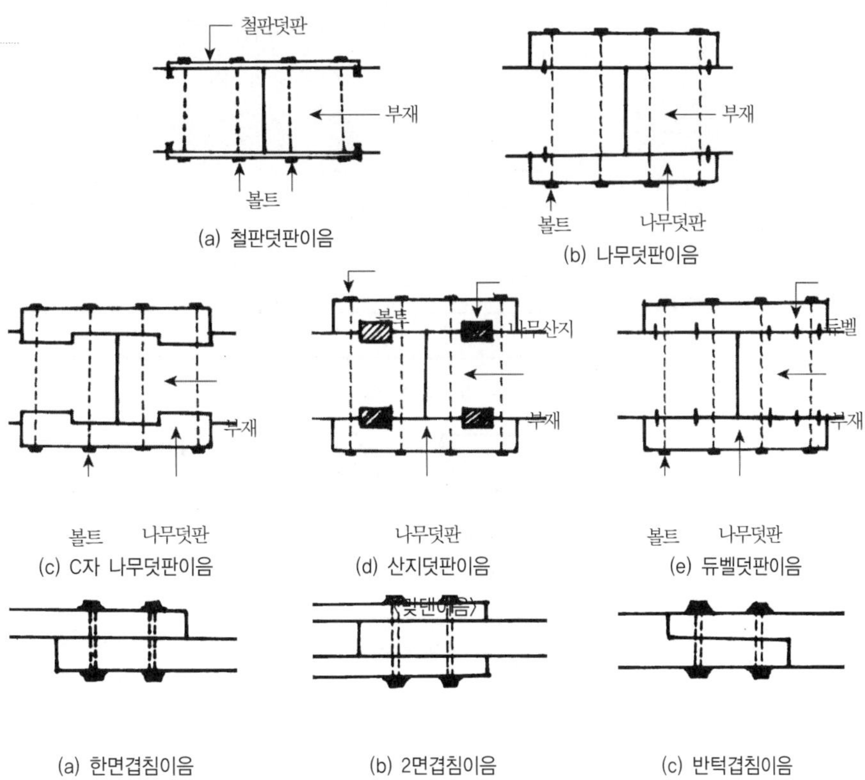

〈겹친이음〉

맞댄이음은 주로 인장력이나 압축력을 받는 부재의 이음에 사용한다.

② 겹친이음

겹친이음은 두 부재를 단순히 겹쳐놓고 볼트나 큰 못, 산지 등으로 보강하는 이음방법으로, 단순 부재에서는 한면겹친이음을 사용하고 중요 부재에서는 편심의 발생을 방지하기 위하여 2면겹친이음을 사용한다.

■ 철물을 사용하지 않는 이음

덧판을 사용하지 않고 연결되어지는 두 부재가 서로 맞물려지도록 따내고 맞추어 잇는 이음으로 큰 못이나 볼트, 산지 또는 듀벨 등의 보강철물을 사용하거나 기타의 보강법을 사용하여 보강하는 것이 일반적이다. 철물을 사용하지 않는 이음은 크게 주먹장이음, 메뚜기장이음, 엇걸이이음, 빗걸이이음, 기타 이음으로 분류할 수 있다.

① 주먹장이음

연결하는 두 개의 부재 중 하나의 부재 끝은 주먹 모양으로 볼록하게 파내고 다른 하나의 부재는 오목하게 파내어 서로 연결하는 이음으로, 모양이 간단하고 가공하기가 쉬우며 튼튼하기 때문에 일반적으로 많이 사용되는 이음방법이다.

그림 8-5
각종 주먹장이음

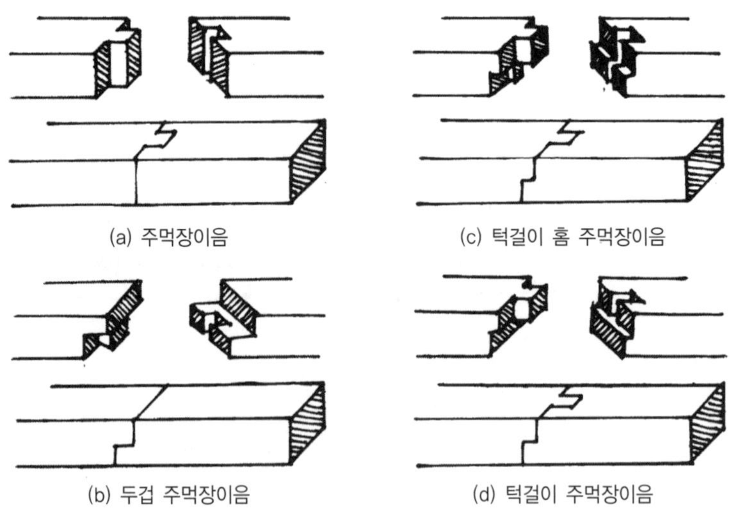

(a) 주먹장이음 (c) 턱걸이 홈 주먹장이음

(b) 두겁 주먹장이음 (d) 턱걸이 주먹장이음

② 메뚜기장이음

주먹장이음방법보다 더욱 튼튼한 이음방법으로 주로 인장부위에서 많이 사용되나, 가공이 어렵고 그 이음의 효과도 보장하기가 어려워 그리 많이 사용되지는 않고 있다. 메뚜기장이음에 긴촉이나 자촉을 이용한 긴촉이음, 자촉이음의 방법도 있다.

그림 8-6
각종 메뚜기장이음

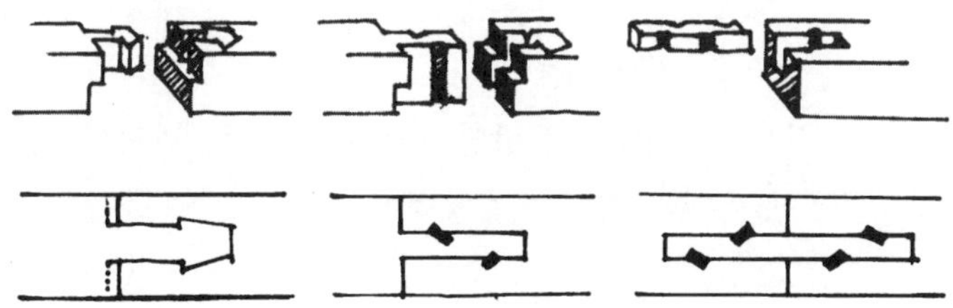
(a) 메뚜기장이음 (b) 긴촉이음 (c) 자촉이음

③ 엇걸이이음

엇걸이이음은 이음부위에 각종 산지(비녀라고도 함)를 박아 더욱 튼튼하게 한 이음으로 중요한 가로재의 내 이음에는 주로 엇걸이이음 방법이 사용된다.

엇걸이이음의 이음길이는 부재 춤의 약 3.5배 정도 이상으로 해야 하며 휨부재의 연결에 가장 효과가 있다.

그림 8-7
각종 엇걸이이음

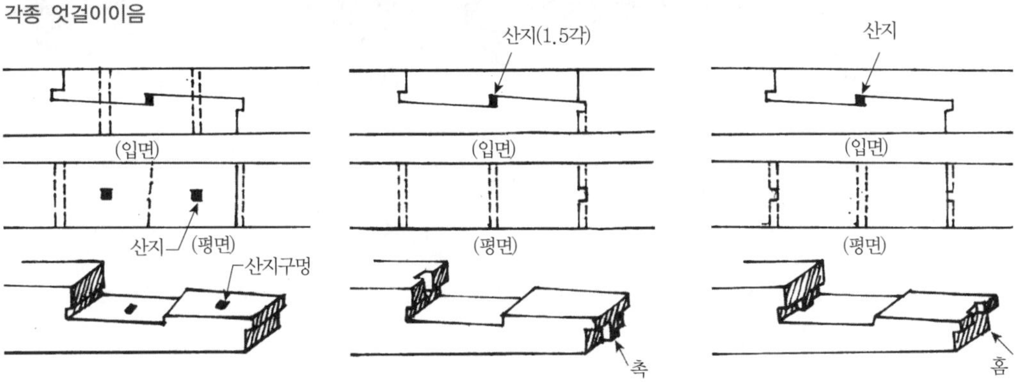

(a) 엇걸이산지이음 (b) 엇걸이촉이음 (c) 엇걸이홈이음

④ 빗걸이이음

이음재의 밑에 보나 기둥 등의 받침재가 있는 부재의 이음으로 빗걸이 턱이 2단으로 되어 있으며 이음부위의 접착을 위하여 산지 또는 볼트 등으로 보강한다.

그림 8-8
각종 빗걸이이음

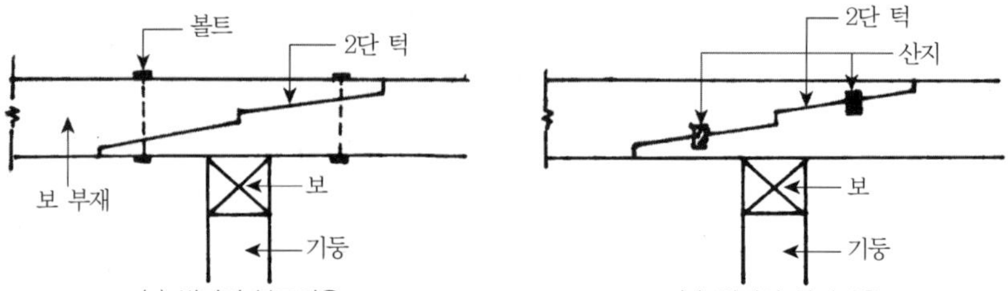

(a) 빗걸이 볼트이음 (b) 빗걸이 산지이음

⑤ 기타 이음

위의 이음방법 외에도 빗이음, 반턱이음, 엇빗이음, 턱솔이음 등 여러 가지 이음방법이 있다.

그림 8-9
기타 이음

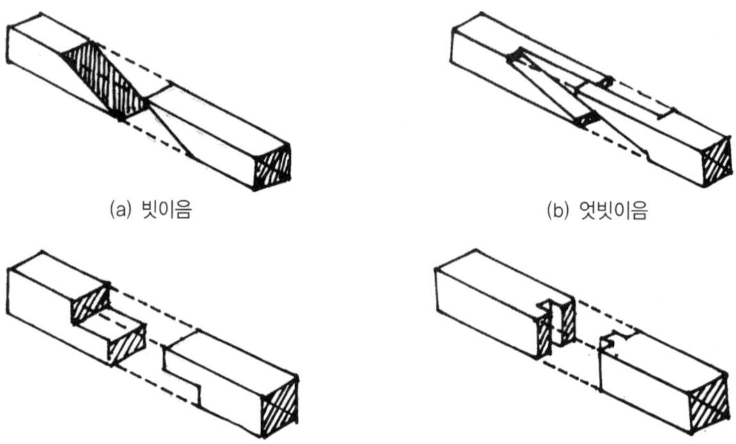
(a) 빗이음 (b) 엇빗이음 (c) 반턱이음 (d) 홈이음-자턱솔

2. 목재의 맞춤

목재의 맞춤에는 장부맞춤, 산지맞춤, 연귀맞춤 등이 있으며, 장부의 끝머리를 크게 한 주먹장 장부맞춤이 가장 일반적으로 사용되는 맞춤방법이다.

■ 장부맞춤

맞춤방법 중 가장 일반적으로 많이 사용되고 가장 튼튼한 방법이다. 장부맞춤의 종류는 사용되는 용도 및 모양에 따라 일자형으로 볼록하게 만든 평장부, 턱이 있는 턱장부, 턱을 전후 또는 좌우에 두 개를 만든 쌍턱장부, 평장부의 장부를 두 갈래로 만든 쌍장부, 네 갈래로 만든 두 쌍장부, 장부의 모양이 부채와 같다고 하여 붙여진 부채장부 등이 있으며, 이 외에도 문틀을 짜는 데 주로 쓰이는 지옥장부와 메뚜기장부, 턱솔장부, 빗장부 등이 있다.

그림 8-10
각종 장부맞춤

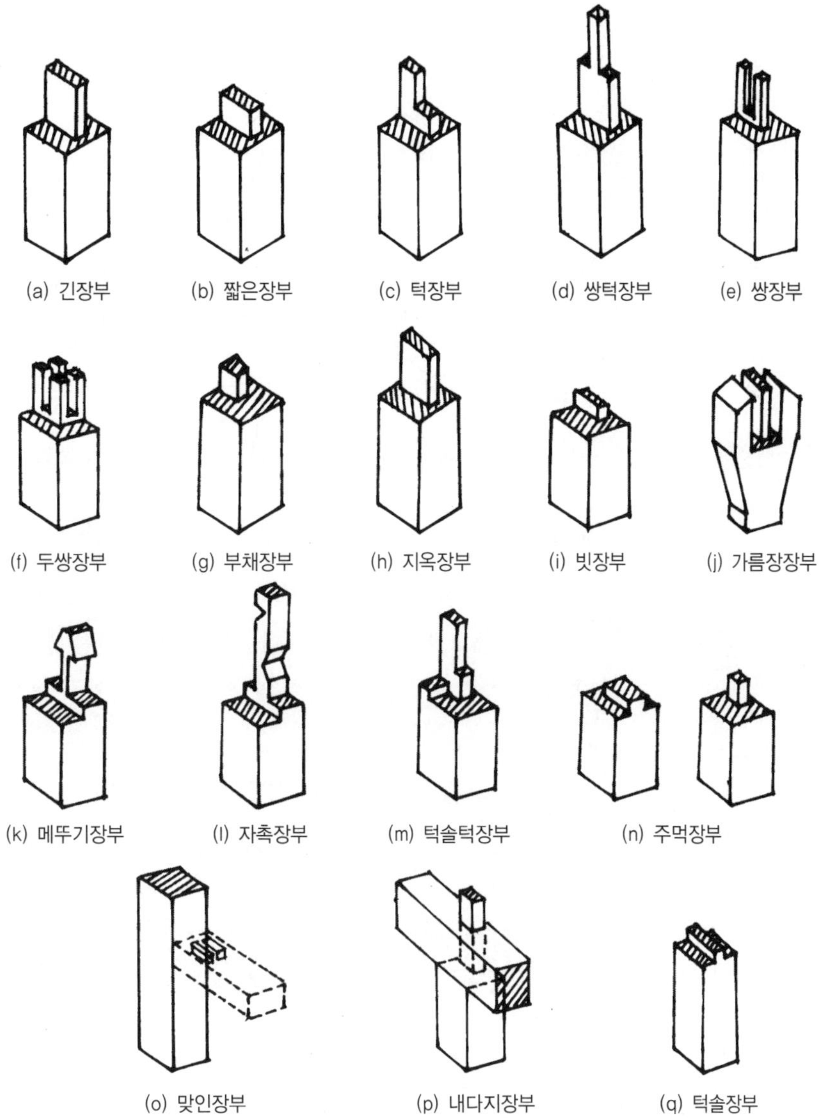

■ 산지(쐐기)맞춤

장부를 연결부재에 직접 만들지 않고 산지나 쐐기를 따로 끼워 맞춤을 더욱 튼튼하게 하는 맞춤방법으로 맞인장부맞춤, 데릴장부맞춤, 거멀장부맞춤, 꽂임촉맞춤 등이 있다.

■ 연귀맞춤

주로 모서리 끝부분에서 부재의 마구리를 감추면서 튼튼한 맞춤을 할 때 많이 사용되는 방법으로 온연귀맞춤, 반연귀맞춤, 안촉연귀맞춤, 밖촉연귀맞춤, 사개연귀맞춤 등이 있다.

그림 8-11
각종 연귀맞춤

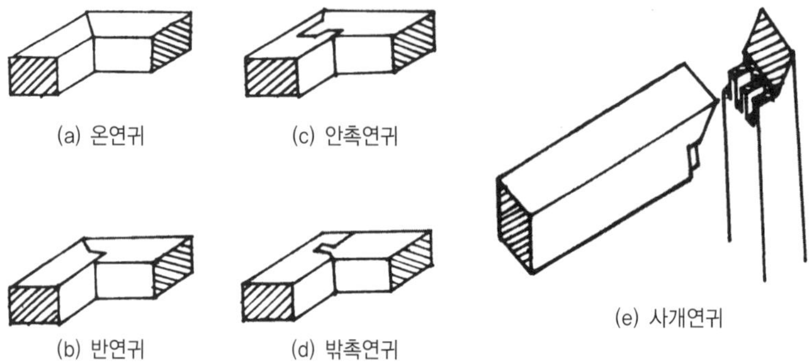

3. 쪽매

폭이 넓은 판재를 옆으로 붙여 폭을 넓게 하는 목재의 쪽매에는 제혀쪽매, 딴혀쪽매, 반턱쪽매, 빗쪽매, 오늬쪽매, 빗쪽매 등이 있으며, 주로 제혀쪽매나 반턱쪽매가 목재마루의 시공에서 많이 사용된다.

그림 8-12
각종 쪽매

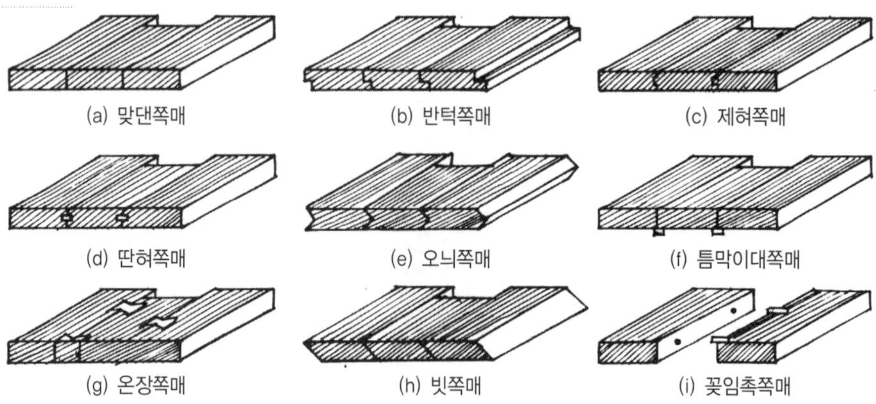

8.4 목구조의 벽체구조

목구조의 벽체구조는 일반적으로 하중을 지탱하는 수직재인 기둥을 세우고 수평재인 도리와 보를 설치하여 라멘을 구성하고 수직하중에 지탱하도록 하고, 수평하중에 저항하도록 경사재(가새)를 적당히 설치하여 구성한다.

이와 같은 원리에 의하여 전통건축의 목조벽체는 그림 8-13과 같이 기초 위에 토대를 세우고 수직재인 기둥과 샛기둥과 수평재인 층도리, 처마도리, 깔도리, 층보, 평보, 인방과 경사재인 가새, 귀잡이, 버팀대로 구성된다.

그림 8-13
목구조의 벽체구조

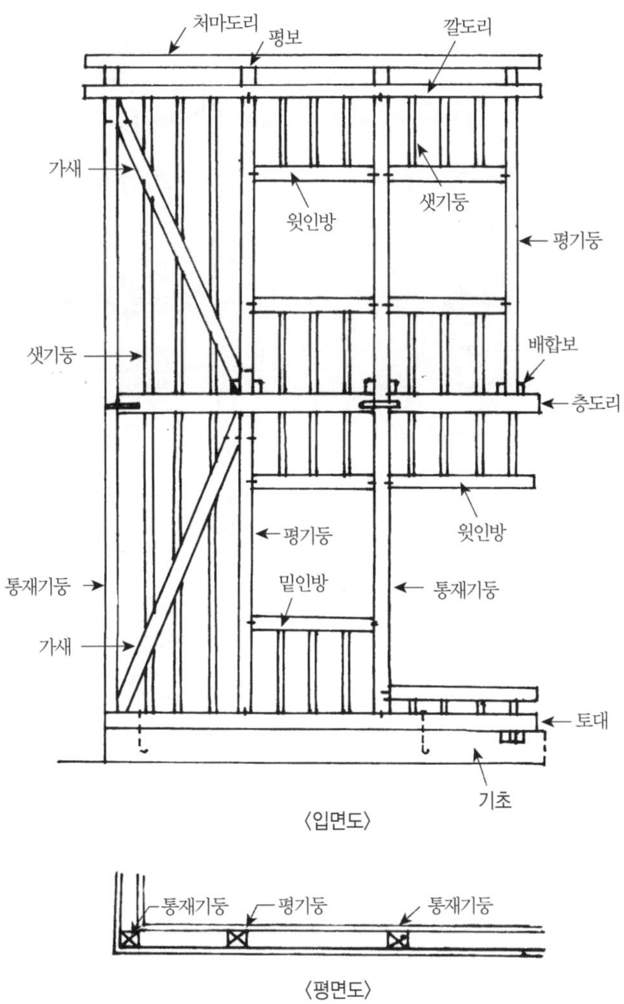

8.5 지붕 및 지붕틀

1. 지붕의 종류

그림 8-14
각종 지붕의 종류

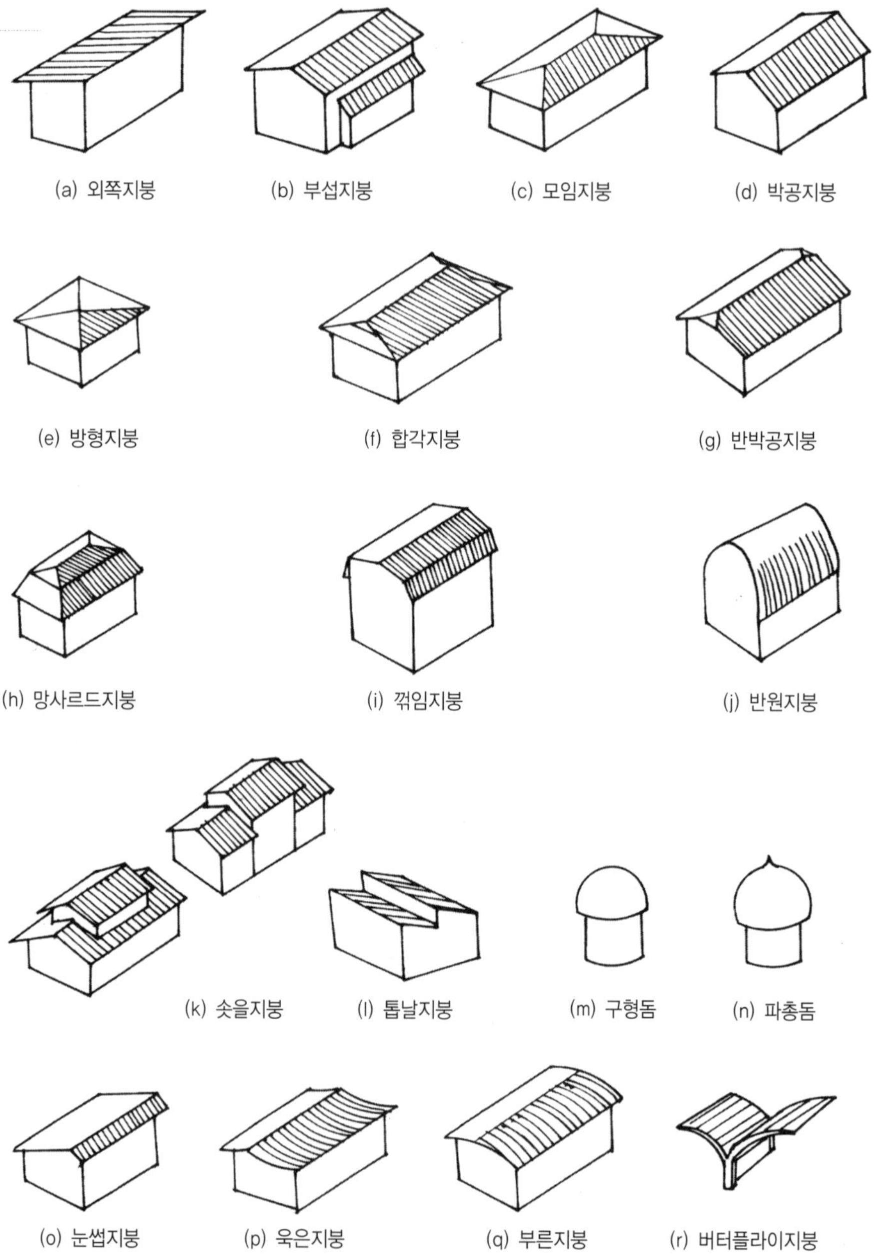

지붕은 건축물의 형태를 결정하는 중요한 요소의 하나로서, 지붕의 모양이나 형태 및 재료는 그 지역의 기후나 풍토, 생산 가능한 건축재료 및 거주자의 지역에 따라 다르며, 건축물의 종류와 규모에 의하여도 그 형태가 결정되므로 지붕의 종류는 매우 여러 가지가 있다.

요즈음 많이 시공되는 평지붕의 형태는 철근콘크리트조에서 많이 사용되는 형태이고, 목구조에서는 지붕에 경사가 있는 형태의 지붕이 많이 사용된다. 이때 지붕의 경사를 물매라고 하는데 45° 경사를 갖는 물매를 되물매, 그 이상의 경사를 갖는 물매를 된물매라 한다.

2. 지붕틀

지붕틀은 지붕을 지탱하고 지붕의 하중을 받아 하부의 기둥이나 벽체로 하중을 전달하는 구조체를 말한다. 지붕틀은 크게 한식 지붕틀, 일본식 지붕틀, 한식과 일본식의 절충식 지붕틀, 양식 지붕틀로 구분할 수 있다.

한식 지붕틀은 기둥과 기둥 사이에 대들보를 걸치고 그 위에 동자기둥을 세운 후 동자기둥 머리부분에 마룻대를 보내어 중심을 잡고 도리를 설치하여 마룻대와 도리 사이를 서까래로 걸쳐서 조립한다. 건물의 규모가 커지면 기둥의 수가 많아지는 것을 기준으로, 기둥과 동자기둥의 수에 따라 3량(梁)구조, 5량(梁)구조, 7량(梁)구조 등으로 분류할 수 있다.

절충식 지붕틀의 구조는 한식 지붕틀과 거의 유사한 형태를 이루고 있으나 고주기둥이 없으며 작업이 간단하고 공사비가 저렴하여 간사이 6m 이내의 소규모 건물에서 많이 사용된다. 양식 지붕틀은 여러 부재를 3각형의 트러스구조로 조립하여 만든 것으로 왕대공 트러스구조에 의한 지붕틀 구조가 가장 대표적인 형태이다.

그림 8-15
절충식 지붕틀과 양식 지붕틀

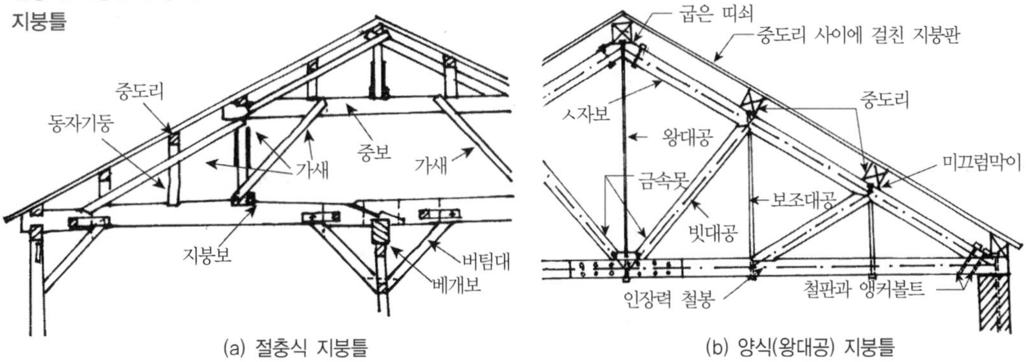

(a) 절충식 지붕틀　　(b) 양식(왕대공) 지붕틀

용어정리

목공사

편수	목수를 말하며, 목수의 총 책임자를 도편수라 한다.
대목	구조, 수장 등의 일을 하는 외부작업 목수
소목	창호, 가구 등의 일을 하는 내부작업 목수
적심재	수목의 중심부로 황적색으로 되어 있다(강도, 경도가 크고 변형이 적다).
백변재	수목의 변부로 엷은 백색으로 되어 있다(변형이 크고 목질이 여리다).
엇결	제재목의 결이 심히 경사진 것으로 쉽게 갈라지는 성향이 있다(특히 수평구조재로 사용하면 안 된다).
널결	나이테와 평행으로 된 나뭇결(연륜에 평행하게 제재된 목재면)
곧은결	나이테와 직각방향의 나뭇결(연륜에 직각방향으로 제재된 목재면)
크레오소트	목재 방부제로 토대에 많이 사용된다.
코치 스크루 (coach screw)	머리가 네모 너트형으로 된 나사못으로 큰 응력이 걸리는 곳에 사용된다.
듀벨	2부재의 접합부에 끼워 볼트와 같이 써서 전단에 대응하도록 하는 일종의 산지로서 촉, 은장과 같은 역할을 한다.
연귀맞춤	모서리구석 등에 나무 마구리가 보이지 않게 45° 각도로 빗잘라 대는 맞춤으로 반연귀, 안촉연귀, 사개연귀 등이 있다.
평기둥	한 층마다 설치하는 기둥, 간격 1.8~2.0m 정도

통재기둥

목조 2층 건물의 1층에서 2층까지 하나로 된 기둥으로서 모서리에 배치하며 타 부재 설치의 기준이 된다(길이 : 5~7m 정도이다).

샛기둥

기둥과 기둥 사이에 설치하는 가재의 옆 휨을 막고 뼈대역할을 하는 기둥이다(간격 : 45~50cm 정도로 배치한다).

합판(veneer)

3장 이상의 박판을 1매마다 섬유방향에 직교하도록 겹쳐 붙인 것으로서, 1매의 박판을 단판이라 하며 3·5·7 등 홀수로 접합한다. 제조방법에 따라 rotary, 반rotary, sliced, sawed veneer가 있다. 거푸집판, 수장, 가구, 치장재 등 광범위하게 쓰인다.

집성목재

두께 1.5~5cm의 단판을 몇 장, 몇 겹으로 접착한 것(보, 기둥에 사용가능)으로 접착제로는 요소수지, 내수용은 페놀수지가 쓰인다. 아치 같은 굽은재(적층곡면재)도 가능하다.

경화적층재

강화목재라고도 하며 개량목재의 일종이다. 합판의 단판에 페놀수지 등을 침투시켜 150℃에서 150~200kg/cm^2의 압력으로 열압하여 만든다. 섬유방향을 평행으로 겹친다. 보통 목재의 3~4배의 강도로 금속대용품, 기어, 프로펠러 등에도 쓰인다.

인조목재

원료는 톱밥, 대팻밥, 나무부스러기 등을 사용한다. 고열압에서 리그닌(단백질) 성분을 이용하여 접착제 없이 목재를 고착시킨다. 천연재보다 강도가 크다.

코펜하겐 리브

두께 3cm, 넓이 10cm의 긴 판에 자유곡선형 리브를 파 만든 것으로 면적이 넓은 강당이나 극장 등의 안벽에 음향조절, 장식효과로 사용한다.

파이버 보드 (fiber board)

(1) 목재 펄프의 분말을 주원료로 접착제와 방수재를 혼합하여 반죽·판형화하여 열압·건조시킨 것이다.
(2) 원료에 따른 목재 섬유 제품의 하나이다.
(3) 각종 무늬, 주름, 구멍 등을 만들어 의장, 보온, 흡음용 등으로 쓰인다.
(4) 종류 ① 연질섬유판
② 반경질섬유판
③ 경질섬유판
(5) 펄프의 형태에 따라 분말로 된 것을 파이버보드 혹은 텍스라고 하고, 소편판을 파티클보드라 한다.

제 9 장
창호구조

9

9.1 개 론

건축물은 외부의 열악한 자연환경과 외부의 침입자들로부터 내부의 거주자들을 보호하기 위하여 밀폐된 구조를 하고 있지만, 내부에 거주하는 사람들의 통행이나 물품의 반입·반출, 채광과 조망 등에 대한 필요로 일정 부분의 개구부를 갖게 되었다.

이러한 개구부를 총칭하여 창호라 한다. 창호는 크게 건축물에 사람들이 통행하거나 물품의 반입 및 반출 등 건축물의 내·외부로 사람들이 통과할 수 있도록 하는 기능을 하는 문과 채광이나 환기, 조망 등 사람들이 통과하지는 않지만, 건축물 내부의 환경적인 요인들을 개선시키기 위하여 설치하는 창으로 구분할 수 있다.

창호는 그 기능상 열려있을 때에는 건물 내부와 외부를 연결시켜 주는 기능을 하지만, 닫혀있을 때에는 건물 내부와 외부를 격리시켜 주는 기능 또한 갖고 있어야 하므로 설치되는 위치와 장소, 특성에 적합한 각각의 기능에 맞는 재료와 구조로 이루어져 있어야 할 뿐만 아니라, 건축물의 외관을 구성하는 중요한 요인이므로 미관적인 기능에 대한 고려 또한 간과하여서는 안 된다.

9.2 창호의 개폐방식

창호의 개폐방식에는 수평 또는 수직으로 창호가 움직일 수 있는 길(path)을 만들어 놓고 그 길에서만 창호가 움직일 수 있도록 하는 평행이동방식과 창호가 하나의 축을 기준으로 회전하여 창호의 개폐가 이루어지도록 하는 회전이동방식, 그리고 두 가지의 방식을 조합한 조합방식 등 크게 3가지로 나누어 생각할 수 있다. 물론 채광이나 조망만을 위한 창에서는 창호가 개폐되지 않고 고정되도록 한 고정 창을 사용하기도 한다.

평행이동 개폐방식은 수평이동을 하는 미세기방식, 미닫이방식, 수직이동을 하는 오르내리방식이 많이 사용된다. 미닫이방식에는 외미닫이방식과 쌍미닫이방식이 있으며, 미세기방식에는 두짝·세짝·네짝 미세기방식이 있다. 이러한 방식의 분류는 열리는 창호의 개수에 의하여 분류된다.

그림 9-1
창호의 개폐방식

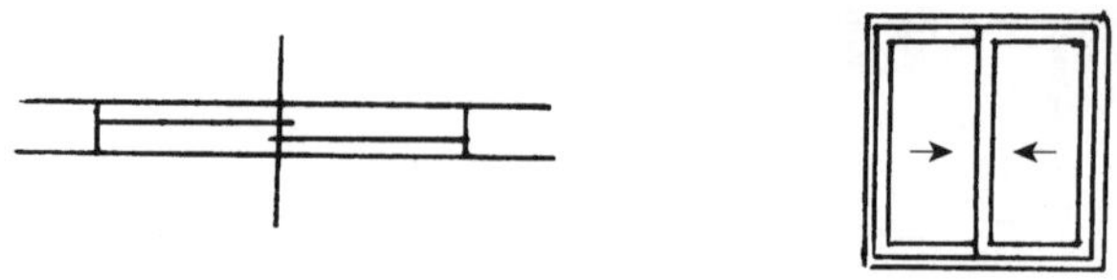

(a) 미세기방식

(b) 미닫이방식

(c) 여닫이방식

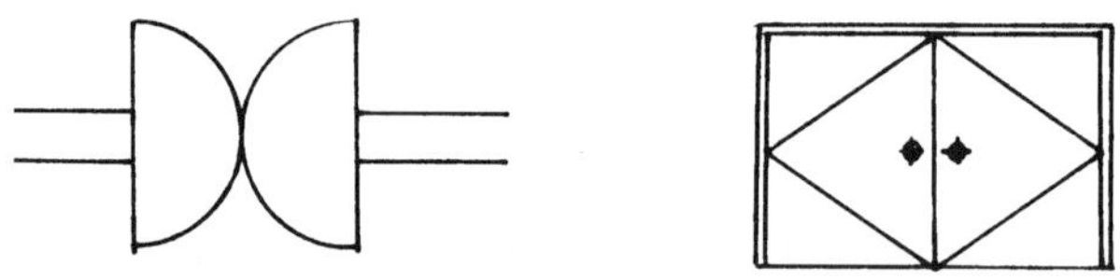

(d) 자재방식

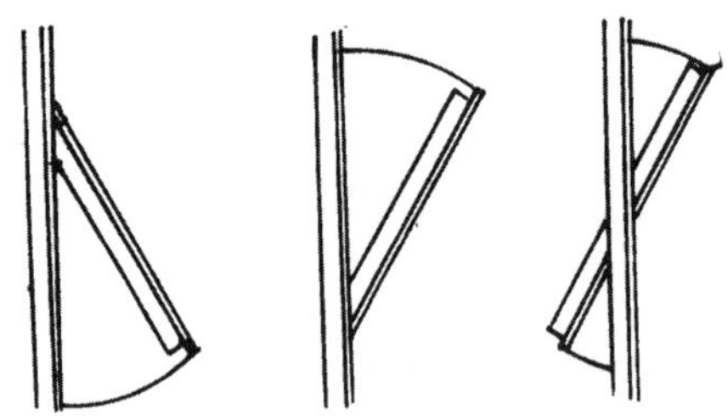

(e) 수직회전방식

회전이동방식은 여닫이방식과 회전방식으로 분류할 수 있는데, 여닫이방식은 하나의 창호만이 90° 회전하는 외여닫이와 두 개의 창호가 90° 회전하는 쌍여닫이, 180° 회전하는 자유방식(자재방식)이 있다. 회전방식은 하나의 중심축을 기준으로 360° 회전하는 방식을 말한다.

힌지(hinge)의 사용 여부에 따라 힌지를 사용하지 않는 평행이동방식을 슬라이딩방식, 힌지를 사용해야만 하는 회전이동방식을 힌지방식, 360° 회전하는 회전창호는 리볼빙방식으로 분류하는 경우도 있다.

9.3 창호의 기호

창호의 기호는 건축물에서 표기하는 창호의 고유번호와 창호의 종류 및 창호를 구성하는 재료를 나타내도록 표시해야 한다. 창호의 기호에서 구분하는 창호의 종류는 크게 문, 창, 셔터, 창살 등으로 구분하고 있으며, 창호를 구성하는 구성재료에 따라 철재, 목재, 알루미늄, 플라스틱, 스테인리스 스틸 등으로 구분하고 있다.

표 9-1
창호의 종류별 기호

종 류	표시기호
문	D(Door)
창	W(Window)
셔터	S(Shutter)
창살	G(Grill)

표 9-2
창호의 구성재료별 기호

종 류	표시기호
목재	W
철재	S
스테인리스 스틸	SS
플라스틱	P
알루미늄	A

창호기호의 표시는 창호위치에 원을 그리고 원을 상하 반으로 나누는 선을 그은 후 상부에는 창호번호, 하부에는 구성재료의 기호와 창호의 종류기호를 기입하여 표시한다.

그림 9-2에 창호의 종류 및 구성재료별 표시방법을 나타내었다.

그림 9-2
창호의 기호 표시

재료	창	문	셔터	창살	비고
목재	1 / WW	1 / WD		1 / WG	창호번호 / 재료, 창호종류 • 창호의 종류, 형태 및 크기가 같고 사용위치가 각각 다를 경우는 모두 같은 창문번호로 기입하여 개수를 표기한다.
철재	1 / SW	1 / SD	1 / SS	1 / SG	
알루미늄재	1 / AW	1 / AD	1 / AS	1 / AG	
플라스틱재	1 / PW	1 / PD		1 / PG	
스테인리스재	1 / SSW	1 / SSD	1 / SSS	1 / SSG	

9.4 창호의 크기

창호의 크기는 보통 창문틀의 안쪽 치수를 말하며, 이것을 창호의 안목치수라 한다.

창호의 크기는 창호의 용도에 따라 크게 달라지므로, 창호 크기의 결정 시 서로 그 용도가 다른 문과 창은 따로 고려하여 결정해야 한다.

문은 사람이 출입하고 물품의 반입이나 반출이 그 주된 기능이므로, 그 크기를 결정할 때에는 건축물의 종류나 실의 용도 이외에도 사용하는 가구의 종류 및 크기 등을 고려하여 문의 크기를 결정해야 한다. 일반적인 건축물에서 문 한 짝의 크기는 폭이 대개 60~120cm(보통 75~90cm) 정도이고, 높이는 170~230cm(보통 210cm) 정도이다. 문의 폭이 부족할 경우에는 문의 폭 크기를 키우는 것이 아니라 문짝의 수를 늘려 두 짝으로 하거나 접이문 등을 사용하여 그 크기를 키워야 한다.

창은 조망이나 채광, 환기 등 우리 인간들이 생활하는 데 중요한 역할을 하므로 그 크기 및 면적은 법에 의하여 최소한의 크기나 면적이 규정되어 있는 경우가 많다. 그러나 이런 법적인 최소면적 이외에도 건축물의 종류나 실의 용도, 위치, 방향 및 주위환경 등과 같은 환경적인 측면을 함께 고려하여 창의 크기를 결정하는 것이 좋다.

9.5 문틀과 창틀

창호를 설치하기 위해서는 건축물의 구조부에 개구부를 만들어야 하는데 이 개구부를 문꼴이라 한다. 이 문꼴에 바로 창이나 문을 설치할 수는 없으므로, 창과 문을 지지하고 창과 문이 문꼴에 정확히 고정될 수 있도록 하는 어떤 강한 구조체가 필요하게 되는데, 이러한 구조체를 틀이라 한다. 창을 다는 데 쓰는 것을 창틀이라고 하고, 문을 다는 데 쓰는 것을 문틀이라고 한다.

목재 문틀이나 창틀은 현장에서 문꼴의 크기에 맞추어 가공(바심질이라 함)하고 조립하는 경우가 많으며, 철재인 경우에는 공장에서 문틀이나 창틀을 가공·조립하여 현장에 반입하고 용접 등의 방법으로 문꼴에 고정시키는 공법을 사용한다.

문틀과 창틀의 주요 구조부는 위틀과 밑틀, 선틀이며, 틀의 크기에 따라 중간틀이나 중간선틀이 사용되기도 한다.

문꼴의 단부는 문선 등을 사용하여 단부가 보이지 않도록 마무리해야 한다.

그림 9-3
문틀의 구조

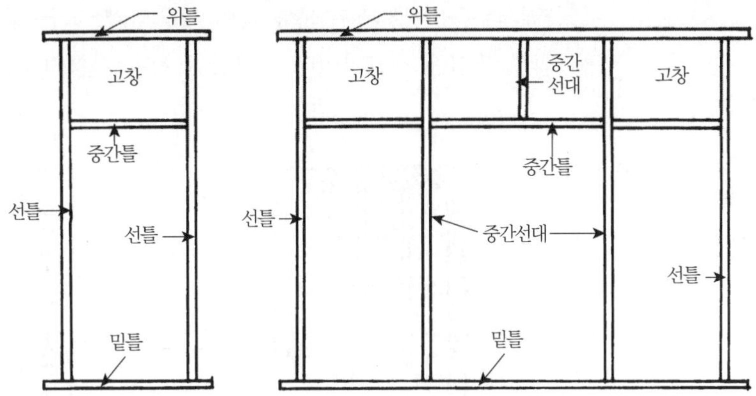

9.6 문의 종류

1. 목재 문

목재 문은 그 형태와 문의 조립구조방식에 따라 분류할 수 있다. 문의 형태에 따른 분류에는 한식과 일식, 양식 등으로 분류할 수 있으나, 요즘에는 그 구분 자체가 모호해져서 한 건축물에 이를 혼용하는 경우가 대부분이다. 문의 조립구조방식에 따른 분류에는 플래시문, 판자문, 양판문, 합판문, 유리문, 띳장문, 망사문, 창호지문 등으로 구분할 수 있는데, 이 중 플래시문과 양판문이 가장 많이 사용된다.

■ 플래시문

플래시문은 문짝의 뼈대가 되는 울거미를 문짝의 외부선을 따라 조립하고, 조립된 울거미 틀 내부에 가로로 중간 셀을 30cm 간격으로 설치하여 울거미 틀의 변형을 방지하도록 한 후 울거미의 양면에 합판을 붙여서 만든다. 울거미는 보통 일반 목재를 많이 사용하지만 뒤틀림 등의 우려가 있는 경우에는 집성목재를 사용하기도 하며, 가로로 설치하는 중간 셀 대신에 세로 중간 셀(10~15cm 간격)을 설치하기도 한다.

플래시문은 건물 내부 문에 많이 사용되며, 고급 문을 만들 경우에는 일반 합판 대신에 티크판이나 미장합판 등을 사용하기도 한다.

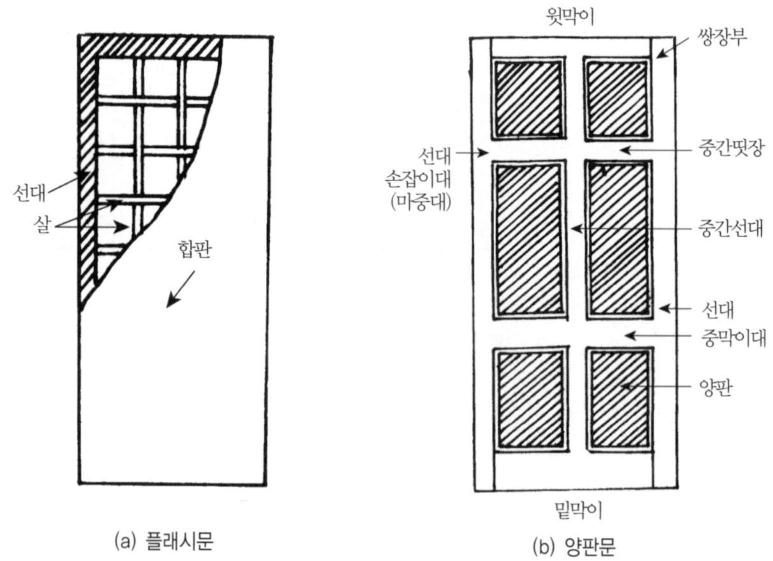

(a) 플래시문 (b) 양판문

그림 9-4 플래시문과 양판문

■ 양판문

양판문은 양식 목재 문 중 가장 많이 사용되는 형태의 문이다.

양판문의 제작은 먼저 문울거미를 짜고 울거미의 중간에 넓은 판(양판)을 끼워 넣는 방법으로 제작한다. 문울거미는 선대와 중간선대, 윗막이, 밑막이, 중간막이 등으로 구성되며, 울거미의 두께는 3.6~4.2cm의 것이 주로 사용된다. 양판은 한 장의 널판이나 합판을 사용하고 울거미 사방에 홈을 만들어 양판을 끼우는 형식으로 제작한다. 양판 대신에 유리를 끼우는 경우도 있다.

2. 금속재 문

금속재 문은 그 구성재료에 따라 철재문과 알루미늄문, 스테인리스문 등으로 구분할 수 있으며, 철재 문이 주로 많이 사용되고 있지만 고급 건축물에는 스테인리스문도 많이 사용되고 있다.

철재문과 스테인리스문은 강판을 접고 구부려 울거미를 만드는 중공식(hollow metal system)으로 많이 사용되며, 알루미늄문은 강괴를 일정한 형태로 압출성형하여 새시 바(sash bar)로 만들어 사용하는 압출식에 많이 사용된다.

금속재 문 중 가장 많이 사용되는 철재 문은 재료 자체의 강도가 높고 단단하여 대문이나 현관문, 공장과 창고에 설치되는 문에 많이 사용된다. 철재 문의 개폐방식이나 형상과 구조는 접합방법이 용접이라는 것만 제외하고는 목재 문과 거의 유사하다.

철재 문의 보통 문틀에는 두께 2.4mm의 철판을 사용하고, 울거미에는 두께 1.6mm의 철판을 사용하여 중공식으로 접고 구부려 맞추어 제작한다. 문선과 유리틀 등에는 1.47mm의 철판을 사용한다. 철재 문은 강도가 높아 파손이 잘 되지 않고 내화성과 방범성이 우수하며 품질과 성능이 안정적이라는 장점이 있는 반면, 무겁고 시공이 어려우며 방청에 문제가 있는 등의 단점도 있다. 철재 문은 용융점이 높아 방화문(갑종방화문과 을종방화문)에는 거의 철재 문이 사용된다.

9.7 나사(screws)

1. 나사못의 분류

① 머리 모양에 따른 분류

- 접시머리(counter sunk head)

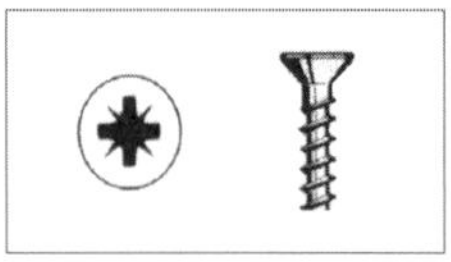

- 볼록머리(raised head)

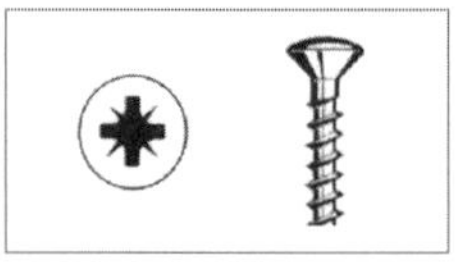

- 민머리(pan head)

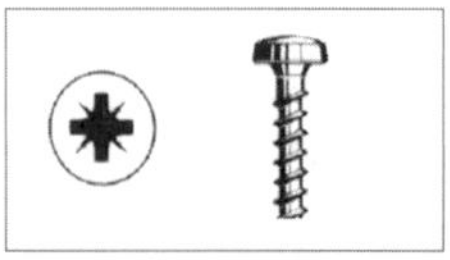

- 납작머리(flat head)

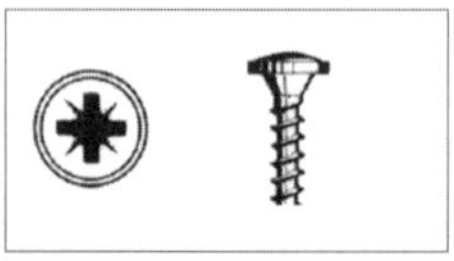

② 나사산의 길이에 따른 분류

- full thread

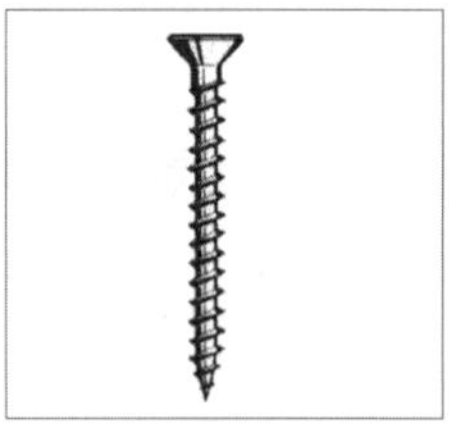

- half thread

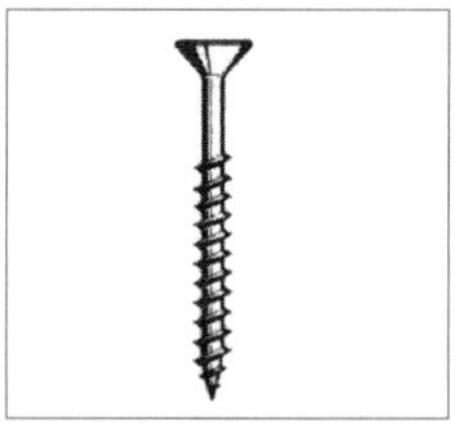

③ 용도에 따른 분류

- 목재와 목재 결합용

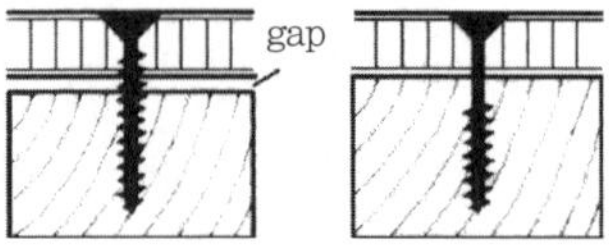

- 철재와 목재 결합용

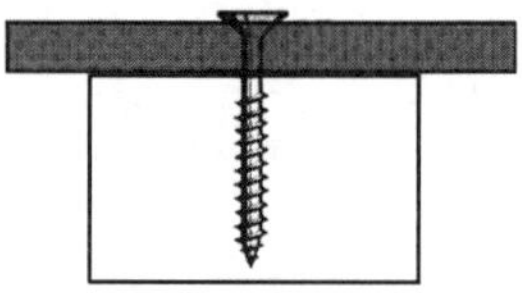

④ 결합방식에 따른 분류

- (선 보링 없이) 직접 결합
- (선 보링 후) 결합

2. 나사못의 크기

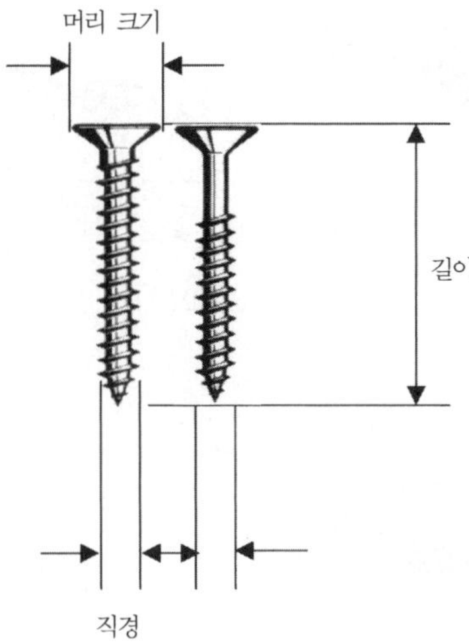

■ 미니픽스 하우징

■ 미니픽스 볼트

① 목재에 직접 박아서 사용하는 볼트 종류

다올 : 특별한 경우(목재에 힘이 없을 경우)에 보조적으로 사용하는 것

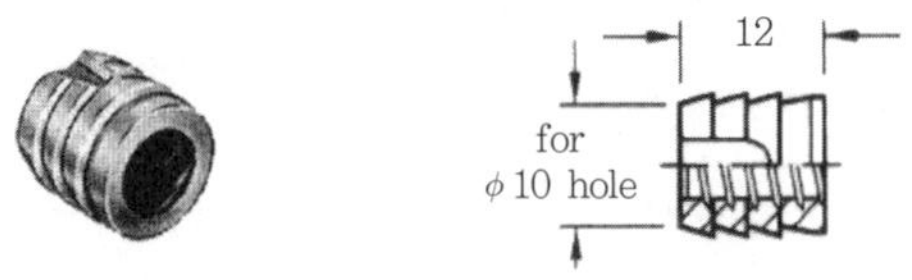

② 슬리브나 M4 다올을 이용하여 사용하는 볼트 종류

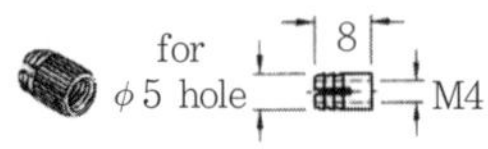

다올

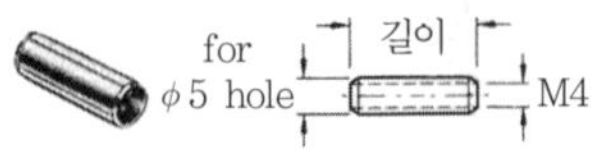

슬리브

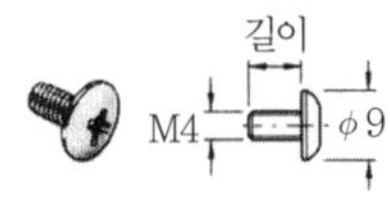

엔드 볼트

③ M6 볼트

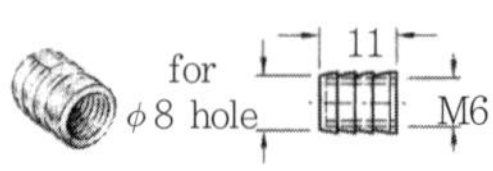

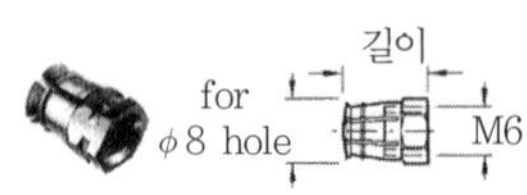

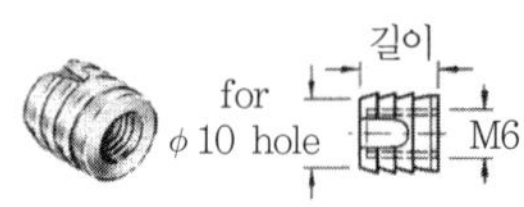

④ 엔드 볼트 : 마감에 쓰이는 볼트

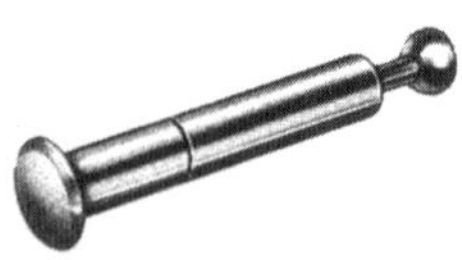

⑤ 패널과 패널을 이어서 사용하는 볼트

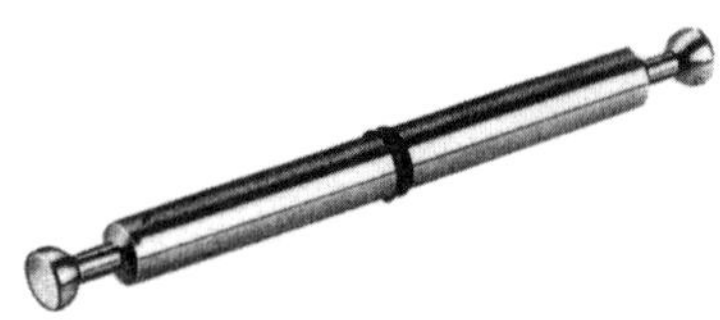

⑥ 패널을 사이에 두고 양쪽 패널을 고정시키는 볼트

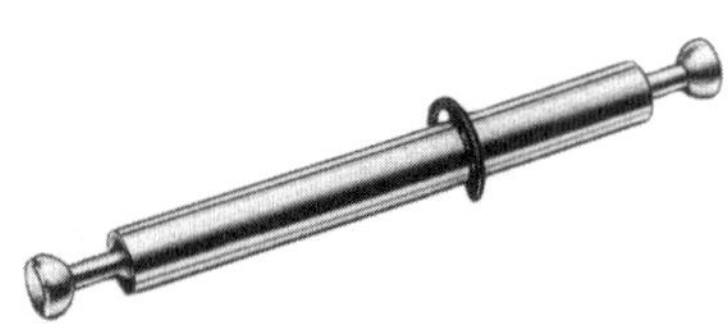

⑦ 다양한 각도에 이용되는 볼트(mitre joint bolt)

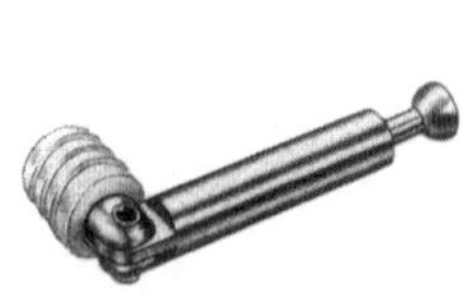

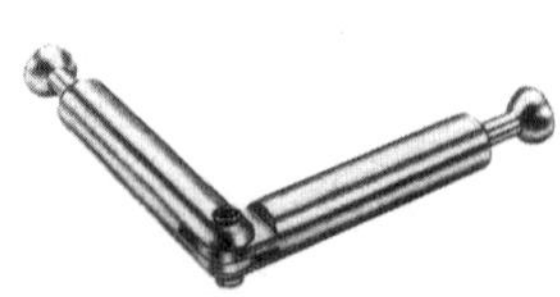

3. 힌지(hinges)

■ 메탈라스 힌지의 종류

① 110° 힌지와 받침대

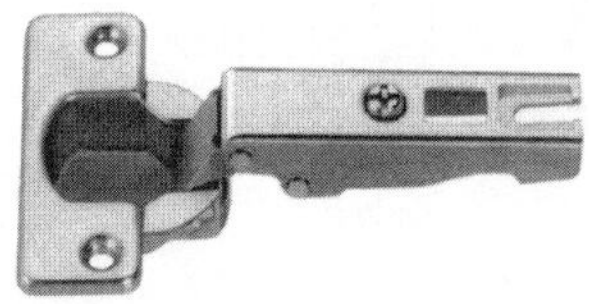

② 175° 힌지

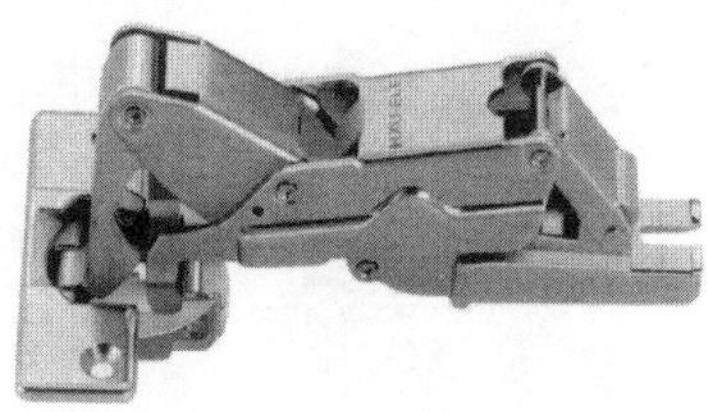

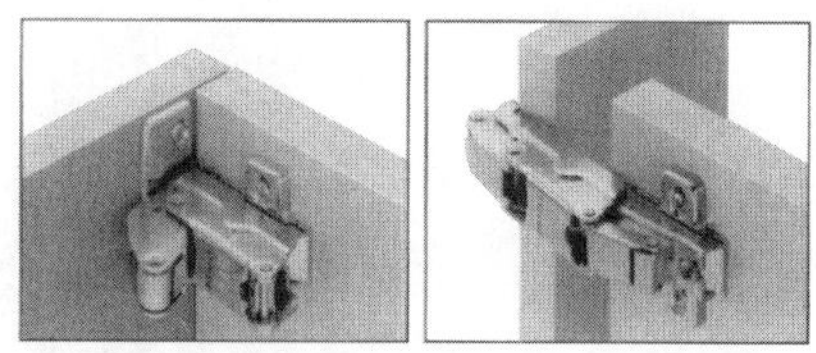

175° 힌지 개·폐 모습

③ 코너 힌지

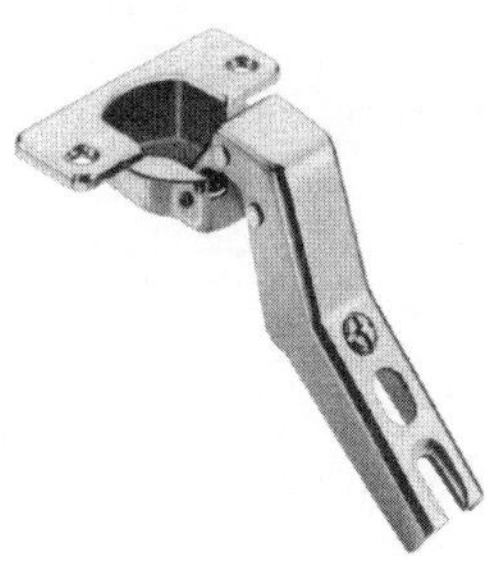

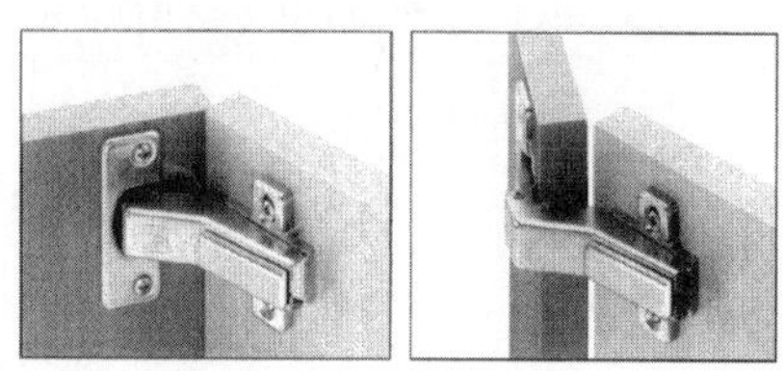

④ 전면 부착형 힌지

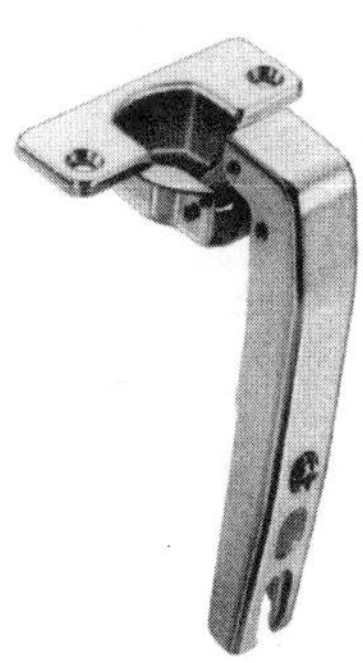

■ 숨은 경첩(concealed hinge)

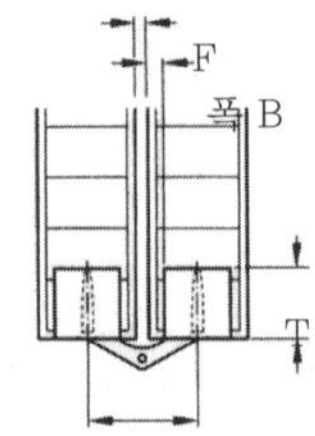

dimension A

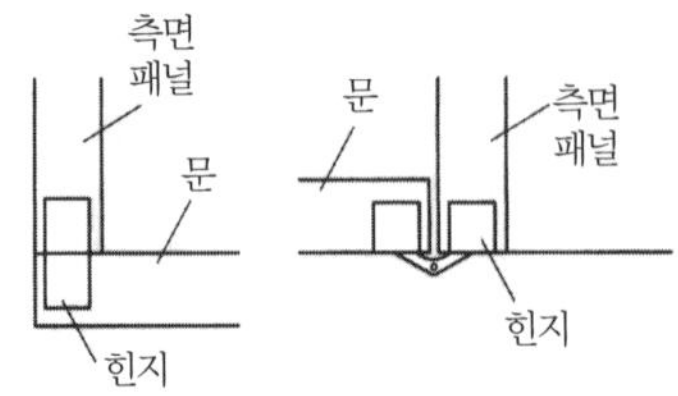

문 닫힘　　문 열림

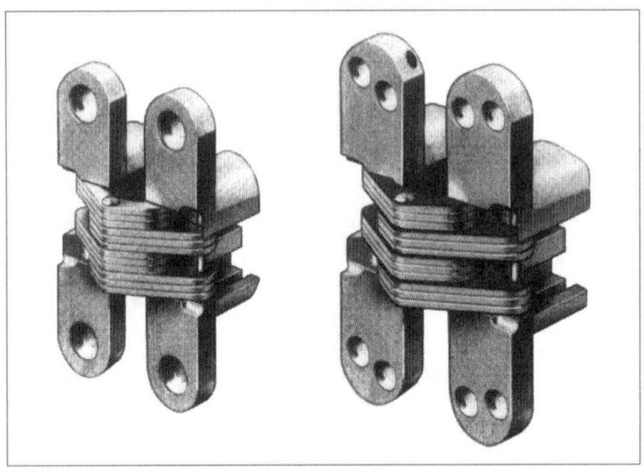

숨은 경첩 사용 예

■ 피벗 힌지(pivot hinge)

피벗 힌지(상하결합형 힌지)

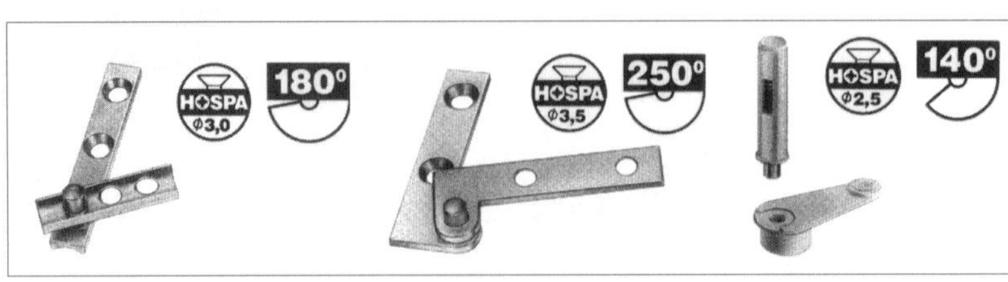

용어정리

창호 및 유리공사

박배	창문을 창문틀에 다는 일
마중대	미닫이, 여닫이 문짝이 서로 맞닿는 선대
여밈대	미세기, 오르내리기 창이 서로 여며지는 선대
풍소란	마중대, 여밈대가 서로 접하는 부분의 틈새에 댄 바람막이 ※ 풍소란의 틈처리 : 반턱, 둥근턱, 민둥형, T자형, I자형 등으로 댄다.
비막이소란	창문틀에 빗물이 들이치지 못하게 뒤틀이나 밑막이대에 물끊기 역할을 위하여 덧대는 부재
멀리온(mullion)	창 면적이 클 때 기존의 창문틀(frame)을 보강해주는 중간선대를 말하며 커튼월구조에서 버팀대, 수직지지대라고 한다.

제 10 장
방수구조

10

10.1 개 론

건축물을 구성하는 주요 재료들은 내수성이나 방습성이 없거나, 있다고 하더라도 그 기능은 아주 약하여 건축물에 물이 접촉되거나 고이면 물이나 습기는 건축물의 구성재료나 부재를 따라 건축물의 안쪽으로 침투하게 되는 투수현상이 나타나게 된다.

이렇게 침투된 습기나 물은 건축물의 강도를 약화시키고, 사용성을 나쁘게 하며, 목재 등의 건축재료를 부식시키고, 단열성을 저하시켜 건축물의 내구성을 감소시키는 역할을 하게 된다. 방수란 천연 또는 인공의 재료를 사용하여 외부로부터 물이나 습기의 침입을 막거나 내부의 물이 밖으로 새어 나가지 않도록 하는 것을 말한다.

방수공법의 역사는 매우 오래되어 우리 인간이 주거생활을 시작하면서부터 외부의 물이나 이슬, 비 등을 피하기 위한 일련의 행위로부터 시작되었다고 할 수 있다. 그 후 인류의 문명이 발달하면서 BC 3,500년경의 메소포타미아 유적지에서 천연 아스팔트계의 타르(tar)에 골재를 혼합하여 줄눈재로 사용한 유적이 발견되었으며, 고대 바빌로니아에서도 갈대에 진흙을 바르고 타르를 도포하여 방수재료로 사용한 유적이 발견되었다. 로마시대에는 화산암에서 생산한 석회 모르타르나 회반죽을 벽면에 도포함으로써 방수를 하였다.

그림 10-1
방수층의 위치에 의한 방수공법

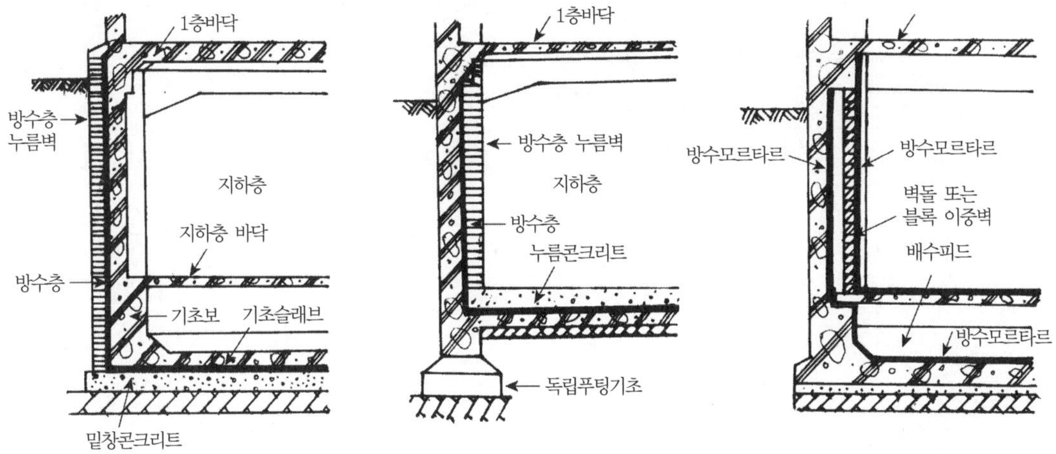

근대에 들어 현재의 방수재와 유사한 방수재가 사용되기 시작하였는데, 19세기말에 프랑스에서 원유를 정제하고 남은 산업폐기물(석유 아스팔트)을 건축의 방수재료로 사용하기 시작한 것이 현대적인 아스팔트 방수재의 시작이다. 제2차 세계대전 이후 합성고분자 공법에 관한 산업기술이 급속도로 발달하면서 방수재의 종류와 품질도 다양해져, 공장에서 생산한 수밀재를 바탕에 붙이는 시트방수재, 시트방수재나 아스팔트방수재의 치명적인 결함인 이음매를 없앤 도막방수재, 반영구적인 금속판을 바탕에 붙여 방수를 하는 금속방수재, 구체용 콘크리트의 물성을 개량하여 방수성능을 높이는 구체방수재 등 각 바탕의 물성, 현장 특성, 구조의 종류에 따라 여러 가지 방수재가 현재 사용되고 있다.

10.2 방수공법의 분류 및 필요성능

방수공법은 크게 방수층의 위치에 따라 구조체의 바깥쪽에 방수층이 위치하는 바깥방수와 구조체의 안쪽에 방수층이 위치하는 안방수, 방수층과 건물 내벽 사이에 공간을 두는 이중벽 방수, 구조체 자체의 수밀성을 높여 방수효과를 거두는 구체방수 등으로 구분할 수 있다.

또한 방수층을 구성하는 방수재료에 따라 멤브레인방수, 시멘트 모르타르방수, 침투성 도포방수, 벤토나이트방수, 금속방수, FRP방수 등으로 구분할 수 있고, 시공방법에 따라 국부방수공법(주입공법에 의한 방수, 충전공법에 의한 방수, 줄눈방수)과 전면방수공법(부착공법에 의한 방수, 뿜칠공법에 의한 방수, 도포공법에 의한 방수) 등으로 분류할 수 있다.

그림 10-2에 방수공법에 따른 분류를 나타내었다.

그림 10-2
방수공법에 따른 블록

- 위치에 의한 분류
  - 바깥방수(연속지중벽 공법, 멤브레인방수, 벤토나이트방수, 패널방수)
  - 안방수(시멘트모르타르방수 중 무기질계 방수)
  - 구체방수(무기질계 혼화제 혼입방수)
  - 이중벽공법
- 방법에 따른 분류
  - 국부방수
    - 주입공법 : 시멘트계, 아크릴수지계, 우레탄수지계 방수재료 사용
    - 충전공법 : 시멘트계, 합성수지계 방수재료 사용
    - 도포방수 : 시멘트계, 합성수지계 방수재료 사용
    - 주줄눈방수 : 실링방수재료 사용
  - 전면방수
    - 부착공법 : 아스팔트계, 고무화 아스팔트계, 합성고무계, 합성수지계 방수재료 사용
    - 뿜칠공법 : 고무화아스팔트계, 합성수지계, 아스팔트계, 시멘트계 방수재료 사용
    - 도포공법 : 고무화 아스팔트계, 합성수지계, 합성고무계, 시멘트계 방수재료 사용

10.3 각종 방수공법

1. 아스팔트 방수공법

■ 아스팔트

아스팔트는 원유를 정제하고 남은 일부분의 물질로 색깔은 암갈색 또는 흑색을 띠며 결합력이 있는 고형 또는 반고형상의 물질이다. 아스팔트의 주성분은 천연 또는 석유정제에 있어서 생기는 천연 또는 열 작용으로 생기는 역청(bitumen)으로 이루어져 있으며, 서서히 가열하면 액상화되는 성질이 있다.

아스팔트는 천연 아스팔트와 석유 아스팔트로 분류할 수 있는데, 천연 아스팔트란 역청성분을 포함한 물질이 지중에서 천연적으로 산출되는 것을 말한다.

석유 아스팔트는 원유를 정제하고 남은 찌꺼기에서 생산하는 것으로 천연 아스팔트에 비하여 불순물이 적고, 지역에 관계없이 생산을 쉽게 할 수 있으며, 인공적인 제조방법에 따라 그 특성을 조절할 수가 있어 급속히 보

급되기 시작하였다.

현재 건축공사에서 말하는 아스팔트는 거의 석유 아스팔트를 지칭하는 것이다.

① 천연 아스팔트

천연 아스팔트란 역청 성분을 포함한 물질이 지중에서 액상 또는 반액상으로 용출되어 고화된 것을 말하는 것이며, 미국 및 멕시코 등이 주요 생산국이다.

천연 아스팔트는 그 산출상태에 따라 다공질의 암석(사암, 석회암 등) 사이에 천연 아스팔트가 침입하여 굳어 형성된 록 아스팔트, 지중에서 용출된 천연 아스팔트가 암석 사이에 스며들지 않고 지표면에 축적되어 호수 모양으로 퇴적되어 있는 레이크 아스팔트, 천연 아스팔트가 모래층 속에 스며들어 이루어진 샌드 아스팔트, 암석의 균열이나 지층의 틈 사이에 천연석유가 스며들어 오랜 세월에 걸쳐 아스팔트로 변질된 아스팔타이트 등이 있다.

② 석유 아스팔트

현재 사용되고 있는 아스팔트의 대부분을 차지하고 있는 것으로 석유를 정제하는 과정에서 생기는 아스팔트이다. 석유 아스팔트는 증류방법 및 제조법에 따라 원유를 상압·감압 증류장치 등을 거쳐 증류시켜 역청질이 많이 함유된 물엿 모양의 반액체상태로 만드는 인스트레이트 아스팔트, 원유의 증류공정에서 운전조건을 조정하여 상온에서는 반고체 상태를 유지하고 약 150~180℃ 정도의 온도에서 액상이 되는 아스팔트 시멘트, 용제를 사용하여 상온에서 액체상태를 유지하도록 개발된 컷백 아스팔트, 아스팔트를 미세한 입자로 만들어 물에 분산시켜 만드는 유화 아스팔트, 가열된 스트레이트 아스팔트나 경질의 감압증류잔사유에 압축공기를 불어넣으면서 200~270℃에서 반응시키면 공기 중의 산소가 아스팔트를 산화시키면서 아스팔트 성분 중 탄화수소 성분이 탈수소반응을 일으키면서 아스팔트 구성분자끼리 축중합반응이 이루어져 연화점이 높고 침입도가 낮은 아스팔트로 변화하도록 하여 만드는 블로운 아스팔트, 블로운 아스팔트에 특수첨가제를 혼합하여 감온성(아스팔트의 경도 및 점도 등이 온도변화에 따라 변화하는 성질) 등의 성질을 개량하여 만든 아스팔트 컴파운드 등으로 구분할 수 있다. 방수공사용으로는 아스팔트 컴파운드가 주로 쓰인다.

■ 사용재료

아스팔트 방수공법은 콘크리트나 벽돌 같은 구조체의 바탕에 아스팔트 펠트나 루핑을 붙이고 액상의 아스팔트를 붙여서 물이 침투하지 못하도록 하는 공법이다. 아스팔트 방수공법은 재료 자체의 높은 연신율과 열화에 대한 저항성이 우수하여 외부의 충격에 의하여 손상되지 않도록 보호층을 잘 형성하여 주면 매우 우수한 방수공법 중의 하나이다.

그러나 시공 후에는 결함부위의 발견이 어렵고 보수를 위하여 누름이나 보호 콘크리트까지 철거하고 전체를 보수해야 한다는 단점이 있다.

아스팔트 방수에 사용되는 재료로는 아스팔트 프라이머, 아스팔트 펠트, 아스팔트 루핑 등이 있다.

① 아스팔트 프라이머

아스팔트 프라이머는 구조체인 바탕면과 이스팔트 방수재료가 떨어지지 않도록 하기 위하여 바르는 액상의 아스팔트이다. 아스팔트 프라이머는 아스팔트를 휘발성 용제를 사용하여 녹인 것으로, 이것을 방수 바탕면에 도포하면 액상의 상태에서 바탕면에 침투하고, 시공 후 용제가 휘발되어 증발하면 아스팔트 피막만이 남아 바탕면과 아스팔트 방수재료의 부착을 강화시키는 역할을 하게 된다.

아스팔트 프라이머의 제조에 사용되는 아스팔트는 침입도 10~30 정도의 블로운 아스팔트가 많이 사용된다.

표 10-2
아스팔트 프라이머의 품질기준

항 목	품 질 기 준	시 험 방 법
건조시간	8시간 이내	KS M 5000(시험방법 2511, 도료의 건조시간 시험방법(4.1)지촉건조) 단, 시험온도는 20±2℃
가열잔분	35% 이상	KS M 5000(시험방법 2113, 도료의 휘발분 및 불휘발분 함량시험방법)
비 중	1.0 미만	KS M 5000(시험방법 2131, 도료의 비중시험방법)

② 아스팔트 펠트

아스팔트 펠트는 목면이나 마사와 같은 헝겊조각이나 오래된 종이 등을 재생하여 만든 원지에 가열된 스트레이트 아스팔트를 함침시켜서 만든다.

아스팔트 펠트는 아스팔트 루핑에 비하여 부식하기 쉬우며 내후성이나 내균열성도 낮다. 흡수성이 있어 방수층에 단독으로는 사용하지 못하고 아스팔트 방수공법 중 아스팔트 방수의 중간층 재료로 주로 사용된다.

③ 아스팔트 루핑

아스팔트 루핑은 아스팔트 펠트보다 두꺼운 원지를 사용하여 아스팔트 펠트를 만들고 펠트에 다시 가열·용융된 블로운 아스팔트를 함침시킨 후 끈적거리지 않도록 광물질 분말 등을 붙인 것을 말한다. 이때 사용되는 광물질 분말로는 활석, 운모, 석회석, 규조토 등의 미분말이 주로 사용된다.

아스팔트 루핑은 흡습성·흡수성·투수성·내균열성이 작고 유연하며, 내부식성·내산성·내염성 등이 있다.

■ 시공법

아스팔트 방수공법의 종류는 전면접착공법과 부분접착공법, 보행용 공법과 비보행용 공법, 노출형과 비노출형, 단열재 삽입 여부에 따라 여러 가지가 있으며, 각 공법에 따라 아스팔트와 아스팔트 펠트, 아스팔트 루핑, 보호마감재 등 사용량의 가감, 시공횟수, 시공순서 등을 조정하여 시공한다.

그림 10-3
아스팔트 8층 방수(b공법) 시공 예

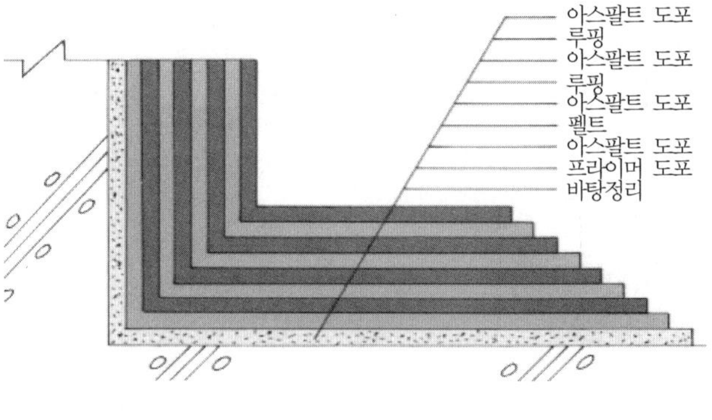

① 바탕면 만들기

아스팔트 방수를 하기 위한 바탕면은 들뜸이나 요철, 돌출부위가 없이 평활하도록 손질해야 하며, 아스팔트의 부착에 지장을 초래하는 레이턴스나 먼지 등이 없도록 깨끗이 청소해야 한다. 치켜올림 부위나 각진 부위는 예각이 되지 않도록 면접기를 하고, 바닥은 일정한 물매를 유지하도록 하여 방수 후 방수층 위에 물이 고여 있는 일이 없도록 한다.

드레인이나 파이프 등의 관통부위는 면접기를 하여 예각을 없애고 방수 시공 시 흔들림이 없도록 단단히 고정시킨다.

바탕면은 방수공사 시공 전에 충분히 건조시켜야 한다.

② 아스팔트 프라이머 바르기

아스팔트 프라이머는 솔로 바르거나 뿜칠을 하여 바탕면에 프라이머가 균등하게 도포되도록 하여 건조시킨다.

③ 아스팔트 바르기

아스팔트는 종류별로 적당한 온도로 가열하여 용융시킨 후, 방수공법 및 용도에 맞게 적당량을 얼룩이나 겹침이 없이 일정한 두께로 골고루 바른다.

아스팔트의 도로 시 온도는 접착력의 저하를 방지하기 위하여 적어도 200℃ 이하가 되지 않도록 해야 한다.

④ 방수지(아스팔트 펠트, 아스팔트 루핑) 붙이기

아스팔트를 바른 후 즉시 방수지를 깔아야 한다. 방수지를 깔 때에는 기포나 주름이 발생하지 않도록 주의해야 하며, 겹침부위가 엇갈리도록 해야 한다. 방수지는 물의 침투를 막기 위하여 물매의 아래쪽부터 위쪽으로 깔아 올라가면서 붙이고 겹침길이는 9cm 이상을 유지하도록 한다. 만일 특수한 사정으로 인하여 물매의 위쪽에서 아래쪽으로 방수지를 붙이게 되는 경우에는 겹침길이가 15cm 이상이 되도록 한다.

드레인이나 파이프 주위는 바닥부위를 붙이기 전에 폭 20cm 정도의 스트레치 루핑으로 몸체와 바닥을 같이 감싸듯이 덧붙임을 한 후 바닥방수지 시공을 해야 한다. 신축 팽창이 우려되는 파이프의 주위는 바닥방수지 시공이 끝난 후 다시 스트레치 루핑으로 한 겹을 더 감싸주어야 한다.

방수층의 끝부분은 치켜올림을 하고, 치켜올림의 끝부분은 바탕에 물끊기 홈을 만들어 방수층의 후면으로 물이 침투하지 않도록 하여야 한다.

그림 10-4
방수층 치켜올림 부위 시공상세

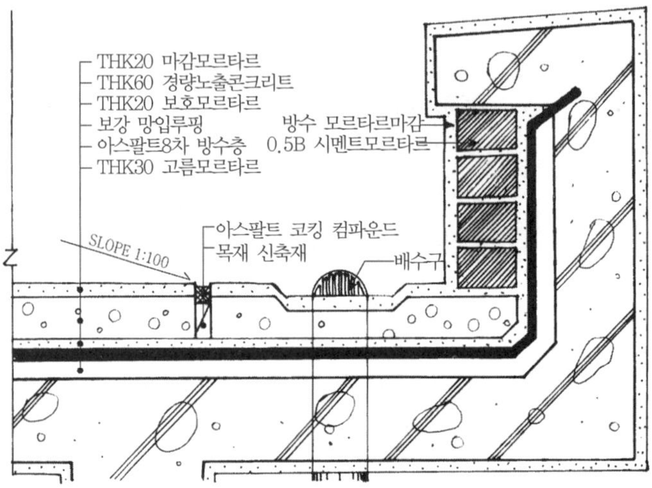

2. 시트방수공법

시트방수공법은 합성고무나 합성수지 또는 개량 아스팔트를 사용하여 방수성이 있는 한 장의 시트를 공장에서 만든 다음, 현장에서 방수 바탕에 시트를 겹쳐 붙여 방수를 하는 공법이다.

시트방수재는 공장에서 완제품으로 생산되므로 재료의 두께 및 물성이 균질하고, 연신율이 좋아 바탕재의 균열에 대한 추종성이 뛰어나며, 내구성이 우수하여 노출공법 사용에도 좋다. 시트방수재는 온도에 따른 물성 변화가 적고 고온에 연화되거나 저온 시 경화되는 일이 적다는 장점이 있으나, 시공 시 여러 장의 시트를 겹쳐서 사용해야 하는 문제로 겹침부위의 접착에 대한 많은 주의가 필요하며, 바탕에 굴곡이 많거나 좁은 장소에서는 시공이 어렵다는 단점이 있다.

시트방수재는 크게 합성고분자 시트방수재와 개량 아스팔트 시트방수재로 대별할 수 있으며, 다시 합성고분자 시트방수재는 합성고무계와 합성수지계로 분류할 수 있다.

합성고무계에는 가황고무계와 비가황고무계가 있으며, 합성고무계에는 염화비닐수지계와 에틸렌아세트산수지계가 있다.

개량 아스팔트 시트방수재는 아스팔트에 합성수지나 합성고무 등의 폴리머를 혼입하여 아스팔트의 성질을 개량하여 원지에 부착시켜 시트로 만든 것이며, 첨가 폴리머에 따라 그 성질이 약간씩 변화한다.

시트방수재의 연결부위를 접합하는 방법에는 열가소성 수지를 연화·용융시켜 압착(40mm 이상 겹침)시키는 열풍융착공법과 겹친 이음부분의 끝부분을 용접봉을 사용하여 보강 용접하는 용접공법, 열가소성 폴리머나 염화비닐수지 등과 같이 용제에 녹는 고분자 화합물의 경우에는 겹친 이음부분에 용제를 발라 표면이 녹은 다음 가압·융착시키는 용제융착공법, 열경화성 폴리머와 같이 타 공법으로는 접합이 어려운 고분자 화합물의 경우에 초기 접합강도가 큰 접착제(네오프렌 콘택트 접착제)를 사용하여 접착(70~150mm 이상 겹침)시키는 접착공법이 있다.

시트방수재의 두께는 사용장소 및 방수의 중요도에 따라 0.8~2mm까지 사용한다.

그림 10-5
시트방수재

3. 시멘트계 방수공법

시멘트계 방수공법은 액체상태이거나 분말상태의 방수재를 시멘트 모르타르나 콘크리트에 혼입하거나 도포하는 공법으로, 무기질 시멘트계(분말형)와 유기질 고분자계(액체형)의 재료를 사용하여 방수층을 구성하는 공법을 말한다.

건축공사에서는 주로 시멘트모르타르에 혼입하여 부엌, 화장실, 발코니와 같은 건물의 실내나 수조, 지하실, 피트, 공동구 등의 지하구조물의 바닥 및 벽에 도포하는 시멘트모르타르 방수공법(시멘트 액체방수)이 주로 사용된다.

이러한 시멘트모르타르 방수공법의 방수 메커니즘은 콘크리트나 모르타르 사이에 있는 공극을 미세한 물질로 충진함으로써 콘크리트나 모르타르의 흡수 및 투수에 대한 저항성을 물리적으로 증대시키는 공법이다.

시멘트계 방수공법은 1920년대 후반 일본 기술자들에 의하여 우리나라에 도입되기 시작하였고, 6.25전쟁 이후 콘크리트 및 조적조의 건축물이 건설되면서 본격적으로 사용되었다.

시멘트계 방수공법에 사용되는 방수재는 크게 완결제인 지방산계와 급결제인 규산소다 및 염화칼슘계의 방수재로 구분할 수 있다.

염화칼슘계 급결방수재는 시멘트 모르타르나 콘크리트에 염화칼슘($CaCl_2$ 혹은 $CaCl \cdot 6H_2O$)을 혼입하여 시멘트의 수화반응을 촉진시킴으로써 시멘트모르타르나 콘크리트를 치밀하게 하여 방수성을 높이는 재료이며, 규산소다계 급결방수재는 시멘트모르타르나 콘크리트에 불용성의 규산칼슘을 생성시켜 모르타르나 콘크리트 속의 공극을 충전하게 함으로써 방수성능을 향상시킨다.

완결방수재는 지방산계로 현재 우리나라에서 가장 많이 사용되고 있는 시멘트 방수재로, 시멘트모르타르나 콘크리트에 혼입된 지방산이 수산화칼슘과 결합하여 발수성이 있는 지방산칼슘이 되며, 이 지방산칼슘이 시멘트모르타르나 콘크리트 속의 공극을 충전하여 치밀한 조직을 만들어 방수성능을 향상시킨다.

표 10-4
시멘트 액체방수의 종류

공정 \ 종류	시멘트 액체방수층	
	1종	2종
1층	방수 시멘트 페이스트	방수 시멘트 페이스트
2층	방수용액	방수용액
3층	방수 시멘트 페이스트	방수 시멘트 페이스트
4층	방수 모르타르	방수용액
5층	방수 시멘트 페이스트	방수 시멘트 페이스트
6층	방수용액	방수 모르타르
7층	방수 시멘트 페이스트	–
8층	방수 모르타르	–

지방산계 방수재는 급결방수재에 비하여 방수효과가 우수하다는 장점이 있으나, 물 속에 오래 잠겨있을 경우에는 방수성능이 급격히 저하되는 성질이 있고 연결부위의 접착불량이나 응결지연 등의 단점도 있다.

시멘트계 방수공법의 종류에는 1종과 2종의 두 가지 공법이 있으며, 공정의 단계에 의하여 구분된다.

4. 도막방수공법

도막방수공법은 액상이거나 휘발성 용제에 녹인 방수재를 바탕면에 솔이나 롤러 또는 뿜칠 등의 방법으로 수차례에 걸쳐 도포하여 일정 두께의 방수층을 형성하는 공법이다. 도막방수공법에 사용되는 방수재는 주제를 휘발성 용제에 녹여 사용하는 용제형 도막방수와 용제를 사용하지 않는 유제형 도막방수로 크게 구분할 수 있다.

도막방수공법은 아스팔트 방수공법의 결점인 가열 시의 악취, 가열에 의한 위험성 증대, 환경문제, 공정의 복잡화를 피할 수 있고, 시트방수공법의 결점인 겹침부분 발생 및 겹침 연결부분의 누수와 수밀성 확보문제를 개선한 공법으로 유지관리가 간편하고 시공이 편리하며, 연결부위가 없어 취약점이 없으며, 내후성·내수성·연신율 등이 뛰어나다는 장점이 있으나 도막이 외부의 충격에 약하며, 부착력이 떨어지고 통기가 되지 않는다는 단점도 있다.

그림 10-6
롤러를 사용한 도막방수공법

5. 기타 방수공법

■ 침투성 도포방수공법

침투성 도포방수공법은 콘크리트와 같이 흡수성을 갖고 있는 구조체 방수 바탕면에 무기질 또는 무기·유기질계가 혼합된 규산질계의 성분의 방수재를 도포하여 구조체의 구조를 치밀하게 함으로써 수밀성을 향상시키는 방수공법이다.

침투성 도포방수공법에 사용되는 방수재는 주로 무기질계 성분으로 구성된 것으로서 물과 방수재의 수화반응에 의하여 불용성의 물질을 만들어 수밀성을 증가시키는 것으로 방수 바탕이 건조한 것보다는 습윤한 상태에서 그 효과를 더 크게 발휘하므로, 방수 바탕면은 완전히 건조시키지 않아야 한다.

침투성 도포 방수공법은 도포하기 쉽고 어떠한 구조체의 모양에도 시공이 가능하다는 장점이 있으나, 구조체에 손상이 있거나 생길 경우 방수효과를 기대할 수 없게 되고, 방수효과의 지속 여부에도 아직은 의문점이 있는 실정이다.

■ 금속 방수공법

금속 방수공법은 기존의 방수재료인 시멘트계 방수재나 아스팔트, 시트, 도막방수재 등의 문제점인 들뜸, 균열, 열화, 손상 등을 해결하기 위한 방안으로 완전 수밀재이고 내구성, 내충격성 등이 강한 금속을 연결하여 완전한 수밀 연속층을 만들고자 하는 의도에서 개발되었다.

금속판 방수공법에 사용되는 재료로는 부식이 되지 않는 스테인리스, 티탄, 동판, 납판 등이 사용되며, 주로 스테인리스 강판 시트가 많이 사용되나 고가이고 시공도 어려워 상용화되지는 못하고 특수목적의 방수에만 제한적으로 사용되고 있다.

■ 벤토나이트 방수공법

벤토나이트 방수공법은 물과 혼합하면 팽창하면서 불투수성의 겔을 형성하는 화산재의 일종인 벤토나이트를 이용하여 방수하는 공법이다. 벤토나이트 방수공법에 사용되는 벤토나이트는 물과 반응하여 두께가 4mm~9mm인 겔의 상태로 되어 투수계수가 $1\times10^{-8}\sim1\times10^{-12}$cm/sec에 달하는 불투수층을 형성하는데, 이것은 두께 30cm 진흙의 투수계수의 100배에 상당하는 것이어서 물의 침투를 불가능하게 한다. 벤토나이트는 물과 반응하여 팽창하므로 방수바탕재에 균열 등이 있을 경우에도 3mm 이내의 균열은 자체적으로 팽창하여 메워줌(self-sealing)으로써 방수능력이 지속적으로 유지되고, 화학적인 변화가 전혀 발생치 않으므로 시간이 경과하여도 방수능력의 저하 등이 발생하지 않으며 오히려 시간이 지남에 따라 방수능력이 강화되는 성질이 있어 방수공법으로는 매우 우수한 공법이다. 그러나 벤토나이트는 천연재료로서 매우 고가이고, 물과 접촉하여 일정 시간이 경과하면 반응을 시작하므로 시공 시 상당한 주의가 필요하며(시공중 우수 등), 지하구조물의 외벽에 적용할 경우 지하수에 흐름이 없는 곳에서만 가능하다는 단점이 있다. 만일 지하수의 흐름이 있는 경우에는 겔로 변한 벤토나이트가 지하수를 따라 다른 곳으로 흘러가서 방수효과가 없어지게 되기 때문이다.

■ 구체 방수공법

구체 방수공법은 구조체 콘크리트 타설 시 콘크리트 내부의 수밀성을 증가시키는 방수재를 혼입하여 타설함으로써 방수효과를 기대하는 공법이다.

구체 방수공법에 사용되는 방수재는 콘크리트에 혼입하면 물-시멘트비를 줄여 향후 잉여수의 증발에 따른 건조수축을 방지하고 유동성을 증가시키고 골재의 분리를 막아 타설이 치밀하게 되도록 하며, 불용성 규산칼슘수화물 및 에트링게이트 등의 결정체를 생성하여 시멘트와 골재 사이의 미세공극을 충진시킴으로써 콘크리트의 수밀성을 증대시키는 인공 포졸란이 사용된다.

그러나 구체방수공법은 콘크리트 구조체 자체에 균열이 발생하면 그 방수효과에 치명적인 결함이 발생하므로 단독으로 사용하기보다는 다른 방수공법과 같이 겸용으로 사용하여 방수효과를 극대화할 때 주로 사용된다.

용 어 정 리

방수공법

밀착공법
바탕과 방수층을 밀착하는 공법(방수공사 및 미장공사 등에 쓰인다).

절연공법
바탕과 방수층을 절연하는 공법
예) 구멍이 뚫린 펠트의 구멍부분을 점점이 붙이는 공법

도막방수
도료상의 방수재를 바탕면에 여러 번 칠하여 상당한 셀 두께를 가진 방수막을 만드는 것으로 유제형, 용제형, 에폭시 계통이 있다.

에폭시계 도막방수
에폭시 수지를 발라 도막을 형성하는 것으로 내약품성·내마모성이 우수하기 때문에 화학공장의 방수층을 겸한 바닥마무리재로서 적합하다.

시트방수
시트 1층으로 방수효과를 기대하는 공법으로 합성고무계, 플라스틱계의 열가소성수지가 이용된다. 합성고분자 루피앙수라고도 한다.

침투성방수
외부환경에 노출부위, 실내외 콘크리트, 조적조, 석계, 미장 표면에 방수재를 침투시켜 방수효과를 기대하는 공법으로 시공성이 좋고 공기가 빠르다.
※ 사용재료 : 유기질계(실리콘계, 비실리콘계, 혼합계), 무기질계 등이 있으며 실베스터법 등의 방법이 있다.

개량 아스팔트 시트 방수공법 (torching on system)
폴리머 개량 아스팔트(asphalt) 루핑을 고능률의 토치버너를 사용하여 가열·시공하는 시트(sheet)방수와 비슷한 공법이다(재래식 아스팔트 열공법의 단점 개선목적으로 개발).
(1) 시공법 : 용융 아스팔트로 루핑을 부착하는 법, 접착제 붙임법, 점착제 층을 두어 자착력으로 붙이는 공법 등이 있고 모두 도치화염에 의한 밀착을 요한다.
(2) 1층공법, 2층공법이 있으며 접착방법에 따라 전면밀착공법, 부분절연공법, 전면절연공법 등이 있다.

피막(membrane)방수 각종 바탕에 얇은 피막상의 방수층을 전면에 덮는 방수공법의 총칭으로 아스팔트, 시트, 도막방수 등의 종류가 있다.

방수층 누름 아스팔트 방수층이나 시트 방수층을 노출시키면 온열에 대한 신축성, 자연 또는 인위적 파손 등이 생길 우려가 있으므로 그 표면을 피복하여 보호하기 위한 것

줄퍼티 일정한 압력을 받는 새시의 접합부 쿠션 겸 실재로 쓰이고 탄성실재와 병용될 때도 있다.

개스킷(gasket) 공업용으로는 기계기구, 압력용기 등의 고정결합면에 끼워 여러 방법으로 조임을 하여 내부유체의 누출을 막는 작용을 하는 것이다. 새시 등의 유리 설치 시 틈을 막아 유리 고정 및 방수효과를 갖게 하는 성형 실 재료를 말한다.

본드 브레이커 (bond breaker) U자형 줄눈에 충전하는 실링재를 줄눈 뒷면에 접착시키지 않게 붙이는 테이프로서 3면 접착을 방지하고 2면 접착을 하기 위해 사용된다. 백업재는 bond breaker를 겸용한다.

부제 아스팔트 (asphalt emulsion)

(1) 물과 유화제(emulsifying agent)를 모두 혼합하여 제조된 수용액(아스팔트)
(2) 오래 보관하면 유화상태가 파괴되어 균일성을 상실한다.
(3) 아스팔트와 물은 서로 혼합될 수 없는 물질이므로 유화제를 혼입하여 사용한다.
(4) 사용상 응결속도에 따라 급속응결(R. S, rapid setting), 중속응결(M. S, medium setting), 완속응결(S. S, slow setting)로 구분한다.

감온비 (susceptibility ratio) 아스팔트의 컨시스턴시는 그 온도에 변화한다. 이것을 감온성이라 하여 일반적으로는 침입도를 나눈 값을 사용하여 감온비라 한다. 이 경우 각 온도에 대한 침입도 시험은 추의 무게와 낙하시간을 바꾸어서 행한다. 스트레이트 아스팔트는 감온성이 크고 블로운 아스팔트는 작다.

asphalt

(1) 아스팔트기나 혼합기의 석유원유가 천연 또는 인공적으로 증발, 산화, 중합 등으로 된 고체 또는 반고체의 역청질의 혼합물이다.
(2) 천연 아스팔트와 석유(계) 아스팔트의 2종이 있다.
(3) 주성분은 탄화수소이다. 비중은 1.0~1.7, 갈색 또는 흑갈색, 탄성·전성이 풍부하고, 방수성·내수성·내구성·내화학성이 있고 강도는 적으나 점착성이 강하다. 상온에서 휘발·변질되지 않고 가열하면 30~45℃에서 연화되고 200℃ 정도에서 인화된다.

(4) 용도

① 방수재, 방습재 및 방수공사용

② 내산 공사용재

③ 도장 및 포장재

④ 방식, 방청도료의 원료

⑤ 단열재, 보온재, 전기절연재용

지수판(water stop) 댐이나 호안과 같은 콘크리트구조물 이음매의 지수에 쓰이는 것으로 종래 동 등 금속판이 쓰였으나 최근에는 염화비닐 등이 쓰인다.

제 11 장
지붕구조

11.1 개 론

지붕은 눈이나 비, 햇빛 등을 막아주고 벽·바닥과 함께 내부공간을 구성하는 중요한 건축부위 중의 하나이다. 지붕은 건축물 중에서 가장 가혹한 외부환경에 직접 노출되는 부위이므로 외부환경에 의한 영향을 크게 받게 되어, 강수량이 많은 지역에서 사용되는 지붕의 물매는 빠른 배수를 위하여 된물매가 되며 방수성이 강한 재료가 지붕의 재료로 사용된다. 바람이 강한 지역에서는 바람에 날리지 않는 재료와 내풍성능이 강한 구조가 지붕구조에 사용되며, 더운 지역에서는 단열성, 통풍성이 좋은 재료가 주로 사용된다. 그러므로 지붕구조를 결정할 때에는 미관뿐만 아니라 지리적, 기후적 여건을 모두 함께 고려하여 결정해야 한다.

지붕에 주로 쓰이는 재료는 기와, 슬레이트, 금속판, 아스팔트 루핑 등이 있으며 외부환경과 미관 및 구조를 고려하여 가장 적절한 재료를 선택하여 사용해야 한다.

표 11-1
재료에 따른 최소 지붕물매

사 용 재 료	최소물매	사 용 재 료	최소물매
금속판 평이음	3.0 이상	대골 슬레이트	3.0 이상
금속판 기와가락이음	2.5 이상	소골 슬레이트	5.0 이상
본기와	3.5 이상	골 함 석	3.0 이상
평기와	4.0 이상	아스팔트 루핑	3.0 이상

㈜ 지붕물매 : 직각삼각형에서 수평거리를 10으로 하였을 때의 수직높이

11.2 지붕잇기

1. 기와

기와는 내구성과 내화성이 뛰어나고 열전도율이 낮으며 외관이 미려할 뿐만 아니라 비용도 저렴하고 시공 및 보수가 용이하다는 장점이 있어 소규모 건물 및 주택 등에서 많이 사용되고 있다. 그러나 기와는 덮개 흙인 홍두깨흙과 알매흙 등으로 인하여 자중이 무겁게 되고, 바람이 강하게 불면 날아가거나 빗물이 침투하는 등의 단점도 있으므로 시공에 유의해야

한다.

기와는 만드는 재료에 따라 크게 점토 소성기와와 시멘트기와, 금속기와로 구별할 수 있으며, 그 형식에 따라 한식기와, 일식기와, 양식기와 등으로 분류할 수 있다.

■ 기와지붕의 바탕

기와지붕의 바탕은 서까래 위에 지붕 널(산자, 과거에는 갈대나 싸릿개비가 주로 사용되었으나 현재는 합판을 주로 사용)을 깔고 한식기와에서는 알매흙과 홍두깨흙을 이겨 펴서 만들며, 일식기와의 걸침턱기와는 지붕널에 2cm의 각재 기왓살을 못으로 고정하여 기와의 걸침턱을 만들어 형성하며, 걸침턱이 없는 기와는 알매흙을 이겨 편 후 동선을 못으로 고정하고 동성과 기와를 연결시켜 기와를 고정시킬 수 있도록 함으로써 바탕을 형성한다.

기와는 강풍이 불거나 갑작스런 폭우라도 올 경우 누수의 위험이 많으므로 방수를 위하여 지붕 널 위에 아스팔트 루핑 등의 방수지를 깔아 누수에 대비하는 것이 좋다.

■ 한식기와

한식기와의 종류에는 바닥에 까는 암키와(바닥기와)와 기왓골 부분에서 암키와를 서로 연결시켜 주는 수키와, 그리고 기와 끝이나 처마 끝 등을 막아주는 막새기와, 내림새기와, 지붕마루 끝부분에 설치하는 용머리기와, 지붕마루끝기와 등이 있다.

한식기와는 우선 지붕 바탕에 바닥 알매흙을 깔고 암키와가 흔들리거나 뒤틀리지 않게 알매흙에 잘 붙여 골 바르게 마루턱까지 깔아 올린다. 이때 암키와는 누수 등을 방지하기 위하여 서로 겹치게 시공해야 한다. 암키와를 겹쳐 잇는 방법에는 표 11-2에 나타낸 것과 같이 3가지 방법이 있는데, 도면이나 시방서에 지정된 특기사항이 없으면 기와길이의 3/5L을 겹쳐 잇는 C종의 방법을 적용해야 한다.

(L은 암키와의 길이)

표 11-2
한식기와 겹쳐 잇기

겹쳐 잇기 방법	A종	B종	C종
겹침 길이	2/3L	2/3L	3/5L
내림새 막새	지정품 사용	기성품 사용	-
받침장	사용	사용	-
용머리	지정품 사용	기성품 사용	내림새로 대응
특수부속기와	지정품 사용	기성품 사용	-

암키와 깔기가 끝난 후 암키와 사이에 되게 이긴 진흙을 홍두깨 모양으로 뭉쳐 줄 바르게 끼우고 그 위에 수키와를 덮는다. 이때 끼우는 진흙을 홍두깨흙이라 한다. 수키와의 시공이 끝나면 처마 끝에 막새기와, 지붕마루에 용마루를 설치하고 용마루 끝에 용머리기와나 지붕마루 끝기와를 얹는다.

그림 11-1
한식기와

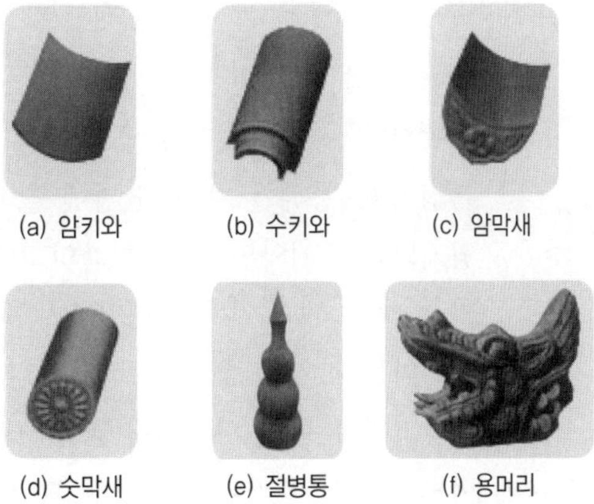

(a) 암키와 (b) 수키와 (c) 암막새
(d) 숫막새 (e) 절병통 (f) 용머리

■ 일식기와

일식기와는 크게 지붕바닥에 깔아 기와의 주 역할을 하는 바닥기와와 그 외 부속기와로 구별할 수 있다. 바닥기와는 기와 밑면에 걸침턱이 없는 평기와와 걸침턱이 있는 걸침기와로 구분된다. 평기와는 걸침턱이 없으므로 지붕널에 진흙을 얇게 펴서 바르고 그 위에 기와를 일매지게 겹쳐 이어서 시공하며, 걸침턱이 없으므로 겹침과 이음을 정확히 하여 미끄러짐을 방지해야 한다. 걸침기와는 2.5cm 각의 걸침턱을 못으로 박아 지붕널에 고정하고 알매흙을 기와의 이음부위에 줄 바르게 깐 후에 걸침턱에 기와를 걸고 이음새를 알매흙으로 밀착시켜 겹침과 이음이 일정하도록 잇는다.

기와의 고정은 못이나 결속선 등을 사용하여 지붕바탕에 고정시키며, 고정방법은 각 종에 따라 표 11-3과 같이 해야 한다. 도면이나 시방서에 지정된 사항이 없으면 보통 C종의 방법을 사용한다.

표 11-3
걸침기와의 고정방법

기와 고정방법	A종	B종	C종
처마끝, 박공옆, 지붕골 옆	기와를 2줄로 고정	기와를 1줄로 고정	기와를 1줄로 고정
바닥기와	3줄마다 고정	5줄마다 고정	-
지붕마루	지붕마루창(적새)은 매 장마다 고정	맨 위 둥근 기와만을 고정	중요부분만을 고정
용머리	용머리를 결속선으로 2곳을 고정	용머리를 결속선으로 2곳을 고정	용머리를 결속선으로 2곳을 고정

(주) A종과 B종의 결속선은 2줄, C종은 1줄로 한다.

■ 양식기와

양식기와는 대개 표면에 유약을 칠하고 화려한 색상을 사용하는 것이 특징이며, 종류는 기와 한 장에 골이 여러 개가 들어가는 프랑스형 기와와 암키와와 수키와의 모양이 거의 같은 스페인 U형 기와, 기와의 모양이 S자 형태를 하고 있는 스페인 S자형 기와, 이탈리아형 기와 등이 있다. 양식기와는 기와의 종류와 모양이 다양하기 때문에 잇는 방법이 조금씩 다르나, 대개 흙을 사용하지 않고 기와걸이를 설치하여 걸침기와의 형태로 바로 이어서 시공하며 지붕의 물매도 5/10 이상의 급한 물매에 적당하다.

그림 11-2
양식기와

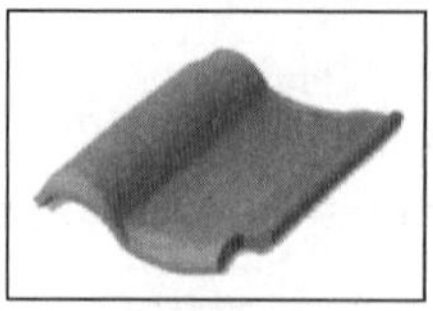
(a) 스페인 S형

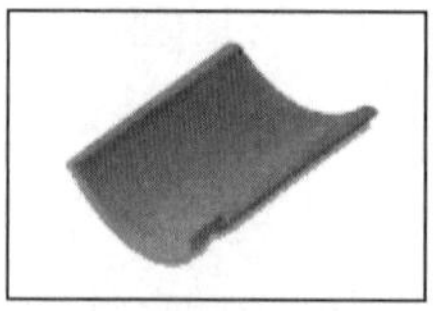
(b) 스페인 U형

2. 슬레이트

슬레이트의 종류에는 천연 슬레이트와 인공의 석면 슬레이트가 있다. 천연 슬레이트는 점토질의 진흙이 압력을 받고 응결하면 이판암이 되고 더욱 압력을 받으면 변질하여 치밀하고 단단한 점판암, 슬레이트가 된 것으로, 납작한 박판으로 쪼개지는 성질을 가지고 있다. 슬레이트의 빛깔은 흑색, 회색, 검초록색 등 산지에 따라 여러 가지가 있으며 우리나라에서는 돌너와 또는 너와라고 불렀다.

석면 슬레이트는 포틀랜드 시멘트에 석면과 적당량의 돌가루와 안료 등을 혼합한 후, 압착성형하여 얇은 판으로 만든 것으로 기와보다 가볍고 외관이 좋지만 파손되기 쉽고 보온, 단열성이 떨어지는 단점이 있다. 요즘에는 석면이 발암물질로 규명됨에 따라 석면 대신에 인공섬유를 대체하여 제조하고 있다.

그림 11-3
각종 천연 슬레이트

(a) 회색 슬레이트 (b) 흑색 슬레이트

■ 천연 슬레이트

천연 슬레이트는 석질이 약하여 쉽게 깨어질 우려가 있고, 생산되는 산지마다 그 크기가 다양하여 각 산지에서 생산되는 천연 슬레이트마다 그 석질과 크기, 형상에 맞는 적당한 잇기 방법을 검토하여 적용해야 한다. 천연 슬레이트는 지붕널에 우선 방수지(일반적으로 아스팔트 펠트를 사용)를 깔고, 슬레이트가 미끄러지는 것을 방지하기 위하여 처마 끝부분에 먼저 슬레이트를 한 겹 깔고 세로 이음줄을 서로 엇갈리게 하면서 깐다.

슬레이트를 잇는 방법에는 일자 잇기, 열린 일자 잇기, 귀접이무늬 잇기, 귀갑무늬 잇기, 비늘무늬 잇기, 마름모 잇기 등의 방법이 있으며, 겹침 및 이음길이는 물매에 따라 표 11-4에 나타낸 값을 기준으로 한다.

그림 11-4
각종 천연 슬레이트 잇기

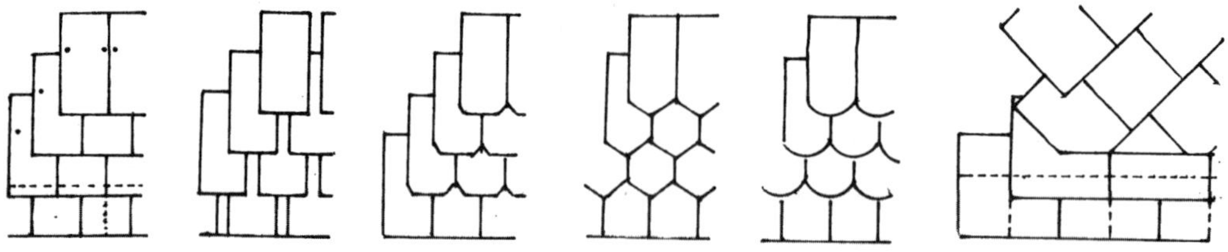

표 11-4
슬레이트의 겹침 및 이음길이

(단위 : mm)

물 매	4/10	5/10	6/10	7/10	8/10	9/10
겹침길이	85 이상	75 이상	65 이상	60 이상	55 이상	50 이상
이음길이	80	90	100	110	120	130

▪ 석면 슬레이트

석면 슬레이트는 평판 슬레이트와 골판 슬레이트가 있으며, 다시 평판 슬레이트는 소형판(40cm 각 정도)과 대형판(180cm×120cm 정도)으로 구분할 수 있고, 골판 슬레이트 대골 슬레이트와 소골 슬레이트로 구분된다.

석면 슬레이트는 천연 슬레이트에 비하여 가볍고 규격이 다양하며 자르기도 쉬워 지붕 잇기에 수월하다는 장점이 있어 과거 주택이나 간단한 건축물에 많이 사용되었으나, 현재에는 창고 등에 골판 슬레이트만이 가끔 사용되고 있을 뿐이다.

그림 11-5
골판 슬레이트

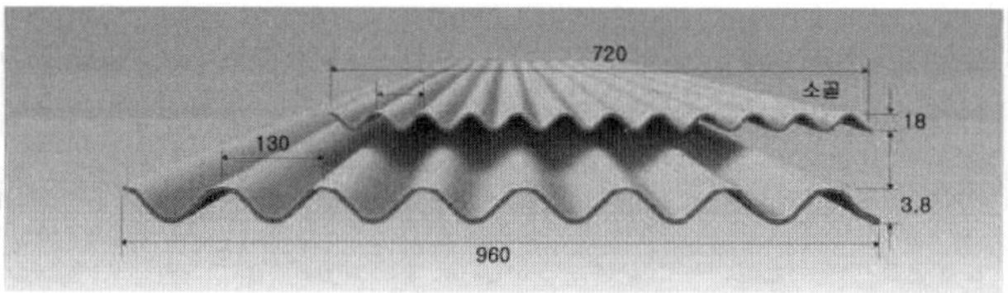

평판 슬레이트 잇기는 천연 슬레이트와 잇는 방법이 거의 유사하고 겹침 및 이음길이에 대한 기준 또한 같다. 골판 슬레이트는 지붕널 위에 직접 까는 경우도 있지만 대개는 지붕널이 없이 중도리 위에 골과 중도리가 직각으로 만나도록 가로질러 직접 깐다.

골판 슬레이트의 옆겹침은 1.5~2.5골 이상으로 해야 하며, 상하의 세로 겹침은 지붕물매에 따라 표 11-5에 나타낸 값을 기준으로 한다.

표 11-5
골판 슬레이트의 세로 겹침길이

지붕물매	2/10	3/10	4/10	5/10 이상
겹침길이	20cm	15cm	12cm	10cm

골판 슬레이트의 고정은 중도리가 목재인 경우 못이나 주걱볼트를 사용하고, 중도리가 철재인 경우에는 갈고리 볼트를 사용하는데, 갈고리 볼트를 사용할 때에는 너트 밑에 고무나 아스팔트 펠트를 대고 너트 위에 납이나 플라스틱으로 만든 캡을 씌워 비가 새는 것을 막는다.

3. 금속판

지붕 잇기에 사용되는 금속판에는 강판에 아연도금을 한 함석판과 동판, 알루미늄 합금판 등이 있으며, 고가의 동판에 비하여 가격이 저렴한 함석판이나 알루미늄 합금판이 주로 많이 사용된다. 금속판은 평판의 형태로 사용되기도 하지만 금속 자체의 우수한 가공성을 활용하여 골판이나 절판, 띠판 등의 형태로 가공하여 사용되는 경우가 많다.

금속판은 무게가 가볍고 가공이 편리하여 어떤 형태의 지붕에도 사용할 수 있으며 지붕의 물매를 작게 할 수 있고 내구성도 뛰어나다는 장점이 있으나, 열전도율과 온도의 변화에 따른 재료의 신축성이 크며 산이나 염

그림 11-6
거멀접기와 신축이음

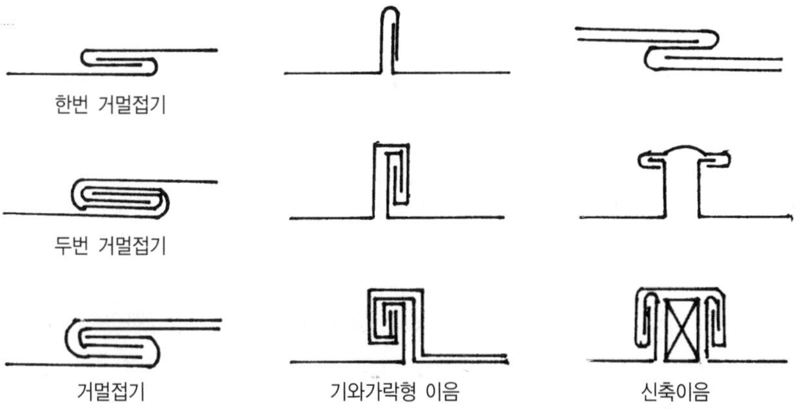

등의 화학물질에 쉽게 반응하여 부식되고 흡음성능이 적다는 단점 또한 갖고 있다.

금속판 잇기에는 평 잇기, 기와가락 잇기, 골판 잇기, 절판 잇기 등이 있으며, 이음에 의하여 금속판이 만나는 부분은 거멀접기 등의 간접접합을 하여 온도변화에 따른 신축으로 인한 이음부위의 파손을 방지하도록 해야 한다.

4. 아스팔트 루핑

아스팔트 루핑은 아스팔트 펠트를 만들 때 사용하는 원지보다 두꺼운 원지에 가열된 스트레이트 아스팔트를 함침시켜 아스팔트 펠트를 만든 후에 아스팔트 펠트의 양면에 가열·용융된 블로운 아스팔트를 함침·피복하고 끈적거리지 않도록 광물질 분말 등을 붙인 것을 말한다. 이때 사용되는 광물질 분말로는 활석, 운모, 석회석, 규조토 등의 미분말이 주로 사용된다.

지붕재로 사용하는 아스팔트 루핑은 상부 노출면에 균일한 입도의 천연 쇄석 골재 또는 특수 무기안료로 고열처리 채색된 부순돌 입자를 붙여서 만들며 아스팔트 싱글이라고도 한다. 외부부착 골재를 착색하여 루핑의 표면이 녹색, 적색, 백색 등으로 나타나게 하기도 하며 자연적인 골재 색상을 그대로 표현하기도 한다.

골재를 표면에 부착한 아스팔트 루핑은 일반 아스팔트 루핑보다 내후성, 내약품성 등이 뛰어나고 재료의 색상과 질감이 좋고 가공이 용이하여 어떠한 형태의 지붕에도 사용할 수 있고 가격이 저렴하여 많이 사용되고 있다.

그러나 재료 자체가 가벼워 강풍에 날아갈 위험이 있으므로 잇기 시공에 유의해야 한다.

지붕 노출 아스팔트 루핑은 주로 목조지붕에 많이 사용되었으나 요즘에는 철근콘크리트 지붕에도 많이 사용되고 있다. 지붕 노출 아스팔트 루핑

그림 11-7
아스팔트 루핑 잇기

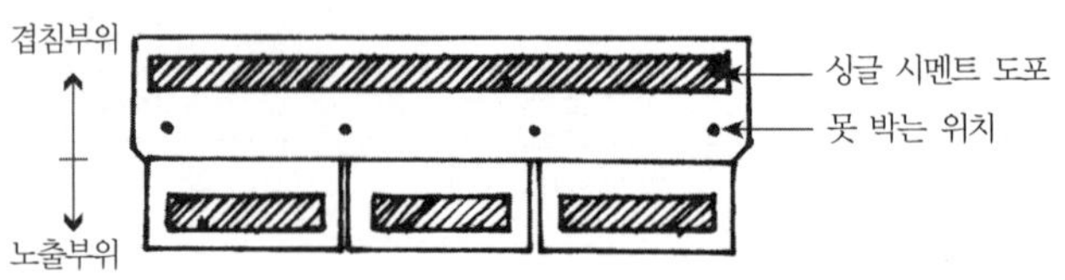

의 바탕은 목조지붕인 경우 아스팔트 펠트를 깔아 방수를 해야 하고 철근 콘크리트 지붕의 경우는 방수 모르타르를 발라 평탄하게 처리하고 완전히 건조시켜야 한다.

바탕이 완료되면 아스팔트 프라이머를 솔, 롤러 등으로 $1m^2$당 $0.4l$ 이상이 되게 균등하게 바르고 건조시킨 후 처마거멀띠를 설치한다. 처마거멀띠는 처마와 박공처마의 끝부분에 처마끝선을 따라 설치한다. 처마거멀띠의 폭은 75mm 이상으로 하며, 적절한 형태 및 크기의 못으로 처마끝선에서 250mm 정도 안쪽 위치에 300mm 이하의 간격으로 박아 고정한다.

또한 지붕과 벽체 수직면이 만나는 부분과 굴뚝이나 배기구 같이 지붕면을 관통하는 돌출부, 지붕면의 만나는 부위 등에 플래너를 설치한 후 아스팔트 루핑 잇기를 한다. 아스팔트 루핑은 지붕 중앙의 세로기준선을 중심으로 좌우 가로기준선에 맞추어 처마 끝에서부터 상부방향으로 올려서 시공한다. 처마끝 부분에는 싱글의 탭 부위를 잘라낸 처마띠를 처마끝선에서 6~10mm 정도 내밀어 연속되게 붙이며 처마 끝에서 75~100mm 정도 들여 처마선에 평행되게 못으로 고정한다. 이음은 이음부위 및 못이

표 11-6
아스팔트 루핑 품질기준(KS F 4902)

항 목 \ 종 류		1280품	1500품
제품의 단위면적 무게(g/m^2)		1,280 이상	1,500 이상
원지의 단위면적 무게(g/m^2)		280 이상	340 이상
원지에 대한 아스팔트 침투율(%)		120 이상	120 이상
피복물의 단위면적당 무게(g/m^2)		400 이상	600 이상
피복물의 회분(%)		65 이하	65 이하
인장성능 (너비 10mm당) kg/cm	길이방향	40 이상	50 이상
	너비방향	20 이상	25 이상
굴곡성능		시험편 10개 중 9개 이상에 잔금이 생기지 않을 것	
아스팔트 침투상황		아스팔트의 불침투부분이 없을 것	
내열성능		피복물의 미끄러져 내림, 발포, 침투한 아스팔트가 미어져 나오는 등의 현상이 없을 것	

싱글탭 사이의 홈에 노출되지 않도록 하며, 겹친이음으로 하여 외부로는 탭부분만 노출되도록 한다.

바람이 강한 지역에서는 바람에 루핑이 날아가지 않도록 루핑 하단부 밑면에 아스팔트 시멘트를 붙여 바탕과 밀착되도록 한다.

11.3 홈 통

홈통은 지붕의 우수나 물을 지상으로 흘러내리게 하기 위하여 설치하는 것으로 그 크기는 지붕의 모양, 크기 및 건축물이 위치한 지역의 최대 강수량에 따라 결정된다. 그러나 홈통의 크기는 홈통이 부담하는 지붕면적에 시간당 내리는 최대 강수량을 100% 완전 배수할 수 있는 크기 이상으로 하는 것이 좋다. 홈통의 낙수구는 비닐이나 낙엽 등에 의하여 막히기 쉬우므로 루프 드레인을 설치하여 낙수구의 막힘을 방지해야 하며, 처마홈통 등에 흙이나 불순물이 쌓이면 부식하기 쉬우므로 처마홈통은 일정 크기 이상의 물흘림 경사를 유지해야 한다. 지붕에 내린 우수의 배수순서는 먼저 지붕에 내린 우수가 지붕의 물매를 따라 처마 끝에 설치된 처마홈통에 모이게 된다. 처마홈통에 모인 우수는 처마홈통의 물흘림경사를 따라 깔때기홈통을 지나 장식홈통에 쌓이게 되며, 장식홈통에 연결된 선홈통을 따라 지상으로 떨어지게 되어 지상의 배수시스템에 따라 외부로 배출된다.

이때 선홈통에서 낙하하는 우수에 의하여 지상 바닥이 패이게 되는 것을 방지하기 위하여 선홈통 끝에 낙수받이를 설치한다. 홈통에 사용되는 재료는 주로 함석판이나 동판 등의 금속판이 많이 사용되었으나 최근에는 염화비닐판도 많이 사용되고 있다.

1. 처마홈통

처마홈통은 지붕의 처마 끝부분에 수평으로 설치한 홈통을 말하며, 처마 끝 바깥부분에 설치하는 바깥홈통과 미관을 고려하여 패러핏(난간벽) 안쪽에 설치하는 안홈통이 있고, 다시 바깥홈통은 그 모양에 따라 원형 처마홈통, 상자형 처마홈통, 쇠시리형 처마홈통으로 구분할 수 있다.

그림 11-8
각종 홈통

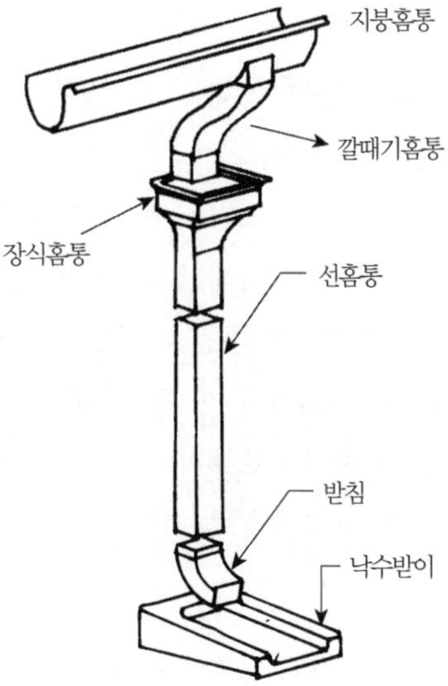

처마홈통의 물흘림경사는 보통 1/50~1/100 정도로 하며, 바깥홈통보다 보수하기가 곤란한 안홈통의 물흘림경사를 크게 한다.

처마홈통의 지지는 처마에 금속재의 홈걸이를 설치하여 지지하며, 홈걸이의 지지간격은 90cm 정도로 한다.

2. 깔때기홈통

깔때기홈통은 끝홈통이라고도 하며 처마홈통과 선홈통을 연결하는 역할을 하는 깔때기 모양의 홈통을 말한다. 깔때기홈통의 경사는 대개 15° 정도를 유지하도록 설치하며, 우수의 낙차에 의하여 연결부위가 떨어지지 쉬우므로 연결에 주의해야 한다.

3. 장식홈통

장식홈통은 선홈통의 상부에 설치하는 것으로 우수의 넘침 방지와 배수방향 전환 및 외부장식을 위하여 설치한다. 장식홈통을 사용하지 않고 깔때기홈통과 선홈통을 직접 연결하는 경우도 있다.

선홈통과 분리되지 않도록 연결부위의 이음길이(보통 6cm 이상)를 충분히 확보해야 한다.

4. 선홈통

선홈통은 벽체에 수직으로 붙어 우수를 수직으로 낙하시키는 역할을 하는 홈통이다.

선홈통의 크기는 부담 지붕면적과 우수량 등에 부족하지 않도록 충분히 여유있게 설치해야 하며, 설치간격은 최대 처마길이 10m 이내마다 한 곳 이상씩은 설치해야 한다. 선홈통은 벽체와 떨어지지 않도록 수직길이 0.9~1.2m마다 한 곳씩 홈걸이를 설치하여 벽체에 고정하고, 하부에는 외부의 충격으로부터 선홈통을 보호하기 위하여 약 1.5m 높이까지 강한 재질의 보호관을 설치해야 한다.

표 11-7
선홈통이 부담할 수 있는 최대지붕 수평면적

선홈통 지름	최대 부담 지붕 수평면적
50mm	46.5m^2
75mm	139m^2
100mm	288m^2
125mm	502m^2
150mm	780m^2
200mm	1,616m^2

그림 11-9
장식홈통 유무에 따른 선홈통의 연결

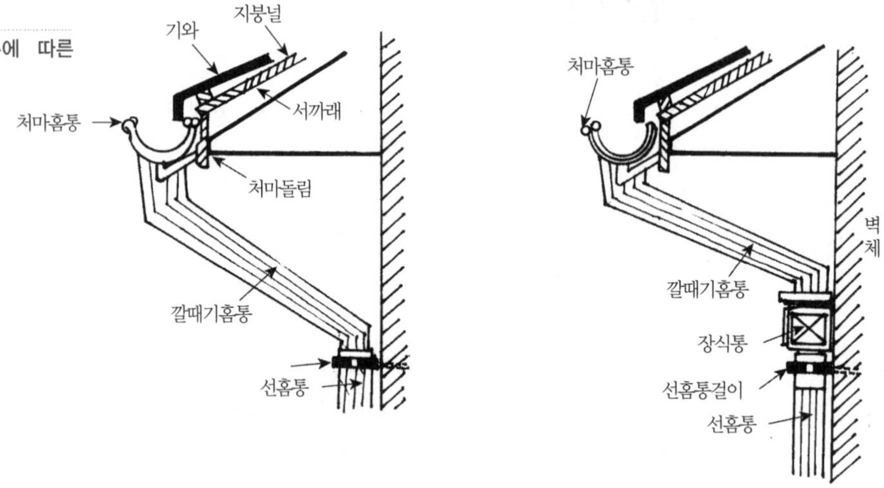

(a) 장식홈통 없는 경우　　(b) 장식홈통 있는 경우

용 어 정 리

발비	한식기와 잇기에서 서까래 위에 산자를 엮고 알매흙이 빠져나가지 않도록 덧대어 까는 볏짚, 대팻밥, 헌 거적 또는 나뭇조각 등으로 알매흙을 깔 때 쓰인다.
적심	지붕경사가 잘 맞지 않는 곳에 죽더기, 통나무 등을 채워서 물매를 잡는 것
에스론 파이프 (s-lone pipe)	경질염화비닐(PVC)을 압착·성형한 파이프로 홈통 등에 쓰인다.
기와이음발	기와가 겹치지 않는 부분의 길이(기와길이의 1/3~1/2 : 9~14cm)

건축일반구조학

2003년 2월 28일 1판 1쇄 발행
2005년 2월 28일 2판 1쇄 발행
2011년 1월 30일 3판 1쇄 발행
2023년 2월 25일 4판 1쇄 발행

저　　자　장화균　권춘안　이시우　김진배
발 행 인　강해작
발 행 처　기문당
주　　소　서울시 성동구 무학봉 28길 4-1
전　　화　2295-6171(代)~5
팩　　스　2296-8188
출판등록　1976. 10. 7 (1-44)
홈페이지　http : // www.kimoondang.com
I S B N　978-89-6225-979-7　93540